环境影响评价工程师职业资格考试习题集

环境影响评价案例分析精解

（第二版）

周　雄　主编

中国建筑工业出版社

图书在版编目（CIP）数据

环境影响评价案例分析精解 / 周雄主编. —2 版.
北京：中国建筑工业出版社，2012.1
（环境影响评价工程师职业资格考试习题集）
ISBN 978-7-112-13965-1

Ⅰ.①环… Ⅱ.①周… Ⅲ.①环境影响－评价－案例－工程技术人员－资格考试－自学参考资料 Ⅳ.①X820.3

中国版本图书馆 CIP 数据核字（2012）第 011143 号

本书依据 2011 年新出的环境影响评价的考试大纲进行编写，较同类教材增补了大纲新修订内容，所选案例有很强的代表性，均给出了详细的解题思路和步骤，同时收录了历年有代表性的考题进行讲解，便于考生的使用。本书内容涵盖轻工纺织化纤类，化工石化及医药类；冶金机电类；建材火电类；输变电及广电通讯类；社会区域类；采掘类；交通运输类；农林水利类；规划环境影响评价类；验收监测与调查类；附录（2011 年环境影响评价案例分析考试大纲，不同类别建设主要环境影响）。

* * *

责任编辑：常 燕 付 娇

环境影响评价工程师职业资格考试习题集
环境影响评价案例分析精解（第二版）
周 雄 主编
*
中国建筑工业出版社出版、发行（北京西郊百万庄）
各地新华书店、建筑书店经销
北京国民图文设计中心制版
北京京丰印刷厂印刷
*
开本：787×1092 毫米 1/16 印张：14⅜ 字数：350 千字
2012 年 2 月第二版 2012 年 2 月第二次印刷
定价：**28.00** 元
ISBN 978-7-112-13965-1
（22001）

前　言

环境影响评价是我国环境管理制度之一，环境影响评价工程师职业资格制度的实施是提高我国环境影响评价水平的有效措施。

2004年，人事部、国家环境保护总局联合发布了《环境影响评价工程师职业资格制度暂行规定》、《环境影响评价工程师职业资格考试实施办法》和《环境影响评价工程师职业资格考核认定办法》等文件，环境影响评价工程师职业资格考试自2005年起每年举行一次。该考试设四个科目：《环境影响评价相关法律法规》、《环境影响评价技术方法》、《环境影响评价技术导则与标准》和《环境影响评价案例分析》。参加四个科目考试的人员必须在连续的两个考试年度内通过全部科目的考试；免试部分科目的人员必须在一个年度内通过应试科目考试。该考试的前三科全部采用客观题，第四科采用主观题的形式。根据2005年以来六次考试结果，第四科《环境影响评价案例分析》通过率最低。

为了帮助参加环境影响评价工程师职业资格考试人员第四科《环境影响评价案例分析》复习和应试，按照《全国环境影响评价工程师职业资格考试大纲》的要求，在环境保护部环境工程评估中心编写的《环境影响评价案例分析（2010年版）》基础上，参考国内外相关文献和书籍，编写了《环境影响评价案例分析精解》。本书除自己编写一些习题外，还引用了国内外一些优秀教材的典型习题与例题，全部习题按照考试形式和考试要求编写，习题涵盖了大纲所有的考点，知识点突出，覆盖面广，应试针对性强。根据使用本书第一版考生的反馈意见，认为历年的考题，比较灵活，因此，再版时增加近几年的考题内容。编写此书的目的是帮助广大考生在短时间内有效复习，快速提高，顺利通过《环境影响评价案例分析》的考试。

本书在编写过程中参阅了大量相关文献，编者力求使习题系统与完善。由于时间紧迫和工作经验、知识水平的局限，书中不妥之处在所难免，敬请广大读者和同行批评指正，我们将衷心感谢，并在以后再版时及时修正和补充。中国建筑工业出版社为本书的出版付出了辛勤劳动，在此一并致谢。

编　者

2012年2月

目 录

一、轻工纺织化纤类

案例一　亚洲纸浆股份有限公司新建海南省金海浆纸有限公司年产60万t漂白木浆厂项目

亚洲纸浆股份有限公司新建海南省金海浆纸有限公司年产60万t漂白木浆厂项目，拟建设在海南省西北部洋浦开发区西北端。由工艺生产车间、辅助生产车间和公共设施工程组成。工艺生产车间主要包括备料、化浆、浆板车间；辅助生产车间及公用设施工程主要包括碱回收车间、热电厂、化学厂、给水排水设施、空压站、堆场及仓库、维修、运输、厂前区及生活区等。污水排入海洋，排放量73000m^3/d，废水中含COD、BOD和SS主要污染物。

问题

1. 林纸一体化项目需关注的问题和评价重点是什么?

2. 林纸一体化项目浆（纸）厂选址需要关注的主要问题是什么？林基地选址需要关注的主要问题是什么?

3. 硫酸盐制浆工艺的主要恶臭污染源有哪些，应采取什么治理措施?

4. 如何对营运期的主要污染物进行识别并提出防治措施?

5. 浆（纸）厂工程一般用水量比较大，水资源利用需重点关注哪些问题?

6. 原料基地生态影响评价的重点内容是什么?

7. 本工程营运期存在哪些事故隐患?

参考答案

1. 林纸一体化项目需关注的问题和评价重点是什么?

需关注的问题：

(1) 与国家产业政策及相关规划的符合性。

(2) 选址布局要合理，并应符合国家相关规定。

(3) 清洁生产水平应达到国内及国际先进水平。

(4) 重点关注特征污染物，对于不同制浆工艺产生的特征污染物（如AOX和恶臭）应采用清洁生产工艺从源头控制。

(5) 污染治理措施需要多方案论证，如废水排污口位置选址及排污方式应优化论证，纳污水体环境承载力论证。

(6) 对化学浆、化机浆、脱墨浆高浓度废水治理措施达标排放技术可行性和经济合理性应加以论证，注意脱墨废渣处置，防止产生二次污染。

(7) 厌氧处理系统产生的恶臭无组织排放，应采取有效的减缓措施并给出合理的卫生防护距离。

(8) 造纸林基地建设生态环境影响评价应有针对性地提出生态影响的具体防治对策与减缓措施、恢复及补偿措施。

评价重点：

(1) 首先关注林基地建设的选址用地合理性。

（2）林基地的立地条件、树种选择、清林整地方式、基地的采伐方式及管理模式等是林基地建设生态环境影响的关键因素，是林基地工程分析的重点内容。

（3）生态评价重点内容：主要包括生态系统稳定性、物种和生物多样性保护、树种选择与物种入侵、林地类型变化、水源涵养、水土保持、石漠化治理、土壤退化、病虫害防治和面源污染防治等内容，造纸林基地环境管理中应有生态稳定性监测内容。

制浆造纸属用水大户，所排废水仍是我国主要的废水污染源。

（1）建设项目需采用国内、外最先进的生产技术、最清洁的生产工艺来减少水资源利用量和水污染物排放量，加大废水回用力度，最大限度地采取措施减少制浆造纸废水向外环境的排放量。

（2）通过节水措施调节项目所需用水量。

（3）从林纸一体化项目新增用水对饮用水源和生态用水影响角度分析项目对水资源利用的可行性。

（4）考虑受纳水体的水环境功能要求，论证排放口位置与排放方式选择的环境可行性。坚持增产减污原则，符合总量控制目标的要求。

（5）排污口下游具有地表水饮用功能时，应确保饮用水源功能。

（6）沿海地区要避免对重要的近海生态保护区和养殖造成危害。

2. 林纸一体化项目浆（纸）厂选址需要关注的主要问题是什么？林基地选址需要关注的主要问题是什么？

林纸一体化项目浆（纸）厂选址：

（1）选址必须符合项目所在地城市总体规划和《建设项目环境保护管理规定》。

（2）选址应保障饮用水安全。

（3）厂址区域应有充足的水源，缺水地区禁止开采地下水作为水源；沿海河口缺水地区新建造纸项目，鼓励用咸水淡化作为补充水源。

（4）林纸一体化建设项目严格按《全国林纸一体化工程建设“十五”及2010年专项规划》提出的在500mm等雨量线以东的五个地区布局。

（5）化学木浆厂应选址近海地区或水环境容量大及自净能力强的大江、大河下游地区，废水应离岸排放，避免对重要的近海生态保护区、养殖业和珍稀濒危及国家重点保护水生动物产卵场、索饵场、洄游通道等造成影响。

（6）国家重点水污染整治流域，禁止新建化学制浆企业。

（7）黄淮海地区林纸一体化工程项目必须结合原料结构调整，确保流域内大幅度削减。宜建设耗水少、污染少的化学机械浆造纸，同时实现“增产减污”目标。

林基地选址需要关注的主要问题：

（1）造纸林基地建设项目必须纳入《全国林纸一体化工程建设“十五”及2010年专项规划》。

（2）禁止将下列地域列入造纸林基地范围：自然保护区及自然保护区之间的廊道、25°以上陡坡地（竹林基地除外）、江河故道、行洪道、分洪道，未经主管部门规划与批准的滩地，风景名胜区及其外围保护地带区，《森林采伐更新管理办法》《国家林业局财政部重点公益林区划界定办法》等法规文件确定的公益林区、湿地保护区、国家级水土流失重点预防保护区，以及“天然林资源保护工程”“三北及长江中下游等重点防护林体系建设工程”、“退耕还林工程”、“京津风沙源治理工程”、“野生动植物保护及自然保护区建设工程”等地域上产生冲突地区。

(3) 对利用退耕还林的，必须符合国家《退耕还林条例》。

(4) 防止占用耕地、基本农田，保护好国土资源。不得占用水土保持林地、水源涵养林地。

3. 硫酸盐制浆工艺的主要恶臭污染源有哪些，应采取什么治理措施?

臭气成分：H_2S、甲硫醇、二甲硫醇和二甲二硫醚，统称为总还原硫（TRS）。

恶臭污染源：主要来自蒸煮系统、蒸发站、碱回收炉、石灰窑，还有熔融物溶解槽、蒸发站和汽提不凝气以及黑液槽、污冷凝水槽等。

治理措施：TRS物质具有酸性、可燃性等特点，因此可以通过碱液洗涤、燃烧且通过高的排气筒排放来降低，控制TRS臭气的影响。熔融物溶解槽排气用氧化白液或碱液吸收，不凝气送碱炉燃烧均是成熟技术，能够控制TRS排放。对稀黑液、污冷凝水槽等散发的恶臭气体进行集气、焚烧处理。

4. 如何对营运期的主要污染物进行识别并提出防治措施?

(1) 营运期的主要污染来源于废水，废水排放主要包括制浆车间、碱回收车间、浆板车间各种有机废水，化学厂排放含酸碱废水，热电厂排放工业废水，生活废水等。废水中的主要污染物为COD、BOD、SS等，另外生产过程中还会产生少量的氯气等，这些废水应当通过脱氯等工艺净化后排入废水池等待进一步的生化处理。

(2) 大气污染来源于废气，废气源主要有热电厂燃料锅炉、碱回收炉、石灰窑、溶解槽、漂白塔及水封槽，化学厂的电解食盐车间等。主要的污染物有烟气、粉尘、SO_2、NO_x等。对于废气可以先经过静电除尘，除硫、除氮等，然后通过烟囱高空排放。

(3) 固体废弃物也是本工艺主要产生的污染物，固体废弃物主要有备料车间的树皮、木屑，制浆、浆板车间的浆渣，热电厂锅炉的灰渣，化学厂盐渣、盐泥，污水处理厂污泥等。对于一般性的固体废弃物可以统一收集、统一清运，对于含有特殊元素无法处理的废弃物，应当交有关部门进行处理。

(4) 噪声主要源于备料车间，加工车间、纸浆生产的工艺环节，产生噪声的设备包括削片机、木片机以及各类泵、风机等，降低噪声的方法可以采用给机器加防振垫、采用低噪声设备、设置隔声屏障等。

5. 浆（纸）厂工程一般用水量比较大，水资源利用需重点关注哪些问题?

(1) 建设项目需采用国内、外最先进的生产技术、最清洁的生产工艺来减少水资源利用量，加大废水回用力度。

(2) 通过节水措施调节项目所需用水量

(3) 从林纸一体项目新增用水对饮用水源和生态用水影响角度分析项目对水资源利用的可行性。

6. 原料林基地生态影响评价的重点内容是什么?

原料林基地生态影响评价的重点内容，主要包括生态系统稳定性、物种和生物多样性保护、树种选址与物种入侵、林地类型变化、水源涵养、水土保持、石漠化治理、土壤退化、病虫害防治和面源污染防治等内容，造纸林基地环境管理中应有生态稳定性监测内容。

7. 本工程营运期存在哪些事故隐患？

（1）在纸浆的生产过程中，会使用大量的化学危险品，这些化学品应当作为事故风险的主要考虑因素，主要是针对化学危险品的泄漏，加强管理，防止生产过程中的疏忽大意导致事故的发生。

（2）碱回收系统故障及事故黑液是纸浆厂最大的污染发生源，对于其的事故防范是很重要的，由于碱回收系统当中存在大量的黑液，如果系统出现故障，可能导致大面积污染的出现。因此，在事故发生后应当立即采取有效的措施，并且不能直接将大量的黑液未经处理就排放，从而造成更大的污染事故。

（3）纸浆生产过程排放大量的废水需要先经过污水处理厂进行处理后排放，如果污水处理厂设备运行出现故障，可能导致大量污水无法经过处理，高浓度的污染物流入地表水体、渗入地下等，如果停产则会带来更大的经济损失，因此对于污水处理厂应当加强日常的维护工作，避免事故发生。

案例二　广西南宁糖业股份有限公司明阳糖厂 10000t/a 技改工程

“十五”期间，广西南宁糖业股份有限公司明阳糖厂在原有生产能力的基础上扩大规模，生产一级白砂糖。项目建设投资 2 亿元人民币。项目所在地区为低丘地带，无陡坡，植被为疏林草地。污水排放口下游 15km 是一个国家级森林公园。纳污河流为农业、娱乐用水区，河窄水浅，流量较小，且排污口下游 15km 无饮用水源取水口。纳污水体按《地表水环境质量标准》Ⅲ类水标准保护，评价区域环境空气质量按《环境空气质量标准》二级标准保护。项目建设地的北方位 1km 处有一个村庄，南方位 1.5km 处有一个农场，西方位 0.3km 处有一个小学。

问题

1. 糖厂项目的工程分析的重点是什么？
2. 确定地表水、环境空气、声环境的评价因子。
3. 对清洁生产水平较低的工业项目，清洁生产评价应重点关注什么问题？
4. 《锅炉大气污染物排放标准》（GB 13271—2001）与《火电厂大气污染物排放标准》（GB 13223—2003）的适用条件是什么？
5. 对于主要污染源削减的技改项目，环境影响预测评价内容应包括哪几部分？

参考答案

1. 糖厂项目的工程分析的重点是什么？

糖厂属于农产品深加工。主要污染物是高浓度有机废水（废糖蜜），大量固体废弃物（蔗渣、滤泥），其次为噪声污染和废气污染。现有工程废水均已采取措施治理，但处理效率低，总排放口水质达不到规定标准要求，循环用水率低。技改工程不仅要考虑新增项目的环境保护，还应采取“以新带老”措施，做好老污染源的治理。因此，弄清工程技改前、后污染源情况，分析废水处理方案的可行性并提出合理的替代方案是本工程分析的重点。

2. 确定地表水、环境空气、声环境的评价因子。

地表水：水温、pH、SS、DO、COD、BOD_5、NH_3-N、S^{2-}、石油类等；

环境空气：SO_2、NO_2、TSP；

声环境：等效声级（dB）。

3. 对清洁生产水平较低的工业项目，清洁生产评价应重点关注什么问题？

对清洁生产水平较低的项目，一般废物排放较多，污染比较严重。首先核实该工艺与设备的先进性，从工艺上减少排放；其次，从污染物产生指标上，增加废水、废渣的综合利用；第三针对该项目的特点，通过比较找出差距，找出问题关键，进而提出提高清洁生产水平的措施与建议，加大技改力度与内容。

4.《锅炉大气污染物排放标准》（GB 13271—2001）与《火电厂大气污染物排放标准》（GB 13223—2003）的适用条件是什么？

《锅炉大气污染物排放标准》（GB 13271—2001）适用于除煤粉发电锅炉和单台出力大于 45.5MW（65t/h）发电锅炉以外的各种容量和用途的燃煤、燃油和燃气锅炉排放大气污染物的管理，以及建设项目环境影响评价、设计、竣工验收和建成后的排污管理。

使用蔗渣、锯末、稻壳、树皮等燃料的锅炉，参照本标准中燃煤锅炉大气污染物最高允许排放浓度执行。

《火电厂大气污染物排放标准》（GB 13223—2003）适用于使用单台出力 45.5MW（65t/h）以上发电锅炉除层燃炉、抛煤机炉的燃煤发电锅炉；各种容量的煤粉发电锅炉；单台出力执行 65t/h 以上燃油发电锅炉；以及各种容量的燃气轮机组的火电厂。单台出力 65t/h 以上使用蔗渣、锯末、稻壳、树皮等生物质燃料的发电锅炉，参照本标准中以煤矸石等为主要燃料的资源综合利用火力发电锅炉的污染物排放控制要求执行。

5. 对于主要污染源削减的技改项目，环境影响预测评价内容应包括哪几部分？

技改前、“以新带老”措施后现有工程、技改项目和技改后 4 部分。

废水：针对不同的废水排放方案，排放源强计算，用 S－P 模式预测废水中有机质技改前后对地表水环境质量改善程度的影响预测内容（COD，BOD）；

废气：用高斯模式预测 SO_2，TSP 技改前后正常、事故排放对评价区空气质量的影响（小时平均、日平均、年平均）；

案例三　新建纱锭棉纺生产线及配套印染项目

B 企业拟在 A 市郊区原 A 市卷烟厂厂址处（现该厂已经关闭）新建纱锭棉纺生产线，该厂址紧临长江干流，A 市现有正在营运的日处理规模为 3 万 t 城市污水处理站，距离 B 企业 1.5km。污水处理站尾水最终排入长江干流（长江干流在 A 市段为Ⅱ类水体功能）。距 B 企业沿长江下游 7km 处为 A 市饮用水水源保护区。

工程建设内容包括：新建 8t/h 的锅炉房、6000m^2 纺织车间、5000m^2 针织车间、3000m^2 印染车间、4000m^2 服装车间。配套工程有供电工程、供汽工程、给水排水工程、污水处理站工程等。日产印染废水 500t/d。

A 市常年主导风向为东北风，A 市地势较高，海拔高程为 789m，属亚热带季风气候区，厂址以西 100m 处有居民 260 人，东南方向 80m 处有居民 120 人。

问题

1. 本项目营运期产生哪些环境问题？

2. B 企业拟在长江干流处新建一个污水排放口，请问是否可行并说明理由。如果不可行，拟建项目的污水如何处理？

3. 本项目竣工大气环境保护验收监测如何布点？

4. 本项目大气和水环境影响主要评价因子包括哪些？

5. 本建设项目评价重点是什么？

参考答案

1. 本项目营运期产生哪些环境问题？

本项目营运期产生以下环境问题：

(1) 大气：锅炉产生的烟尘及二氧化硫，厂区污水处理站产生的氨和硫化氢恶臭等。

(2) 废水：印染废水、办公楼生活设施废水、厂区地面冲洗废水、初期雨水等。

(3) 噪声：锅炉房、纺织车间、服装车间、针织车间及印染车间设备噪声、污水处理站及泵房噪声等。

(4) 固体废物：生产固体废物棉制品下脚料，废包装材料，锅炉灰渣，办公区生活垃圾，污水处理站污泥等。

2. B企业拟在长江干流处新建一个污水排放口，请问是否可行并说明理由。如果不可行，拟建项目的污水如何处理？

不可行。理由：长江属特大水体，为Ⅱ类水体功能。《污水综合排放标准》中规定："Ⅰ类、Ⅱ类和Ⅲ类水域中划定的保护区，禁止新建排污口。"对于B企业产生的生产废水和生活污水可自建厂区污水处理站进行预处理，尾水排入3万t/d城市污水处理站处理，最终达标后排入长江。排入设置二级污水处理厂的城镇排水系统的污水，执行三级标准。

3. 本项目竣工大气环境保护验收监测如何布点？

本项目竣工大气环境保护验收监测布点如下：

(1) 锅炉及焚烧炉废气

大气监测断面布设于废气处理设施（锅炉除尘器以及焚烧炉）各单元的进出口烟道、废气排放烟道。

(2) 污水处理站产生的恶臭

监控点在单位周界外10m范围内浓度最高点。监控点最多可设4个，参照点设1个。

4. 本项目大气和水环境影响主要评价因子包括哪些？

(1) 大气环境影响评价因子包括：

施工过程：TSP、NO_2；

营运过程：锅炉产生的烟尘及SO_2。

(2) 水环境影响评价因子包括

施工期：COD、BOD、SS；

营运期：COD、BOD、SS、色度。

5. 本建设项目评价重点是什么？

对原A市卷烟厂遗留的大气、土壤、生态等环境问题做回顾性评价，大气环境影响预测与评价，地表水环境影响预测与评价（着重分析生产废水及生活污水对长江干流及A市饮用水水源保护区有无影响），固体废物影响分析评价，清洁生产分析，施工期生态环境影响（水土流失），环境污染防治措施及经济技术可行性分析，长江水环境承载力分析，拟选厂址合理性分析及评述，环境风险评价（液氨泄漏造成环境影响风险），卫生防护距离内居民的搬迁与安置。

案例四　鸡苗鸭苗孵化项目

鸡苗鸭苗孵化项目，拟投资 300 万元。征地 45 亩，新建年孵化 5000 万羽鸡苗、5000 万羽鸭苗生产线各一条。主要工程内容包括：征地 40 亩，建宿舍楼 $3000m^2$，鸡苗孵化用房 $10000m^2$，鸭苗孵化用房 $10000m^2$，饲料车间 $4000m^2$，厂区绿化面积 $6660m^2$，职工 180 人；用电 250kW；主要设备：电孵化机，共 770 台；主要原料：种鸡蛋 5000 万枚，种鸭蛋 6000 万枚；建设环保治理设施：三级化粪池＋SBR。

建设项目位于城市郊区，离市区约 15km。建设项目场地周围无大的地表河流，建设项目所在地区以生产水稻为主，还有少量果树等，未发现需要特别保护的动植物种群。

问题

1.《建设项目环境影响报告表》的编制包括哪些内容？

2. 本项目的主要污染因子是什么？

3. 本项目清洁生产指标包括哪几方面的内容？

4. 简述项目的生态环境影响。

5. 简单进行营运期环境影响分析。

参考答案

1.《建设项目环境影响报告表》的编制包括哪些内容？

（1）项目名称：项目立项批复时的名称。

（2）建设地点：项目所在地详细地址，公路、铁路应填写起止地点。

（3）行业类型：按国标填写。

（4）总投资：指项目投资总额。

（5）主要环境保护目标：项目区周围一定范围内集中居民住宅区、学校、医院、保护文物、风景名胜区、水源地和生态敏感点等，应尽可能给出保护目标、性质、规模和距厂界距离等。

（6）结论与建议：给出本项目清洁生产、达标排放和总量控制的分析结论，确定污染防治措施的有效性，说明本项目对环境造成的影响，给出建设项目环境可行性的明确结论。同时提出减少环境影响的其他建议。

2. 本项目的主要污染因子是什么？

生产废水的污染因子为 COD、BOD、SS、S^{-2}、Cl^-、氨氮、Cr^{3+}、酚、pH、色度、动植物油类；

大气污染因子主要有：锅炉烟气污染因子、TSP、SO_2、NO_x，以及生产工艺过程排放的恶臭污染物等；

固体废物：废毛、鸡鸭粪便、污水处理站污泥、锅炉煤渣；

噪声：设备噪声。

3. 本项目清洁生产指标包括哪几方面的内容？

（1）生产工艺与装备要求：定性分析项目采用的设备及工艺是否先进，原料是否无毒或低毒，对人体健康有无负面影响等方面；

（2）资源能源利用指标：主要包括原辅材料消耗、能源资源利用率等；

（3）产品指标：主要是对产品的合格率进行考核；

（4）污染物产生指标：分析项目"三废"单位产生量：

（5）废物回收利用指标：对锅炉煤渣是否回收利用等；

（6）环境管理要求：对项目环境法律法规执行情况、环境审核、废物处理处置、生产过程环境管理以及相关方环境管理情况给予说明和分析等。

4. 简述项目的生态环境影响。

根据本项目的特点可以推断，在孵化车间的整个防疫和销售过程中，每天都要对场地进行清洁卫生冲洗，冲洗水把鸡苗、鸭苗的粪便及病菌带入纳污水体，造成污染。另外，含有大量有机污染物的污水会使纳污水体中的磷和氮大量增加，容易使水体形成富营养化，影响水体中动植物的正常生长以及农业生产的正常用水，从而破坏生态平衡。

在饲料生产的过程中，因为造粒需要蒸汽而需要使用生产锅炉，锅炉除尘水、锅炉烟尘及二氧化硫对周围的生态环境均构成一定的威胁，尤其是二氧化硫，当其超标排放，当地大气环境二氧化硫浓度超过保护农作物的大气污染物最高允许浓度时，对周围的果树和农作物威胁最为明显，影响植物的正常生产，会造成减产或失收，破坏正常的农业生产和生态环境。

5. 简单进行营运期环境影响分析。

随着建设项目的建成投产，其对环境造成的影响主要来自孵化车间防疫和销售过程中产生的鸡鸭禽粪便、臭气，每天对其进行清洁卫生冲洗的污水以及饲料车间的除尘水、锅炉烟气等方面。由于离居民住宅不远，交通运输噪声、生活噪声对区域声环境也有一定影响，而粪便和臭气将直接影响员工的身心健康。冲洗污水不仅含有大量的有机污染物及氨氮，而且带有大量的细菌及病原体，进入水体后会造成污染，不仅使水中的磷、氮元素含量大量增加，形成富营养化，影响水中生物的正常生长以及农业生产，而且含有病原体的污水进入纳污水体后，会危及水体中鱼虾类等水生生物及沿途禽畜的生命安全。锅炉烟气中的主要污染物是烟尘和二氧化硫，当二氧化硫高浓度超标排放时，会明显抑制周围植物和农作物的生长，从而造成减产或失收，破坏原有的生态环境。另外，公司员工日常的生活垃圾和生活污水也对环境造成一定的影响。

案例五　牛皮箱板纸建设项目

某市拟建设年产 20 万 t 牛皮箱板纸项目，项目选址区位于该市东北方向约 3km 处，占地面积 42hm^2，其中厂前区 4.59hm^2，生产区 20.23hm^2，原料堆场区 17.18hm^2，主要以废纸（占 85％）、木浆板（占 15％）为原料生产牛皮箱板纸。主要工艺如下：

废纸经链式输送机送到水力碎浆机中碎解，碎解浓度约为 4.4％，碎解后的浆料送到储浆塔储存。浆料用泵送到高浓除砂器、粗筛、去除粗杂质，再经锥形除渣器、精筛去除小杂质，为节约能源，浆料经纤维分级机，长纤维部分经热分散系统去除热融物，再经双盘磨打浆，达到一定打浆度后储于浆塔里以备造纸车间使用。短纤维则直接进入打浆后的储浆塔或单独储另一浆池里。

木浆板经链式输送机送到水力碎浆机中碎解，碎解浓度约为 4.5％，碎解后的浆料经高浓度除砂器、大锥度精浆机、双盘磨打浆机后储于浆塔里以备造纸车间使用。

从废纸处理出来的面浆、芯浆、底浆，分别进入各自的成浆池，经各自独立的流送系统上网成型后合成湿纸板，再经压榨、前干燥、施胶压榨、后干燥、冷缸冷却、压光后制成卷筒纸，最后经复卷后入库储存。该工艺的综合水耗为18～20m^3/t。

项目北侧1km的汐苍河为山溪性河流，自西向东流经该市市区，接纳了该市的生活污水，河床宽在60～120m之间，河段平均比降约为0.5%，城区河段较为平缓，仅为0.05%。河道流域内雨量丰富，多年平均降雨量1566.4mm，最大降雨量2419.9mm，最小降雨量1128mm，降雨年际变化较大。该河市区段多年平均径流量19～42m^3/s之间，90%保证率最枯流量约为9m^3/s左右。距造纸厂排水口36km处为一水库，是下游城市的水源地。

问题

1. 如何分析该项目建设是否符合产业政策？

2. 该项目工程分析中水污染负荷应如何确定？

3. 水环境质量现状调查与评价的主要内容有哪些？

4. 该项目环境影响评价中水环境部分涉及的环境标准有哪些？

5. 水环境影响预测的时段和参数如何筛选？

参考答案

1. 如何分析该项目建设是否符合产业政策？

该项目牵涉的产业政策主要是《淘汰落后生产能力、工艺和产品的目录》，对照相应的行业类别、生产能力、原材料和能源消耗情况来分析，确定本建设项目符合产业政策。

2. 该项目工程分析中水污染负荷应如何确定？

确定水污染负荷首先必须分析本项目的用水平衡，对各部分排水的水质采用类比法、物料平衡法或者经验系数法进行确定，最后根据水质和水量计算总体的水污染负荷。

该项目可能的排水部分包括：① 工艺废水，废纸制浆综合水耗18～20m^3/t。② 辅助工程排水，包括锅炉废水等。③ 办公生活用水。

3. 水环境质量现状调查与评价的主要内容有哪些？

水环境现状调查的主要内容有：

（1）根据生产和生活过程中废水排放的种类，确定调查的水质因子，同时考虑当地河流水质中的特征污染因子，调查排放口所在河流的水质现状、水文情况。

（2）根据污水排放量及调查要求确定现状调查范围和调查时间。

（3）搜集相关资料，调查当地的供水规划，主要是供水规模、给水厂的选址。

（4）调查当地有无集中污水处理厂，管网建设情况，尤其是本项目附近的污水管网建设情况，调查本项目是否能接入这些市政设施。

（5）调查排放口下游是否有养殖场，是否有分散取水设施，养殖场规模、种类，取水设施的规模、用途等。

（6）调查当地的地下水情况，并调查地下水与地表水的补给关系。

然后根据现状调查与监测的结果，对主要的水质参数进行评价。水库、工厂排污处等作为空间上的评价重点；污染影响较重的水质参数作为评价重点。

4. 该项目环境影响评价中水环境部分涉及的环境标准有哪些？

在水环境部分的影响评价中用到相关的环境质量标准和污染物排放标准，主要有《地表水环境质量标准》（GB 3838—2002），《污水综合排放标准》（GB 8978—1996），行业污水排放标准：《造纸工业污染物排放标准》（GB 3544—2001），以及相应的地方标准。

5. 水环境影响预测的时段和参数如何筛选?

对于项目来讲预测的时段包括项目的施工建设期和运行期以及工程终了期。本项目预测的时段项目运行期。

在水文期上，预测的时段一般选择不利的水文条件，对于水污染来说一般选择枯水期和平水期进行预测。

水环境影响预测参数的选取有预测因子的筛选和水质模型中参数的选取。预测因子的筛选主要是根据项目的特征污染因子和当地水环境特征因子进行选择，该项目可以选择主要的污染指标 COD、氨氮、挥发酚等参数预测。

水质模型中的参数选取首先根据提供的河流资料及调查情况确定合适的水质模型，然后根据选取的水质模型确定模型中有关地方（或经验）参数。

案例六　啤酒集团公司扩产技改项目

某啤酒集团公司，为了在市场竞争中取胜，决定加大投资力度，进行扩产技改。啤酒产量从目前的 45×10^4 t/a 扩大到 65×10^4 t/a。技改工程主要包括：扩建制麦车间一个，糖化车间一个，发酵车间一个，灌装生产线一条，扩大供水、供电、制冷、污水处理及原辅材料存储等能力。该区域气候属大陆性气候，干燥多风，光照充足，温差大，春季回暖慢，夏季无酷暑，冬季无严寒，境内矿产资源丰富。

本项目主要的原料、燃料有：大麦、石灰、编织袋、原煤等。锅炉烟气主要排放的气体中含有二氧化硫和烟尘，原料经过加工后会遗留大量的废渣。生产过程还包括其他设备如风机和空压机。

问题

1. 简述本项目清洁生产的原则。
2. 废水中主要含有哪些污染物？采取何种措施治理？
3. 技改项目与新建项目的工程分析的主要区别是什么？
4. 本项目进行公众参与调查的范围、对象、方法及内容是什么？
5. 本项目环境影响评价的重点是哪些？

参考答案

1. 简述本项目清洁生产的原则。

清洁生产是指既可满足人们的需求，又合理使用资源和能源，并保护环境的实用的生产方法和措施，其实质是一种物料和能源消耗较少的人类活动的规划和管理，将污染物消除或削减在生产过程中，使生产过程处于无废或少废的一种全新的生产工艺。

2. 废水中主要含有哪些污染物？采取何种措施治理？

废水中主要的污染物包括：COD、BOD 和 SS 等。

对于啤酒厂产生的废水最好通过自建的污水处理设备进行处理后再排放，因此建立小型污水处理厂很有必要。

3. 技改项目与新建项目的工程分析的主要区别是什么？

技改项目对现有工程存在的环保问题进行回顾，并提出解决措施和实施计划，即所谓

“以新带老”，对技改项目环评必须核准现有工程、拟建工程和“以新带老”措施，在不同时段统计污染物的排放量和变化量，即所谓的“三本账”的计算。

4. 本项目进行公众参与调查的范围、对象、方法及内容是什么？

公众参与调查的对象主要是公司周边的单位，并涉及国家公务员、企事业单位的干部职工、工程技术人员、工人、农民等从事不同职业的普通市民。

公众参与调查的范围主要是新增项目附近的企事业单位、周边农村及政府机关、学校等。

公众参与调查的主要内容为：

（1）被调查对象的环境保护意识以及对环境保护工作的认识；

（2）被调查对象对建设项目与地方经济发展和环境保护三者之间关系的理解与认识；

（3）被调查对象就建设项目“三废”排放对周边环境影响程度的理解，对环境保护所持的态度及相应的观点；

（4）对企业及政府环境保护的相关要求。

公众参与调查主要以调查问卷形式进行。

5. 本项目环境影响评价的重点是哪些？

（1）大气污染物对周围环境的影响分析。

（2）废水达标排放。

（3）清洁生产。

（4）环保措施及可行性分析。

案例七　饮料公司新厂建设项目

饮料公司新厂建设项目占地面积为72921m^2，绿化面积12000m^2，总投资16000万元，其中环保投资为1000万元，共建4条生产线，生产车间及辅助设施主要包括：配料间（4套4t/h配料设备）、消毒杀菌间、配料间（8个配料缸和8台凝冻机）、各生产线成形车间以及制冷机房（活塞式压缩机18台）、仓库、配电间（4台2500kVA变压器）、污水处理站（3000m^3/d处理能力）和锅炉房（2台在用35t燃煤锅炉）等。主要产生的废水污染物是COD_{Cr}和SS，本工程将新建污水处理站用以处理工业废水。项目产生的固体废弃物主要以污泥为主。

项目地区地处平原，境域地势平坦，起伏不大，平均海拔4m左右，地貌为堆积地貌类型，区域地处东亚典型的亚热带季风气候，四季分明，降水充沛，光照较足，温度适中。年平均气温15.5℃，年平均蒸发量1346mm，年平均降水量1090mm，年平均无霜期232天。常年主导风向为ESE－SSE，主导风向风频为11.48%～13.5%，年平均风速3.1m/s。区域内河道众多，纵横交叉，建设项目所在地区野生动植物种类数量极少，大部分植被为人工种植，树木均系人工栽植，分为落叶阔叶和常绿阔叶两种。每年7～9月是台风和汛期，旱灾多发于夏秋之际。在夏秋季节，因强气流的交替作用，有时发生雷暴雨、冰雹和龙卷风。项目周边有居民住宅区、学校、医院、保护文物、风景名胜区、水源地等，距离项目较近。

问题

1. 本项目的主要环境保护目标是什么？

2. 本项目环境影响评价的主要结论和建议应该包括哪些内容？

3. 本项目的环境影响评价报告书的预审意见和审批意见分别由哪个部门给出？

4. 试进行营运期环境影响分析。

5. 进行环境质量状况分析的时候主要考虑哪些内容？

参考答案

1. 本项目的主要环境保护目标是什么？

本项目的主要环境保护目标是项目区周围一定范围集中居民住宅区、学校、医院、保护文物、风景名胜区、水源地和生态敏感点等。

2. 本项目环境影响评价的主要结论和建议应该包括哪些内容？

环境影响评价的主要结论和建议应该包括本项目清洁生产、达标排放和总量控制的分析结论，确定污染防治措施的有效性，说明本项目对环境造成的影响，给出建设项目环境可行性的明确结论，同时提出减少环境影响的其他建议。

3. 本项目的环境影响评价报告书的预审意见和审批意见分别由哪个部门给出？

预审意见应该由行业主管部门给出。审批意见应该由负责审批该项目的环境保护行政主管部门批复。

4. 试进行营运期环境影响分析。

（1）水环境影响分析

水环境影响分析主要在于项目新增的生产线的废水产生情况的分析，需要确保新增废水能够达标排放，不至于影响水环境。主要的污染物是 COD_{Cr} 和 SS，由于本工程新建污水处理站，因此废水可以先经过处理后排入就近水体，不至于对环境造成太大影响。

（2）环境空气影响分析

项目所用能源为煤，主要是锅炉燃烧产生一定量的 SO_2，因此应当配置除硫除尘设备，同时烟囱的高度严格按照国家标准，尽量降低对大气环境的影响。

（3）噪声影响分析

扩建后，噪声可能有所增加，尤其对项目地区周围的居民住宅区、学校、医院、保护文物、风景名胜区等噪声敏感点的影响可能加大，因此应当采取必要的隔声、减振等措施，控制噪声带来的影响。

（4）固废影响分析

项目产生的固体废弃物主要是污泥，因此对于污泥应当妥善处置，可以集中填埋，或者进行绿地施肥等，也可以就地焚烧。另外其他的固体废弃物包括生产过程中产生的废渣、煤渣、边角余料以及工人日常生活垃圾等，对于特定的垃圾，比如含有有毒物质或者需要特殊处理的应当送往特定的部门，对于生活垃圾等可以及时清运，保证环境卫生。

5. 进行环境质量状况分析的时候主要考虑哪些内容？

进行环境质量状况分析的时候主要考虑的内容如下。

（1）地表水

根据当地城市规划中水体的水质执行标准，考察项目区周围水体的环境质量状况，对于水体的主要污染物指标等进行监测或者根据当地环境质量报告书的总结进行评价，主要污染物可能包括化学需氧量（COD_{Cr}）、挥发酚、溶解氧（DO）、生化需氧量（BOD_5）、氨氮（NH_3-N）、石油类、总磷（TP）等。

(2) 环境空气

对于项目周边的环境空气现状进行监测，同时根据当地公布的环境空气质量执行的标准进行比较，分析是否符合标准，主要的污染物项目可能包括：SO_2、NO_2、TSP等。

(3) 环境噪声

对于项目区域周边的噪声进行昼夜监测，评价是否满足该区域规划的国家标准要求。

(4) 生态环境

建设项目所在地区野生动植物种类数量极少，大部分植被为人工种植，树木均系人工栽植，分为落叶阔叶和常绿阔叶两种。同时项目周边有保护文物、风景名胜区、水源地等，因此应当对这些情况整体进行了解。

(5) 周边污染源情况及主要环境问题

了解项目所处区域内是否还存在其他工业企业，是否存在其他类型的污染源等。

案例八　城市中转储备库建设项目

城市中转储备库建设项目，占地面积7万m^2，绿化面积2万m^2，总投资2000万元人民币，项目内容包括建造仓储作业区和办公服务区，主要包括办公楼、器材库、环流熏蒸房、机械棚库、变配电站、消防储水池、水塔泵房等。库区区域气候属亚热带季风气候，气候温暖，雨量充沛，阳光充足，四季分明。

由于粮食储备库作为粮食储存设施，在营运时仅进行粮食的运输与堆积，不涉及粮食的加工，因此库区原有污染情况主要表现于在粮食储运过程中的粉尘排放、服务区生活污水的排放，以及在杀虫、熏蒸过程中（采用环流熏蒸）极少量有毒熏蒸剂的逸散等。库区范围内暂无探明的矿床和珍稀动、植物资源，没有园林及名胜古迹等保护区。

问题

1. 本项目的主要环境保护目标有哪些？
2. 主要产生污染的工序有哪些？
3. 对于粮食粉尘可以采取哪些污染防治措施？
4. 营运期间可以采取哪些措施防毒？
5. 防治粉尘爆炸可以采取哪些措施？
6. 为了防止粮库内粮食受到污染，应采取哪些卫生措施？

参考答案

1. 本项目的主要环境保护目标有哪些？

(1) 保护库区范围内的空气环境质量确保在杀虫、熏蒸期间工作人员不受有毒熏蒸剂的危害。

(2) 确保库区污水外排满足国家排放标准。

(3) 保护库区声环境质量满足规划中的标准要求。

(4) 储备库本身也是一个重要的保护目标，要杜绝粉尘爆炸隐患、雷击爆炸隐患以及火灾隐患等，确保库区营运安全。

2. 主要产生污染的工序有哪些？

(1) 粮食运输中的粉尘污染

在库区作业过程中由于粮食需要运输，粮粒的运动和摩擦而产生粉尘污染，在进出粮运输、提升、打包过程中会有粉尘泄漏出来。

(2) 运输粮食过程中噪声污染

粮食的运输操作中会产生设备的机械噪声和仓房通风机的空气动力噪声，另外汽车或火车运输在行驶中会产生瞬间较高噪声值。

(3) 粮食储存中熏蒸气体的极少量逸散

在杀虫、熏蒸过程中极少量有毒熏蒸剂的逸散等。

(4) 熏蒸药剂使用后的残渣影响

所使用的熏蒸药剂具有毒性，其残渣若不妥善处理，会对库区环境造成一定的影响。

(5) 办公服务区的生活污水污染

营运期间，工作人员的生活污水需经过处理且满足相应的排放标准后排放。

3. 对于粮食粉尘可以采取哪些污染防治措施?

在库区作业过程中产生的主要污染物为粮食粉尘，有效地控制粮食粉尘的产生不仅能减少对环境的污染，改善工作条件，还能减少粮食在运输中的损失，以及减少经营管理费用。库区建成后在工作运行中应采取以下措施来控制粉尘：

(1) 选用密闭的气垫带式输送机以及埋刮板输送机，各溜管连接处严格密封，在胶带输送机卸料端封闭罩下，设有清理胶带黏附粉尘的设施。

(2) 设置通风除尘系统，即在各粮流落点处设置吸尘口，采用离心式除尘器和脉冲袋式除尘器串联的二级除尘系统进行通风除尘。

4. 营运期间可以采取哪些措施防毒?

熏蒸期间可能产生有毒气体，因此，在熏蒸期间应标出该区的危险标志，同时划出安全距离，所有进行充气操作的熏蒸人员必须穿戴防护服；各粮仓以及熏蒸管道均应有良好的密闭性能。同时要严格遵守粮食行业的有关规章制度和企业管理制度进行熏蒸剂的操作与使用。配置相应的毒性气体检测设备以用于检测库区车间内有害气体的浓度，定期对员工进行身体健康检查；一旦发生员工中毒事件，必须立即按照相关措施妥善处理，或就近送大医院进行治疗。另外加强员工的防毒教育工作也是必不可少的。

5. 防治粉尘爆炸可以采取哪些措施?

为防止粉尘爆炸，可以采取以下措施：

(1) 控制、降低空气中的粉尘浓度，加强通风；

(2) 严禁明火作业，储粮流程中选用磁选装置，去除铁质等杂质；

(3) 电气设计和机电设备的选用，必须按照国家标准及行业标准进行设计和选型；

(4) 加强管理，明确岗位责任制，定期检查、维修、保养设备及构件，确保各种工艺、电气、除尘设备的正常运行，以及消防系统的可靠性。

6. 为了防止粮库内粮食受到污染，应采取哪些卫生措施?

(1) 在粮食的采购、运输、保管等过程中应保证符合国家标准。

(2) 粮食的包装材料及容器应清洁、卫生、无毒，防止间接污染。

(3) 制定职工卫生管理制度，并严格执行。

(4) 按国家标准进行来粮检验化验，不得经营不符合卫生标准的粮食。

(5) 在生产过程中的回机物料，必须符合卫生标准，否则应单独处理。

案例九　城郊林纸一体化造纸厂建设项目

某地拟在城郊建一座规模化造纸厂，同时建设林纸一体化原料林基地 200hm^2，基地引用黄河水灌溉，需修建引水渠总计约 70km，但受流域水资源平衡控制影响，引水量有限，不能完全满足造纸厂及原料林灌溉的需要。工程需修建通往城市的道路 20km。项目所在地地下水较为丰富，且埋藏较浅。城市生产生活用水主要来源于地下，但城市没有污水处理厂。林基地大部分为未利用的荒草地或沙丘、荒漠区，部分利用退耕还林地。拟建原料林基地东侧有一个国家级自然保护区，且规划建设的公路需从保护区实验区通过。项目区年降水量约 300mm，蒸发量约 3980mm，冬长夏短，春季多大风。当地以旱作农业为主，水田比重小且引黄河水灌溉。

问题

1. 原料林基地建设合理性应从哪几个方面予以论证?

2. 原料林基地项目工程分析的主要内容?

3. 清洁生产与节能减排分析要点?

4. 指出本工程土地利用类型重大变化问题。

5. 指出本项目建设的环境风险。

参考答案

1. 原料林基地建设合理性应从哪几个方面予以论证?

(1) 关注林基地建设的选址合理性，造林基地必须纳入《全国林纸一体化工程建设“十五”及 2010 年专项规划》，严格在 500mm 等雨量线以东的五个地区布局；

(2) 对于利用退耕还林地的，必须符合国家《退耕还林条例》的相关规定；

(3) 防止占用耕地、保护基本农田，不得占用水土保持林、水源涵养林等，同时还要满足国家颁布的法律法规的要求；

(4) 依据《森林采伐更新管理办法》和《国家林业局财政部重点公益林区划界定办法》等法规文件，从保护生态环境、保护公益林用地角度，论证林基地建设的用地的合理性。

2. 原料林基地项目工程分析的主要内容?

(1) 原料林基地的占地类型、面积、分布；

(2) 立地条件，包括地形地貌、土壤类型、土壤肥力、水土流失现状等；

(3) 林基地原料树种选择、清林整地方式、基地的采伐方式及管理模式；

(4) 灌溉条件、水利工程量，包括渠道网络布局、灌溉用水来源、灌溉用水量、土石方工程量等。

3. 清洁生产与节能减排分析要点?

(1) 主要是造纸厂用水、用电、燃料等方面是否采取节约的措施。

(2) 从原料及辅料采购、生产过程、产品方案等进行全程清洁生产审计工作，采购环保类型原辅材料，采用先进的生产工艺，在各工艺环节中是否采取了消耗量少、排污量少的工艺技术。

(3) 生产过程中的废污水的排放量做到最小，白液和黑液做到清污分开，建立污水处理厂，分类处理、综合利用。

(4) 锅炉等排放废气的装置或设施是否安装了环保设施，减少废气排放的措施。

(5) 固体废物是否做到减量化、无害化、资源化。

(6) 制定严格的环境管理制度，并严格执行，积极进行清洁生产审计。

(7) 有持续不断的环境保护改进措施，形成长效机制。

4. 指出本工程土地利用类型重大变化问题。

造纸厂建设的永久占地改变了原有的土地利用类型，将农用地转变为建设用地，而林基地建设将原来的天然林草地、农田等转变为纯人工林地，自然或半自然生态系统向人工生态系统的转化。

5. 指出本项目建设的环境风险。

(1) 造纸厂的环境风险，原料及中间产品酸、碱及有毒有害化学物质或其剩余废弃物等，在贮存、使用不当的情况下泄漏，污染水体，破坏生态环境，甚至威胁人体健康与安全。造出来的纸张系易燃物，容易着火，虽然是一个安全消防问题，但着火后也会污染环境空气、水环境等。

(2) 林基地纯林建设可能导致的病虫害发生，引进物种对当地物种生境的侵夺，导致原土著生物种的退缩或消失，生物多样性下降。

(外来物种入侵，是重大生态风险，国内外由此引发重大生态灾难不乏其例。涉及外来物种引进项目，生态风险需作为重点进行评价。一般不提倡引进外来物种，只有在非常肯定不引起侵害的情况下，才可引进。)

案例十　工业园区屠宰厂建设项目（2011 年考题）

某公司拟在工业园区内新建屠宰加工厂，年屠宰牲畜 50 万头。工程建设内容主要有检疫检验中心、待宰棚、屠宰车间、加工车间、冷库、配送交易中心、供水及废水收集和排水系统、供电系统、办公设施，共建筑面积 $1.3\times10^4m^2$，以及在园区外城市垃圾处理中心规划用地内配套建设堆肥处置场。工程生产用汽，用水由园区已建集中供热系统及供水系统供给，年生产 300d，每天 16h。

待宰棚、屠宰车间、加工车间等地面需经常进行冲洗，屠宰车间、加工车间产生的生产废水量约为 900t/d，COD 浓度为 1600mg/L，氨氮浓度为 70mg/L，BOD_5 浓度为 810mg/L。工程拟采取的防污措施有：生产废水收集到调节池后排至园区污水处理厂进行处理，生活污水排入园区污水处理厂进行处理。牲畜粪尿收集后运至园区外堆肥处置场处置，病死疫牲畜交有关专业部门处理，在屠宰车间设置异味气体的收集排放系统。

工业园区位于 A 市建成区的西南约 3km（主导风向为 NE），主导产业为机械加工农副产品加工，回用化学品等。园区污水处理厂一期工程已投入运行，设计处理能力 $1.0\times10^5t/d$，处理后达标排至工业园区外的河流，屠宰加工厂位于园区西南角，园区外西侧 2km 处有一个 12 户居民的村庄。

问题

1. 指出该工程的大气环境保护目标。

2. 应从哪些方面分析该项目废水送工业园区污水处理厂处理的可行性。

3. 指出哪些生产场所应采取地下水污染防范措施。

4. 针对该工程堆肥处置场，应关注主要的环保问题。

5. 给出该工程异味气体排放主要来源。

参考答案

1. 指出该工程的大气环境保护目标。

(1) 12 户居民的村庄；

(2) 工业园区内的企业，特别是农副产品加工业；

(3) A 市建成区。

2. 应从哪些方面分析该项目废水送工业园区污水处理厂处理的可行性。

(1) 污水处理厂的处理工艺、处理能力；

(2) 污水处理厂接受污水水质要求，即接管要求；

(3) 本项目污水类型、水量、水质及预处理效果，能否满足园区污水处理厂接管要求；

(4) 本项目污水送入污水处理厂的方式。

3. 指出哪些生产场所应采取地下水污染防范措施。

(1) 待宰棚、屠宰车间、加工车间以及污水调节池进行适当的防渗处理。

(2) 建好符合国家标准的配套收集猪粪尿及其不可利用的猪内脏等杂物贮存设施，并及时清运。

(3) 在厂区及其临近区域建地下水监测井，以便于及时监测，掌握地下水质动态变化，积极应对。

4. 针对该工程堆肥处置场，应关注主要的环保问题。

(1) 恶臭问题。堆肥产生的废气中主要污染物为 CO_2、CH_4、NH_3、H_2S 等，垃圾渗滤液处理过程中也会产生一定的恶臭。

(2) 垃圾渗滤液处理问题以及正常排放对周边地表水的影响问题。

(3) 垃圾渗滤液非正常渗漏地下水的影响问题。防渗层破裂后渗滤液下渗对地下水有一定的影响。

(4) 堆肥产生的甲烷气体的处理、利用及可能引发的次生环境问题（火灾爆炸）。

(5) 运输线路的选择和运输过程中产生的渗透液和臭味问题。

(6) 堆肥处置场选址合理性问题。堆肥处置场属该项目的配套建设内容，虽然，园区外城市垃圾处理中心规划用地可能已经进行了论证，但处置场具体位置的布设，还需论证说明其合理性。

5. 给出该工程异味气体排放主要来源。

待宰棚、屠宰车间异味气体收集排放系统，加工车间，堆肥场，污水收集池及调节池。

二、化工石化及医药类

案例一　中英合资捷利康南通化学品有限公司 6000t/a 百草枯、600 万 L/a 克芜踪、600 万 L/a 功夫

中英合资捷利康南通化学品有限公司生产量：百草枯 6000t/a、克芜踪 600 万 L/a、功夫 600 万 L/a。建设地点：南通经济技术开发区。废水进污水处理厂处理后排入长江，项目周围有居民区和风景区，靠近长江，评价区大气环境质量较好，附近长江水域的水质达到《地表水环境质量标准》Ⅱ类，这段长江水域主要作为生活饮用水水源地、珍贵鱼保护区及鱼虾产卵区。项目组成如表 2-1-1 所示。

项 目 组 成　　表 2-1-1

生产装置	辅助设施	公用工程	环境保护	生活设施
1. 百草枯原药装置 2. 克芜踪制剂生产线 3. 功夫制剂生产线（混配和灌装生产线）	1. 氮气站 2. 空压站 3. 物料储罐区 4. 办公楼	1. 循环冷却水站 2. 供配电系统 3. 供排水管网 4. 工艺及热力外管廊	1. 热氧化焚烧炉 2. 固体包装废物焚烧炉 3. 污水储存池 4. 活性炭吸附设施 5. 氨回收设施 6. 洗气塔和吸收塔 7. 污水管网 8. 绿化	

问题

1. 本项目评价的主要现状评价因子和影响评价因子有哪些？

2. 本项目非正常排污工况有哪些？重点分析内容有哪些？

3. 本项目工程分析应给出总物料平衡和各装置的物料平衡外，还应进行哪些物料平衡的平衡计算，其目的是什么？

4. 本项目焚烧炉排放的大气污染物有哪些？焚烧炉的烟囱是否符合标准要求？达到排放标准是否一定合理？如何确定其合理高度？

5. 本项目最终排放废水中含有微量吡啶、百草枯、功夫等特征污染物，国家及地方无相应标准，环评工作中应如何确定和实施这些污染物的排放标准？

6. 本项目的工艺废水处理是一大难点，又有送焚烧炉或开发区污水处理厂处理两种方案。你认为应从哪几方面进行方案比选。

7. 本项目的工艺废液焚烧炉焚烧处理。危险废物焚烧处置的特点和环境影响问题是什么？

参考答案

1. 本项目评价的主要现状评价因子和影响评价因子有哪些？

（1）大气评价因子

现状评价因子包括 SO_2、NO_x、TSP、NH_3、HCl、Cl_2 等；影响评价因子包括 SO_2、

NO_x、TSP、NH_3、HCl、Cl_2、吡啶、二甲苯、氯甲烷等。

（2）地表水评价因子

现状评价因子包括pH、COD、BOD_5、DO、非离子氨、总氰化物、硝酸盐、亚硝酸盐、石油类、氯化物、吡啶、百草枯、功夫等；影响评价因子包括COD、BOD_5、非离子氨、总氰化物、氯化物、吡啶、百草枯、功夫等。

（3）地下水评价因子

现状评价因子包括色度、浑浊度、pH、总硬度、氯化物、硝酸盐、亚硝酸盐、吡啶、百草枯、功夫等；影响评价因子包括氰化物、吡啶、百草枯、功夫等。

2. 本项目非正常排污工况有哪些？其重点分析内容有哪些？

非正常工况包括开车、停车、检修、环保设施和工艺设备达不到设计规定指标运行时的排污。应说明非正常工况产生的原因、可能性、频率以及相应处理或处置措施，分别对废气、废水、固体废物、噪声排放源进行分析。

3. 本项目工程分析应给出总物料平衡和各装置的物料平衡外，还应进行哪些物料平衡的平衡计算，其目的是什么？

本项目工程分析应给出总物料平衡和各装置的物料平衡外，还应进行有毒有害物料衡算、有害元素物料衡算。目的是为核实核算污染源强及污染物产生量。

4. 本项目焚烧炉排放的大气污染物有哪些？焚烧炉的烟囱高度是否符合标准要求？达到排放标准是否一定合理？如何确定其合理高度。

焚烧炉焚烧产生的大气污染物有二氧化氮、HCl、NH_3、SO_2。

焚烧炉的烟囱高度是否符合标准要求，但是达到排放标准不一定合理。根据《危险废物焚烧污染控制标准》（GB 18484—2001）规定，燃煤燃油锅炉烟囱排放高度除需遵守排放速率标准值外，焚烧炉排气筒周围半径200m内有建筑物时，排气筒高度必须高出最高建筑物5m以上。

焚烧炉最低高度要求是20m，具体项目要根据焚烧量以及废物类型来确定焚烧炉的高度。

5. 本项目最终排放废水中含有微量吡啶、百草枯、功夫等特征污染物，国家及地方无相应标准，环评工作中应如何确定和实施这些污染物的排放标准？

若国内无相应标准，应参照项目输出国或者发达国家现行的标准执行，由地级市环保局提出，经省级环保局批准后实行，报国家环保部备案。

6. 事故风险评价主要包括什么？

事故风险评价主要包括以下几点。

（1）风险识别：

① 本项目所用物料及产品的危险因子识别；

② 物料在加料和储存过程中阀门、机泵及管道泄漏是工艺过程中潜在的危险因素；

③ 本项目物料及产品公路运输过程中，存在着潜在的交通事故造成物料泄漏的危险。

（2）事故源项：

类比调查本工程项目风险最大的环节和事故概率。

（3）事故后果计算。

7. 本项目的工艺废液拟送焚烧炉焚烧处理。危险废物焚烧处置的特点和环境影响问题是什么？其污染控制的关键因素是什么？

特点是可以实现无害化、减量化、资源化。环境影响问题是容易产生二次污染。其污染控制的关键因素是：选址、焚烧技术性能指标、达标排放、焚烧残余物的处置。

案例二　中国石油吉林石化分公司60万t/a乙烯改扩建工程

60万t乙烯改扩建工程共有四套（60万t/a乙烯改扩建工程；30万t/a聚乙烯装置；14万t/a丁二烯装置；30万t/a芳烃抽提装置）工艺组成，建设地点为中国石油吉林石化分公司聚乙烯厂和有机合成厂现有场地。

问题

1. 结合项目区域特点，该项目主要关注的问题和该项目评价重点是什么？

2. 结合乙烯工程特点，如何针对老项目和周围环境现状，充分论证项目选址的合理性，并提出合理有效的防治措施？

3. 改扩建工程如何做好“以新带老”及厂址附近区域环境综合整治工作？

4. 如何通过本次改扩建，提高生产装置清洁生产水平和减少污染物的产生和排放，做到“增产减污”。

5. 如何通过环境风险防范措施确保任何情况下事故排放（尤其是事故废水）不污染环境。

参考答案

1. 结合项目区域特点，该项目主要关注的问题和该项目评价重点是什么？

根据乙烯改扩建工程的特点、周围区域环境特点，应关注的问题为：

（1）本项目与国家产业政策、所在地的总体发展规划的符合性，厂址的选择应符合城市规划布局和功能区划的要求，同时注意工艺路线能否满足清洁生产的要求。

（2）关注原料、辅料、半成品、成品的性质，明确其毒性，结合生产装置操作参数，严格遵守有关危险化学品管理规定，注意其环境风险。

（3）工程分析要清晰，物料平衡、给水排水平衡、污水水质水量平衡合理，如有特征污染物，应另行做其平衡图、表。

（4）关注无组织排放，特别是恶臭气体的排放，最主要的排放源为罐区、装罐车（船）站台（码头）。

（5）关注化工项目废水的处理与达标排放。

（6）关注噪声污染、特别是非正常工况时的大量放空，大修期间的吹扫放空更易激化厂群矛盾，应要求按有关规定采取消声、降噪措施，尽量避免夜间、长时间放空吹扫作业。

（7）关注固废综合利用中的污染物转移，应保证接收方有防治污染的技术与措施，最好立足于在企业内无害化处理。

（8）关注节水及一水多用措施。

（9）注意原料运输、使用、储存全过程的事故环境风险，提出切实有效的预案及应急措施。

（10）公众参与工作要充分有效。

该项目评价重点是在工程分析的基础上，以建设单位概况调查及现有装置回顾评价、污染防治措施和总量控制分析、风险评价为重点，同时兼顾其他专题评价。

2. 结合乙烯工程特点，如何针对老项目和周围环境现状，充分论证项目选址的合理性，并提出合理有效的防治措施？

乙烯改扩建工程拟在吉林市规划的发展石油化工区域进行建设。利用依托单位聚乙烯厂和有机合成厂现有装置的街区和空地，无需新征土地，且可充分依托现有的公用工程设施，厂址选择合理，符合城市总体规划和环境功能区划的要求。

废气污染防治采用低硫燃料，排放烟气可满足达标排放要求。工艺废气送火炬焚烧，含烃气体回收。乙烯装置废水治理主要问题是裂解气碱洗含硫废碱液的处理。该项目采用湿式氧化处理工艺。湿式氧化分解后的废水与其他含油污水送污水处理厂进行生化处理，制定厂址区域的地下水环境现状监测制度。

3. 改扩建工程如何做好"以新带老"及厂址附近区域环境综合整治工作？

改扩建工程建设地区的主要环境问题是环境空气中 TSP 超标和受纳水域的挥发酚、COD 和 SS 超标。应采取清洁工艺，对产生的污染物进行末端治理，做到达标排放；对现有环保问题实施"以新带老"或区域削减，使现有环境问题得以改善；通过实施总量控制，使污水排放降低到最低程度保证污染物排放满足总量控制指标要求。

4. 如何通过本次改扩建，提高生产装置清洁生产水平和减少污染物的产生和排放，做到"增产减污"。

扩建工程的生产装置采用的生产工艺先进、技术成熟可靠、物耗指标低、水资源利用水平高、"三废"排放量较少。与国内同类装置相比，处于国内领先水平。与现有装置相比，物耗、综合能耗都有一定程度的减少，水资源利用水平较高，吨产品废气、废水的排放量有不同程度的降低，属于清洁生产工艺；符合清洁生产的原则。同时对产生的污染物均进行末端治理，做到达标排放。扩建工程实施后可以做到"增产减污"。

5. 如何通过环境风险防范措施确保任何情况下事故排放（尤其是事故废水）不污染环境。

（1）选址、总图布置和建筑安全防范措施。厂址及周围居民区、环境保护目标设置卫生防护距离，厂区周围工矿企业、车站、码头、交通干道等设置安全防护距离和防火距离。厂区总平面布置图符合防范事故要求，有应急救援设施及救援通道、应急疏散及避难所。

（2）危险化学品储运安全防范及避难所。对储存危险化学品数量构成危险源的储存地点、设施和储存量提出要求，与环境保护目标和生态敏感目标的距离符合国家有关规定。

（3）工艺技术设计安全防范措施。设自动监测、报警紧急切断及停车系统；防火、防爆、防中毒等事故处理系统应急救援设施及救援通道、应急疏散及避难所。

（4）自动控制设计安全防范措施。有可燃气体、有毒气体检测报警防范在线分析系统。

（5）电气、电讯报警系统。

（6）消防及火灾报警系统。

（7）经济救援站或有毒气体防护站设计。

案例三　浙江华联三鑫石化有限公司年产 45 万 t PTA 工程

浙江华联三鑫石化有限公司年产 45 万 t PTA 工程：工程由工艺生产主装置，辅助生产设施、公用工程、厂外工程以及行政服务设施组成。建设地点：绍兴县滨海工业区。废水进污水处理厂处理后排入曹娥江，项目周围500m有居民点。项目组成如表2-3-1。

项目组成 **表2-3-1**

生产装置	辅助设施	公用工程	环境保护	生活设施
1. 空气压缩、催化准备及储存、氧化、CTA分离、后氧化、PTA分离装置 2. 干燥、溶剂回收、废气处理、母液过滤处理和催化剂回收装置	1. 污水处理站 2. 废渣焚烧炉 3. 物料储罐区 4. 空压站 5. 维修车间 6. 化验室 7. 办公楼	1. 循环冷却水站 2. 脱盐水系统 3. 供排水管网 4. 供热系统 5. 工艺及热力外管廊	1. 污水处理站 2. 废渣焚烧炉 3. 污水储存池 4. 脱盐水设施 5. 废气过滤回收设施 6. 废气热氧化处理设施 7. 污水管网 8. 绿化	

问题

1. 本项目的排水口是否合理？应设置几个类型的排污口？

2. 本项目的工艺废水经场内污水预处理站处理后，在送绍兴污水处理厂进行生化处理。你认为应从哪几方面进行论证分析？重点关注什么问题？

3. 若对本项目进行全面的清洁生产分析，应从哪几方面进行分析评价？

4. 本项目环境风险评价的重点是什么？应包括哪些基本内容？其主要影响对象有哪些？其工作重点是什么？

5. 若曹娥江为敏感河流，为防止火灾爆炸产生的污染、消防水和泄漏的对二甲苯、醋酸等有毒物质对其事故影响，应采取哪些有效防范措施？

参考答案

1. 本项目的排水口是否合理？应设置几个类型的排污口？

因为本项目未实行清污分流，生产废水含有钴，为一类污染物。生产污水和生活污水同时进入污水处理厂，清净下水应该经适当处理后用于地坪冲洗、卫生间冲洗、绿化用水、景观用水。所以本项目的排水口设置不合理。

应根据“清污分流、分级控制”的原则，应设置3种类型的排放口。一是清净下水排口；二是生活污水处理后，经污水处理站处理，最终进污水处理厂；三是对含有一类污染物的生产工艺废水，在车间或处理设施设置排放口，达标排放。

2. 本项目的工艺废水经场内污水预处理站处理后，再送污水处理厂进行生化处理。你认为应从哪几方面进行论证分析？重点关注什么问题？

应从以下几个方面进行论证分析：（1）处理工艺：预处理＋厌氧、预处理＋厌氧＋一级好氧、预处理＋厌氧＋二级好氧＋砂滤处理工艺；（2）污水处理厂的处理量；（3）去向；（4）污水处理厂的出水指标；（5）污水处理厂项目建设投资；（6）污水处理厂项目建设占地等。

重点关注：污水处理工艺、处理能力以及出水水质。

① 关注项目废水执行的排放标准，应满足相关要求和地区污水处理厂的收水要求。

② 分析地区污水处理厂现状运行情况：处理能力，进水要求，出水设计指标，设计处理效率。现状实际处理水量，进水浓度范围，出水浓度范围等。

③ 结合项目废水情况，分析论证项目废水经过预处理后进入该地区污水处理厂处理稳定达标的可行性。

④ 如存在问题，提出强化预处理的建议和要求（如真正做到含钴废水不排放），甚至替代方案（厂内处理达到相应排放标准）。

⑤ 应关注是否有第一类污染物以及相关的取样要求，关注事故废水去往地区污水处理厂的可行性和收集措施。

3. 若对本项目进行全面的清洁生产分析，应从哪几方面进行分析评价？

对于化工污染项目：

第一，分析工艺先进性，从当前国际先进的生产工艺中进行比较，哪种生产工艺流程短、污染轻。

第二，预测清洁生产指标水平分析，包括资源能源利用指标、原材料指标、产品指标、污染物产生指标。

第三，将预测值与清洁生产标准值或者同行业指标进行比较。

第四，得出清洁生产评价结论。

第五，提出清洁生产改进方案和建议。

4. 本项目环境风险评价的重点是什么？应包括哪些基本内容？其主要影响对象有哪些？其工作重点是什么？

本项目的风险识别，风险识别范围包括生产设施风险识别和生产过程所涉及的物质风险识别，分析存在的危险单元，在此基础上源项分析（罐区、储区、生产设施区、管道）、后果计算、分析值的计算和评价、提出措施，风险值是风险评价表征量，包括事故的发生概率和事故的危险程度。评价环境风险，评价主要包括人体健康风险评价和生态风险评价两方面。

环境风险评价关注点是事故对厂（场）界外环境的影响，影响的对象：包括厂界外的人群伤害，生态系统、周围环境质量的恶化。

对曹娥江的影响、对污水处理厂的影响、对附近空气质量的影响、对农作物及生态影响。

工作重点：大量的危险化学品二甲苯、醋酸储运风险，主要影响对象为 500m 附近居民点和曹娥江，应提出防范、减缓和应急预案。

5. 若曹娥江为敏感河流，为防止火灾爆炸产生的污染、消防水和泄漏的对二甲苯、醋酸等有毒物质对其事故影响，应采取哪些有效防范措施？

应就事故泄漏对曹娥江进行预测，用正确模式和参数进行预测，在此基础上提出消除、减少、防范的措施。制订应急预案，可在防范区设围堰，在事故外围区设置事故池、消防水水池，在雨水排放口设切换装置把事故水引入专用设施处理。

案例四　沿海炼油厂建设项目

沿海炼油厂项目，主要以进口高硫原油，硫含量约 1.93%，配置一定吨位的锅炉。选择延迟焦化加高硫焦造气方案作为原油加工方案。项目配套建设循环水厂、除盐水处理站及凝结水站一座。拟建项目各装置均采用本厂饱和气和部分氧化造气装置产生的合成气为燃料，并以燃气为补充燃料。该项目所在地区地势平坦，项目东部 8km 外是与某市隔海相望，南部 10km 处有一省级旅游度假区，西南 11km 处是国家级森林公园，东南方向

14km 外是一海湾，该海湾内有国家一类、二类保护动物。

问题

1. 该项目环评的主要因素应包括哪些内容？

2. 对水环境进行风险评价时，评价因子应包括哪些？大气环境影响预测与评价的评价因子包括哪些？

3. 该项目在大气环境风险预测时，除选择一般的大气扩散模式之外，还应考虑什么模式？

4. 该项目的风险预测应包括哪些内容？

参考答案

1. 该项目环评的主要因素应包括哪些内容？

该项目环评的主要因素应包括：拟建项目排放的废气、废水对地下水、海域水环境、海域生态环境、大气环境的影响，同时考虑石化企业的生产特点，风险事故也作为评价因素之一。

2. 对水环境进行风险评价时，评价因子应包括哪些？大气环境影响预测与评价的评价因子包括哪些？

对水环境进行风险评价时，评价因子应包括石油类、二甲苯。大气环境影响预测与评价的评价因子包括 SO_2、NO_2、TSP、CO、非甲烷烃。

3. 该项目在大气环境风险预测时，除选择一般的大气扩散模式之外，还应考虑什么模式？

拟建项目大气污染源分为两类，一类是锅炉等高架点源，另一类是无组织排放的面源。项目建设地区地势平坦，因此大气扩散模式采用《环境影响评价技术导则　大气环境》推荐的模式和参数。由于拟建厂址位于一海湾内海岸边，因此，在选择模式时，还应考虑海陆风对扩散的影响，选择海岸线熏烟模式。

4. 该项目的风险预测应包括哪些内容？

根据项目特点及工程分析，工程风险类型确定为火灾爆炸、毒物泄漏、恶臭刺激。应对项目所有原料、中间产品、最终产品、辅助原料、燃料等其中危险物质和毒性物质的物理、化学性质及有关危险性和毒性参数进行分析，列出项目功能系统、子系统、单元及其相应的重要度，筛选出最大可信事故，确定最大可信灾害事故的源项参数及其出现概率。

案例五　外商企业拟在河网发达的南方两省交界处新建年产 60 万 t PTA 工程

一外商企业拟在河网发达的南方 J 省 S 市的工业集中区内新建年产 60 万 t 精对苯二甲酸（PTA）项目。厂址紧靠 J、Z 两省交界，北距 J 省 S 市 30km，东南距 2 省 X 市 15km。工程内容主要包括 60 万 t/年 PTA 主生产装置、自备热电站（3 台 220t Jh 循环流化床锅炉，配 2×50MW 抽凝式汽轮发电机）、码头工程（2 个 500t 级泊位的液体化工码头和 3 个 500t 级泊位的杂货码头）及其他配套的公用工程等。本工程主要化工原料的消耗量及运输方式见表 2-5-1，主要化工原料在厂区内设贮罐贮存。工程废水污染物的产生情况见表 2-5-2，拟采取的废水治理措施见图 2-5-1，厂址区域水系及敏感点分布情况见图 2-5-2，其中本项目纳污水体 L 河执行《地表水环境质量标准》（GB 3838—2002）Ⅲ类标准，L 河受潮汐影响，经常有逆流现象发生。

主要化工原料消耗及运输方式一览表 **表 2-5-1**

名　称	形　态	运输方式	包装方式	消耗量（t/a）
对二甲苯	液态	船运	散装	399840
醋酸	液态	船运	散装	29664
醋酸异丁酯	液态	陆运	槽车	1200
烧碱（40%）	液态	陆运	槽车	2400
甲醇	液态	陆运	槽车	10733
硫酸	液态	陆运	槽车	852

废水污染物产生情况一览表 **表 2-5-2**

序　号	废水量（m^3/h）	主要污染物产生浓度（mg/L）
W_1	105	COD：5000；对苯二甲酸：1500
W_2	3	COD：18000；对苯二甲酸：6700
W_3	20	COD：22500；对苯二甲酸：350
W_4	10	COD：5000；石油类：95
W_5	140	COD：300；PH1－3
W_6	130	COD：26；SS：16

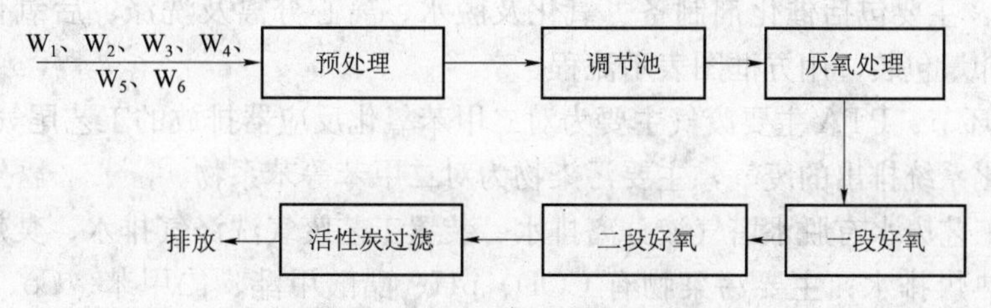

图 2-5-1　污水处理流程示意图

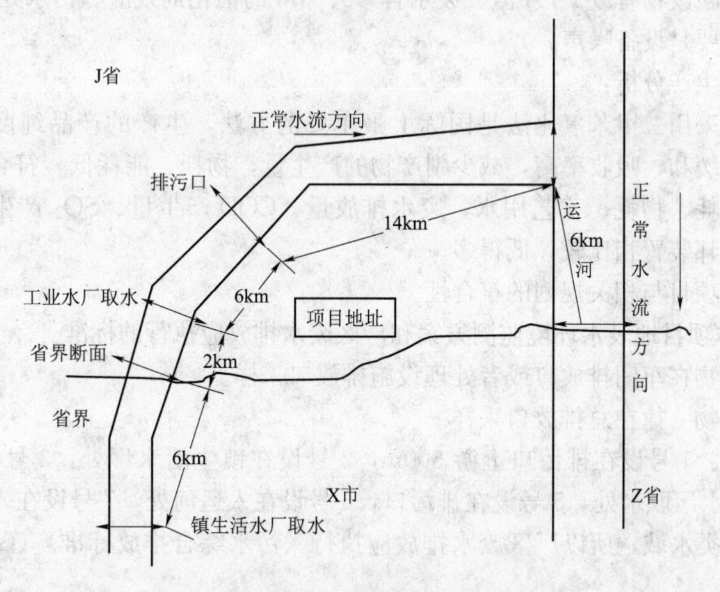

图 2-5-2　拟建项目位置与河流分布示意图

问题

1. 说明本项目工程分析应包括的主要内容。

2. 确定本项目地表水环境监测方案和厂区废水排放应执行的标准。

3. 分析本项目废水污染治理措施存在的问题并提出修正方案。

4. 分析本项目选址的环境可行性。

5. 确定本项目的评价重点。

6. 本项目水环境风险有哪些?

参考答案

1. 说明本项目工程分析应包括的主要内容。

(1) 工程分析的主要内容:

工程建设项目名称、地点及建设性质;建设内容、生产规模及产品方案;主要原辅料、燃料消耗量;主要技术经济指标;项目占地及绿化;工作制度及劳动定员;项目投资及建设进度;生产系统物料平衡、主要污染源及污染控制措施;给出主要原辅材料理化、毒理性质、消耗量、来源及储运方式等;物料平衡水平衡(水平衡应表示出清污分流、污水回用和重复利用情况)。

(2) 工艺和产污环节:

① 工艺:主要包括催化剂制备、氧化及脱水、离心分离及洗涤、后氧化、结晶、过滤及干燥、计量包装、用方框图表示流程。

② 产污环节:PTA 主要废气主要为对二甲苯氧化反应器排放的工艺尾气,及过滤器、干燥气和催化系统排出的废气,主要污染物为对二甲苯等苯系物。

废水:工艺废水有脱水塔气液分离排水、装置工艺废气洗涤气排水、焚烧炉淋浴塔排水、锅炉及热煤排水;主要污染物有 COD、pH、醋酸甲酯、二甲苯、Co、Mn、SS 等,此外辅助工程纯水和水循环系统排水,主要含酸、碱、盐。

固废:危险废物有废 PTA 渣、废水含 Co、Mn 的催化剂残渣、污水处理站的污泥。

噪声:主要是设备噪声。

(3) 清洁生产分析:

生产工艺采用二甲苯氧化法是国际上最主要的方法,生产的产品纯度高,工艺流程短,反应条件缓和,吸收率高,减少副产物的产生量,物耗、能耗低,符合清洁生产的要求,吨产品油耗、物耗、工艺用水、废水排放量、COD 产生量、SO_2 产生等指标,与引进阿莫科、杜邦装置相比较,低得多。

(4) 建设项目与相关规划的符合性。

2. 确定本项目地表水环境监测方案和厂区废水排放应执行的标准。

一类污染物在车间排放口或者处理设施排放口采样。

二类污染物一律在总排放口采样。

监测布点:1 号设在排污口上游 500m,2 号设在镇生活水厂处,3 号设在省界断面,4 号设在工业水厂取水处,5 号设在排污口,6 号设在入运河处,7 号设在入运河 6km 处。

L 河是三类水域,所以厂区废水排放应执行《污水综合排放标准》(GB 8979—1996)一级标准。

3. 分析本项目废水污染治理措施存在的问题并提出修正方案。

（1）第六股水因为已经达标，不应进入处理站处理；

（2）第四股水油含量高，未做隔油处理，不能进入污水处理站；

（3）第五股水COD浓度较低，不应进入厌氧处理段，需要进中和池中和处理后进入好氧处理段。

工艺修改为：PTA废水→集水池→中和调节池→厌氧池→沉淀池→好氧池→终沉池→浓缩脱水→干泥焚烧

4. 分析本项目选址的环境可行性。

（1）逆流时对两个取水口均有影响，尤其是非正常工况下；

（2）化工品船运存在风险；

（3）码头事故也对取水口造成风险；

（4）容易引起省际纠纷；

（5）为Ⅲ类水域，有否环境容量？是不是为生活饮用水地表水源二级保护区？

5. 确定本项目的评价重点。

本项目的评价重点：通过工程分析，确定主要的污染源，分析污染源对周围环境和敏感点的影响程度，重点是地表水环境影响评价与地表水区域环境容量分析。提出相应的污染防治措施，并论证其可行性。还应进行事故状态下的风险评价。

6. 本项目水环境风险有哪些？

本项目环境风险主要有：

（1）运输液体化工原料的船舶在港区产生的泄漏事故对地表水造成污染；陆运甲醇、硫酸等液体原料的槽车发生事故后翻入河流中，或泄至地面经水冲洗后进入河中；

（2）厂区内的对二甲苯、醋酸、硫酸储罐等泄漏后进入河流引起的污染；

（3）各类装置事故工况时消防冲洗水进入河流引起的污染；

（4）厂区污水处理站发生故障时不达标废水进入时对河流产生的污染影响；

（5）罐区泄漏后对地下水的污染影响。

案例六　化工产品生产项目

某化工产品项目选址在某市化工工业区建设，该化工区地处平原地区，主要规划为化工和医药工业区，属于环境功能二类区。区内污水进入一城镇集中二级污水处理厂，处理达标后出水排入R河道，该河道执行地表水Ⅳ类水体功能，属于淮河流域。

项目符合国家产业政策，项目总占地面积3万m^2。主要生产硫酸头孢匹罗。项目主要建设内容有：生产车间一座，占地1500m^2，原料车间、成品车间、办公楼，循环水站，处理能力100m^3/d污水处理站以及废气污染物治理设施等。年工作300d（7200h）。项目供热由工业区集中供应。项目使用的主要原料有三甲基碘硅烷、二氯甲烷、浓盐酸、丙酮、三乙胺等，项目排放的主要废气污染物有：丙酮、二氯甲烷、三乙胺以及HCl等，很多原料属于危险品。废水排放量90t/d，主要污染物为COD、丙酮、三乙胺等。项目排放的固体废物主要是工艺中的釜残和废中间产物等。

工业区内进行污染物排放总量控制，工业区分配给该项目的COD为20t/a。

问题

1. 项目可能产生的主要环境影响因素和可能导致的环境问题有哪些？

2. 本项目的清洁生产分析应有哪些内容？扩建项目清洁生产水平在哪些方面得到了提高？

3. 如按《污水综合排放标准》(GB 8978—1996) 中的有关规定，项目污水第二类污染物排放应执行什么标准？其中 COD 标准值为多少（假设不考虑集中污水处理的收水标准）？项目废水所排入的城镇集中污水处理厂应执行什么排放标准？

4. 项目污水处理站对项目污水处理后 COD 和氨氮分别应达到多少浓度才能满足工业区对其的总量控制指标？

5. 降低项目有机废气排放的途径有哪些？简述有机废气的主要治理措施。

6. 对于危险原料运输应当注意什么才能减少风险事故的发生？

参考答案

1. 项目可能产生的主要环境影响因素和可能导致的环境问题有哪些？

本项目为化工产品项目。污染排放比较复杂。大气污染物排放有丙酮、二氯甲烷、三乙胺以及 HCl 等，如控制治理不当，有可能影响环境空气质量或造成异味影响；废水中有机物浓度高，如不处理达标排放会给地表水造成影响；固体废物多属于危险废物，处置不当会对土壤地下水、地表水和环境空气产生严重的影响。项目噪声源不大，可控制到厂界，对外环境影响不大。项目使用较多危险化学品，一旦发生事故会有大量的有毒气体泄漏和事故废水排放，造成对环境空气和有关地表水的严重影响，存在环境风险。

2. 本项目的清洁生产分析应有哪些内容？扩建项目清洁生产水平在哪些方面得到了提高？

清洁生产分析的基本内容有：

(1) 工艺技术先进性分析

对工艺技术来源和技术特点进行分析，说明其在同类技术中所占的地位及设备的先进性，可从装置的规模、工艺技术、设备等方面，分析其在节能、减污、降耗等方面的清洁生产水平。

(2) 资源能源利用指标分析

从原辅材料的选取、单位产品物耗指标、能耗指标、新水用量指标等方面进行分析。

(3) 产品指标分析

从产品的清洁性，销售、使用过程以及报废后的处理处置中的环境影响进行分析说明。

(4) 污染物产生指标

从单位产品废气、废水、固体废弃物产生指标等方面与行业标准指标或国内外同类企业进行比较分析，说明其清洁生产水平。

(5) 废物回收利用指标分析

从蒸汽冷凝液、工艺冷凝液、冷却水循环使用、废水回用、废热利用、有机溶剂回收利用、废气、固体废弃物综合利用等方面进行分析。

(6) 环境管理要求分析

从环境法律法规、标准、环境审核、废物处理处置、生产过程环境管理、相关方面环境管理等方面进行分析，说明其清洁生产水平。

（7）项目提高清洁生产水平的措施、建议

本项目扩建后在工艺技术水平、资源能源利用指标、污染物产生指标等方面，清洁生产水平得到了提高。

3. 如按《污水综合排放标准》（GB 8978—1996）中的有关规定，项目污水第二类污染物排放应执行什么标准？其中 COD 标准值为多少（假设不考虑集中污水处理的收水标准）？项目废水所排入的城镇集中污水处理厂应执行什么排放标准？

项目废水经厂内污水处理站处理后排放地区集中二级污水处理厂，第二类污染物应执行《污水综合排放标准》三级，其中 COD 的医药原料药工业的排放标准值为 1000mg/L。同时，项目废水排放应满足地区集中二级污水处理厂的收水要求。项目废水所排入的地区集中污水处理厂，根据《城镇污水处理厂污染物排放标准》（GB 18918—2002），应执行一级 A 标准。

4. 项目污水处理站对项目污水处理后 COD 和氨氮分别应达到多少平均浓度才能满足工业区对其的总量控制指标？

项目年产生废水 90×300＝27000t，工业区分配给该项目的 COD 排放总量为 20t/a，因此项目污水处理站对项目污水处理后，其 COD 平均浓度应小于 740mg/L，方能满足上述总量控制指标。

5. 降低项目有机废气排放的途径有哪些？简述有机废气的主要治理措施。

本项目主要有机废气排放是丙酮等产生的无组织排放。降低本项目有机废气排放的途径有两个：一是提高清洁生产水平，降低有机溶剂的使用量、提高回收率；二是有效收集有机废气进行净化治理。

有机废气的净化治理方法有：

（1）燃烧法。将废气中的有机物作为燃料烧掉或使其高温氧化，适用于中、高浓度范围的废气净化。

（2）催化燃烧法。在氧化催化剂的作用下，将碳氢化合物氧化分解，适用于各种浓度、连续排放的烃类废气净化。

（3）吸附法。常温下用适当的吸附剂对废气中的有机物进行物理吸附，如活性炭吸附，适用于低浓度的废气净化。

（4）吸收法。常温下用适当的吸收剂对废气中的有机组分进行物理吸收，如碱液吸收等，对废气浓度限制较小，适用于含有颗粒物的废气净化。

（5）冷凝法。采用低温，使有机物组分冷却至其露点以下，液化回收，适用于高浓度而露点相对较高的废气净化。

6. 对于危险原料运输应当注意什么才能减少风险事故的发生？

本项目使用危险品作为生产原料，因此运输过程中应当注意以下几点。

（1）运输前应先检查包装容器是否完整、密封，运输过程中要确保容器不泄漏、不倒塌、不坠落、不损坏。

（2）严禁与酸类、氧化剂、食品及食品添加剂混合。

（3）运输时运输车辆应配备相应品种和数量的消防器材及泄漏应急处理设备。

（4）运输途中应防暴晒、防雨淋、防高温。

（5）公路运输时要按规定路线行驶。

案例七　化工企业苯胺工程项目

某化工企业在一滨海城市拟建一个 10 万 t/a 苯胺工程，工程选址于该城市远郊的已开发的石化工业区内，扩建址已经开发完毕，配套齐全。北距离市区最近距离约 20km，西面约 10km 有安源镇，西北 5km 有李庄、横店两个村。东距海防公路约 3km。该地区常年主导风向为西南（SW）风。

该项目总投资 35000 万元，占地约 $34000m^2$。产品生产过程包括两部分：用石脑油和水蒸气反应制取氢气，用苯和浓硝酸反应制取硝基苯，用氢气和硝基苯为原料生产苯胺。主要原料石脑油、苯和浓硝酸。生产废水以冲洗水和初期污染雨水为主，产生量约 5.22 万 t/a，生活废水产生量约 0.84 万 t/a，经过处理达标后通过管道排海，该海域功能区划为二类海域。项目设锅炉房一座，烟尘排放量约 2kg/h，SO_2 排放约 6kg/h。项目特征因子颗粒物排放量约 3.0kg/h，非甲烷总烃无组织排放量约 1.5kg/h。经预测，烟尘最大地面浓度为 $5.559\mu g/m^3$，SO_2 最大地面浓度为 $30.57\mu g/m^3$，非甲烷总烃最大地面浓度为 $4.17\mu g/m^3$，项目噪声源主要为风机和输送泵等产生的噪声，目标控制厂界噪声达标；项目产生的固体废物均委托有处理资质的单位进行安全处置。

已知拟建地区环境空气功能区为二类区。

问题

1. 该项目环境影响报告书应设置哪些专题？评价重点是什么？

2. 项目工程分析应包含哪些内容（给出要点）？

3. 确定项目大气评价等级、评价范围。

4. 项目废水排放应考虑哪些评价因子？确定应执行的废水排放标准以及 CODcr 应执行的标准值（给出标准名称和级别，除 CODcr 外，其他因子不必列出标准值）。列出项目的环境保护目标。

5. 项目涉及哪些危险物质？按《建设项目环境风险评价技术导则》可分为哪些功能单元？存在哪些重大事故风险？项目环境风险评价进行的环境敏感性调查包括哪些内容？

6. 项目排放生产废水，未处理前如按《环境影响评价技术导则—地面水环境》来划分，水质复杂程度如何？项目排水系统、废水处理设施应采取哪些应急措施避免事故废水排放对地表水的重大环境影响？

参考答案

1. 该项目环境影响报告书应设置哪些专题？评价重点是什么？

本项目为新建石化项目，依据相关的环境影响评价技术导则和项目特点，应设置的专题有：

（1）自然环境与社会环境现状调查。

（2）评价区现状污染源调查与评价。

（3）环境质量现状调查与评价（大气、海域、地下水、声环境）。

（4）工程分析（项目概况、工艺工程及产污分析）。

（5）环境影响预测与评价［大气环境影响预测评价、海域影响预测评价、地下水环境影响分析、声环境影响预测分析（厂界噪声达标排放分析为主）、固体废物处置措施分析］。

（6）环保措施分析及其技术经济论证。

(7) 清洁生产分析。

(8) 环境风险评价。

(9) 污染物排放总量控制分析。

(10) 环境经济损益分析。

(11) 环境管理与环境监测制度建议。

(12) 公众参与。

本项目的评价重点是工程分析、海域影响预测评价、清洁生产分析和环境风险分析。

2. 项目工程分析应包含哪些内容（给出要点）?

项目工程分析应包含的内容主要有：

(1) 工程概况

项目名称、项目性质、厂址地理位置（附图）、主要经济指标（工程投资、年销售收入、投资利税率、投资回收期、内部收益率等）、生产规模、项目工程组成（主要工程内容）、基本工艺路线、原辅材料性质、供应与消耗、产品方案、公用工程供应与消耗，项目排水方案、石脑油、苯和浓硝酸等物料储存运输方式、总图布置、项目定员与工作制度，年运行时数。

(2) 项目工艺过程、产污环节分析和污染源强核算

① 工艺过程的描述以及对产污环节的说明；② 带“三废”排放节点的生产工艺流程图；③ 工艺过程中的物料平衡分析；④ 污染源强计算及汇总（汇总表），包括非正常工况（开停车、检修、波动等）时的污染源强。

(3) 分析建设项目清洁生产水平

① 工艺技术先进性分析；② 资源能源利用指标分析；③ 产品指标分析；④ 污染物产生指标分析；⑤ 废物回收利用指标分析；⑥ 环境管理水平与要求分析。

(4) 环保措施方案分析

分析环保措施方案及所选工艺及设备的先进水平和可靠程度，分析处理工艺有关技术经济参数的合理性，分析环保设施投资构成及其在总投资中的比例，分析依托设施运行的可靠性。

3. 确定项目大气评价等级、评价范围。

按《环境影响评价技术导则》，本项目主要大气污染物的最大地面浓度占标率计算见表 2-7-1：

主要大气污染物的最大地面浓度占标率 表 2-7-1

因　子	烟尘	SO_2	非甲烷总烃	
最大地面浓度（$\mu g/m^3$）	5.559	30.57	4.17	
环境质量标准（mg/m^3）	0.30	0.50	—	
P_i（%）	0.618	6.114	—	
排序	2	1		

计算结果表明，SO_2 的 P_i 最大为 6.114%<10%，故大气评价工作等级为三级。相应的评价范围的直径或边长不应少于 5km。

4. 项目废水排放应考虑哪些评价因子？确定应执行的废水排放标准以及CODcr应执行的标准值（给出标准名称和级别，除CODcr外，其他因子不必列出标准值）。列出项目的环境保护目标。

项目废水排放中生产污水以冲洗水和初期污染雨水为主，另外还有生活污水，因此应考虑的评价因子主要有pH、SS、COD、BOD、氨氮、石油类等。由于废水处理后排入二类海域，因此确定应执行的废水排放标准为《污水综合排放标准》一级。其中CODcr应执行的标准值为120mg/L。

项目的主要环境保护目标有安平镇、李庄、横店三个村庄及海防公路，主要考虑大气环境影响。污水排放的海域，主要考虑对海水环境的影响。

5. 项目涉及哪些危险物质？按《建设项目环境风险评价技术导则》可分为哪些功能单元？存在哪些重大事故风险？项目环境风险评价进行的环境敏感性调查包括哪些内容？

项目涉及的危险物质主要有石脑油、苯、浓硝酸等，按《建设项目环境风险评价技术导则》进行环境风险评价时，项目厂区可分为储灌区、库房区和生产车间三个包含危险物质的功能单元。项目事故风险主要是石脑油、苯、浓硝酸泄漏以及火灾爆炸事故发生引起的上述物质大量挥发有毒有害气体的环境风险，以及前述的危险物质大量进入水环境的环境风险。项目环境风险评价进行的环境敏感性调查应包括：① 明确各环境保护目标与危险源之间的距离、方位；② 项目选址选线是否位于江河湖海沿岸，环境风险是否涉及临近的饮用水水源保护区、自然保护区和重要渔业水域、珍稀水生生物栖息地等区域，按环境风险涉及范围进行排查，明确保护级别；③ 人口集中居住区和社会关注区（如学校、医院等）按5km排查，查明人口分布，核对厂址合理性论证是否充分。

6. 项目排放生产废水，未处理前如按《环境影响评价技术导则—地面水环境》来划分，水质复杂程度如何？项目排水系统、废水处理设施应采取哪些应急措施避免事故废水排放对地表水的重大环境影响？

项目排放生产废水处理前含有酸、持久性污染物（难降解的有机物）、非持久性污染物（可降解的有机物）三类污染物，如按《环境影响评价技术导则—地表水环境》来划分，属于水质复杂。如在污水处理设施出现故障或事故下直接排放，会对水环境造成严重的影响。发生火灾等事故状态下，消防废水也会含有酸、氯苯等有机物，而且浓度很高。因此应该确保项目污水装置的处理能力、保障调节池容量，设置监控池，根据消防水量的预测，设立容量满足要求的消防水收集系统和事故应急池。各清水、污水、雨水管网的最终排放口与外部水体间安装切断设施和切换到事故应急水池的设施，储罐区应设置隔水围堰等。

案例八　聚苯乙烯工程项目

某化工项目拟建在某地城市远郊沿海，现状为工业用地。以苯乙烯、聚丁二烯、矿物油、乙烯、外部滑剂（EBA）、内部滑剂硬脂酸锌、活性铝土、染料、抗氧剂及引发剂等为原料，年产对聚苯乙烯1000t。项目厂区占地90000m^2，建设生产车间二座、独立的原料及成品罐区（带罩棚）一个、危险品库一个、2t/h燃煤锅炉二台座。项目排放苯乙烯、乙烯、SO_2、NO_2、TSP等工艺废气；排放生产废水，并含有一些难降解毒性物质；排放工艺废渣等固体废物。厂区排水首先在厂内进行隔油预处理，之后排入污水处理厂进行处理后汇入海。项目主要噪声源为锅炉房噪声。

问题

1. 项目运行期主要环境影响因素有哪些?

2. 项目环境空气质量调查应调查哪些因子?如建设地区没有其他的地方性大气污染物评价标准,项目大气污染物排放标准应选用哪些?分别适用于哪些废气排放?

3. 本项目在海上存在哪些事故隐患?如何对事故进行评估?对于事故有何对策?

4. 对于火灾和爆炸、泄漏等事故可以采取哪些措施防治?

参考答案

1. 项目运行期主要环境影响因素有哪些?

项目运行期主要环境影响因素有:锅炉烟气和工艺废气排放对环境空气质量的影响,恶臭物质(苯乙烯等)排放造成的异味影响,废水排放对地表水环境的影响,声环境影响,对土壤和地下水环境的影响以及环境风险。

2. 项目环境空气质量调查应调查哪些因子?如建设地区没有其他的地方性大气污染物评价标准,项目大气污染物排放标准应选用哪些?分别适用于哪些废气排放?

项目环境空气质量调查应调查常规因子和项目特征因子。常规因子包括:TSP(PM10)、SO_2、NO_2、CO。特征因子包括:苯乙烯、乙烯;锅炉烟气排放适用于《锅炉大气污染物排放标准》(GB 13271—2001)、苯乙烯废气排应执行《恶臭污染物排放标准》(GB 14554—93),SO_2、NO_2、TSP等废气排放应执行《大气污染物综合排放标准》(GB 16297—1996)(二级)。

3. 本项目在海上存在哪些事故隐患?如何对事故进行评估?对于事故有何对策?

本项目在海上存在可能产生的事故隐患有原材料的泄漏事故、污水的非达标排放等将对海域生态产生影响。原材料中的苯乙烯属于高毒类物质,其危害是由化学品的成分、特性及其在海洋里存在的形式所决定的,一旦大量泄漏对当地的海洋生物将是毁灭性的。

在污水的排放过程中,同样存在这种问题,这些物质在生产过程中如果未能有效地处理,将会对该海域的生物造成慢性的毒性作用,使生物不能正常的发育生长,尤其是幼体,从而导致整个群体的衰退。

(1) 事故评价

在进行化学品应急事故的生态风险防控与污染清除工作之前,首先应对事故作出评估。明确可能受到威胁的海滩和渔业资源等环境敏感区和易受损资源以及需要保护的优先次序。评估本地区应急反应的人力、设备、器材是否能满足应急反映需要。

(2) 应急对策

成立应急指挥部,并且根据对应急事故的评估,应急指挥部应立即作出事故防控的应急对策;指挥机构接到报警后,根据初步情况,对外通报,联系支援;采取措施防止可能引发的火灾、爆炸事故;监视化学品扩散;对可能受到污染危险的高生态风险和环境敏感区和易受损资源采取优先保护措施;对化学品溢出水域和周围水域、沿岸进行监测;根据化学品溢出的性质和规模;迅速调动应急防治队伍、应急防治设备、器材等以及必要的后勤支援;组织协调海事、救捞、环保、海洋与渔业、军队、公安、消防、气象、医疗等部门投入应急活动;根据溢出化学品的类型、规模、溢出化学品的扩散方向、周围海域的环境,制定具体的应急清除作业方案。

4. 对于火灾和爆炸、泄漏等事故可以采取哪些措施防治？

本项目的事故风险最大隐患是火灾、爆炸及苯乙烯事故泄漏，为了防范突发事故的发生，应从管理上、设计上采取强有力的措施。

（1）对于苯乙烯等有毒危险原料的储存，应主意储存量实现少量化。

（2）储运条件应针对危害物的物化特性采取相应的防火、防爆和防泄漏措施，防止引发火灾，防治环境污染。

（3）加强工艺系统的自动控制、监测报警。

（4）加强对系统设备和密封单元的维修与保养。

（5）严格岗位操作规程，强化岗位培训和职业教育。

案例九　乙烯工程丁辛醇装置建设项目

某乙烯工程丁辛醇装置工程的主要大气污染物是总烃、一氧化碳、甲烷、丁醛、丁醇、辛醇等，本项目所排水首先在厂内进行隔油预处理，之后排入污水处理厂进行处理后汇流入海。厂址位于该城市远郊的临海滩地。项目选址区距市区约 60km，北面 9.5km 外有多个乡村城镇，人口较为密集，西临规划中的港区，东距另一工业区 10km，选址区内地势低平，为潮坪地貌，分部于海岸线至低潮位之间，地面高程自西北向东南略有升高。

工程占地总面积为 9 万 m^2，其中生产厂区面积为 5 万 m^2。主要工程内容包括：原料贮槽区、公用区、仓库及调配区、工艺生产区、控制室、包装区、自动仓库区、保养场、废水处理区，自建燃油热媒炉 2 台。工程项目总投资 3 亿元人民币，其中环保投资 1000 万元。本项目所用原料是重油和丙烯，产品和中间产品是正丁醇、辛醇、异丁醇、正丁醛。其中正丁醇有使人难忍的恶臭，正丁醛有窒息性醛味，正丁醇和正丁醛对呼吸道黏膜有刺激作用。丙烯、辛醇、异丁醇均有臭味或特殊气味。生产废水产生量 1577t/h，循环冷却水或清洁废水 1527t/h，SO_2 废水排放量 0.3t/h，废渣 17334t/a，废液 660t/a。项目废水经处理后经过河网最终排入临近海域。

问题

1. 该项目的环境影响评价要设置哪些专题？

2. 该项目大气和水环境的主要评价因子是什么？

3. 如何制定水环境的现状监测方案？

4. 本项目污染物总量控制指标可能有哪些？对于它们可以采取哪些措施？

5. 本项目公众参与调查的目的、内容和方法分别是什么？

参考答案

1. 该项目的环境影响评价要设置哪些专题？

本项目的环境影响评价要设计的专题应包括：区域环境现状调查、建设项目概况、工程分析、地表水环境影响评价、环境空气影响评价、声环境影响评价、固体废弃物环境影响评价、风险评价、污染防治措施、清洁生产、总量控制、环境经济损益分析、环境管理及监测制度、公众参与。

2. 该项目大气和水环境的主要评价因子是什么？

大气常规评价因子有 SO_2、氮氧化物、TSP，根据项目使用的主要原料及项目工艺反应特点，大气特征污染因子包括总烃、一氧化碳、甲烷、丁醛、丁醇、辛醇。

水环境常规评价因子包括：pH、SS、DO、COD、BOD、氨氮、硝氮、亚硝氮、总磷、石油类、挥发酚和其他当地地表水特征污染因子（包括重金属）；根据本项目特点：硫化物、氨、甲酸盐、氰化物、硫化氢、碱。

3. 如何制定水环境的现状监测方案？

项目的水环境监测方案包括现状监测方案和运行期的监测方案。

① 监测方案

见水环境评价因子。

② 监测布点

因为项目废水经处理后经过河网排入临近海域，为此要在项目污水直接受纳河流、河口和最终的受纳水体海湾都要进行布点。布点原则要依据沿河污染源、敏感点的分布以及河流海湾的水文特征，排污口上游或河流感潮河段上游设置对照断面。

③ 监测时间

监测时间分大潮期和小潮期，每期连续几日监测，每日各监测断面采集一次涨潮和落潮水。

④ 采样和分析方法参照相关标准和技术规范

4. 本项目污染物总量控制指标可能有哪些？对于它们可以采取哪些措施？

根据本项目的特点，污染物总量控制的指标可能选取 SO_2、烟尘和 COD。

（1）SO_2、烟尘　本项目 SO_2 主要来源于热媒炉的重油燃烧，可以配套建设脱硫和除尘装置，确保 SO_2 和烟尘排放量控制在一定的数量内。

（2）COD　在搞好清洁生产的基础上，为切实做好废水预处理，应强化废水预处理措施，污水处理系统采用切实可行的污水治理工艺方案和先进可靠的治理设备，强化污水治理设施的运行管理，确保污水达标排放，并建议建设单位在内部操作时，对排水中的 COD 从严控制，以确保排污总量达标。

5. 本项目公众参与调查的目的、内容和方法分别是什么？

（1）调查目的

通过开展公众参与，可了解建设地块周围各政府部门、社会团体及公众对本工程的反映，使工程更完善，环境影响评价更全面、客观，使可能受影响的公众了解项目概况及由项目引起的环境问题，有利于提高民众的环境意识，让更多的人了解、支持环境保护事业，自觉参与环境保护工作。

（2）调查方法与内容

本项目环境影响评价的公众参与点调查中可以采用发放调查表格的方法。被调查对象应来工程所在地或与本工程有直接或间接关系的社会各界、如政府机关工作人员、乡（村）干部、企业工人、农民、教师、学生等。

调查表内容主要包括：

① 对本工程的民意调查，即公众对此项工程的态度、观点及了解程度的调查；

② 工程（包括征地、拆迁等）对被调查者个人生活、工作是否有影响及影响程度；

③ 调查本工程对当地经济及居民生活质量的影响程度；

④ 调查了解公众对现有的居住状况的满意程度。

案例十　医院实验室建设项目

拟建项目为医院实验室，实验内容主要为检测尿样和血样。

检测尿样是将某些成分从尿液中分离出来，再用仪器进行定量分析。在实验过程中，加入多种有机溶剂，样品放入烘干橱晾干，温度约60℃，采用机械排风方式。样品中的有机气体通过排气筒排入大气，有6个排气筒，一字排开，高10m，相距5m，每个排口风量4000m³/h，非甲烷总烃排放浓度为100mg/m³，风机放在屋顶。使用的化学试剂见表2-10-1。

实验室化学试剂　　表2-10-1

名　称	用量/（L/a）	危 险 性
叔丁基甲醚	600	极易燃
乙酸乙酯	700	
乙醚	400	
异丙醇	40	
丙酮	120	
甲醇	100	
乙腈	250	

问题

1. 对该项目环境影响因素进行识别，列出主要环境影响因素。

2. 15m高排气筒非甲烷总烃排放速率为10kg/h，排放浓度标准为120mg/m³，排气筒非甲烷总烃排放是否超标？请说明原因。

3. 该项目的固体废弃物有哪些？该项目的固体废物处置应提出哪些要求？

参考答案

1. 对该项目环境影响因素进行识别，列出主要环境影响因素。

该项目主要环境影响因素包括以下内容：

① 大气。该项目在实验过程中使用有机溶剂，在实验过程中，有机废气通过排气筒排入大气。因此，有机废气排放构成大气污染源。

② 水。排水主要来自实验室废水（试验器皿冲洗废水等）。

③ 危险废物。该项目固体废弃物为医疗垃圾，主要是废弃的实验器皿、废弃化学试剂等。

④ 噪声。采用机械排风方式，有机气体通过排气筒排入大气，风机放在屋顶。风机噪声对环境产生影响。

⑤ 环境风险。使用的化学试剂有些属于危险化学品，存在潜在的环境风险。

2. 15m高排气筒非甲烷总烃排放速率为10kg/h，排放浓度标准为120mg/m³，排气筒非甲烷总烃排放是否超标？请说明原因。

用外推法计算得出10m高排气筒非甲烷总烃排放速率标准为4.4kg/h，由于排气筒低于15m，故应再严格50%，为2.2kg/h。6个排气筒一字排开，高10m，相距5m，其中3个相邻的排气筒为等效排气筒，3个相邻的排气筒排放速率共1.2kg/h，非甲烷总烃排放浓度和排放速率均达标。

3. 该项目的固体废弃物有哪些？对该项目的固体废物处置应提出哪些要求？

该项目固体废弃物为医疗垃圾，主要是废弃的实验器皿、废弃化学试剂等。医疗卫生机构对医疗废物必须进行分类收集，医疗卫生机构应制定严格的分类、收集管理制度并责任到人。严禁使用没有医疗废物标识的包装容器，严禁将医疗废物与生活垃圾混放，没有密封包装的医疗废物不得运送到医疗废物贮存设施处。严禁在贮存设施以外堆放医疗废物。医疗废物必须送有资质的单位处置，并须签订处置协议。

案例十一　石油化工建设项目

平原地区拟建某化工厂，以乙烯和乙酸乙烯为原料生产乙烯乙酸乙烯（EVA）共聚物，年产量为 6 万 t，主要原料及公用工程均依托于总公司。表 2-11-1 为项目的核定排放量，表 2-11-2 为危险源识别表，表 2-11-3 为乙烯—乙酸乙烯工程的物料平衡表。

该项目的核定排放量　　**表 2-11-1**

污染物名称	乙烯	乙酸乙烯	NO_2	CO
最大地面浓度（$\mu g/m^3$）	25.6	14.25	20.65	9.27
大气环境质量标准 c_{oi}（mg/m^3）	3	0.15	0.24	10

危险源识别表　　**表 2-11-2**

类　别	危险物质	临界量标准/t		新建装置	
		生产场所	贮运区	生产场所/（t/h）	贮运区
易燃物质	乙烯	1	10	6.4	—
	丙烯	2	20	0.02	—

乙烯—乙酸乙烯工程的物料平衡表　　**表 2-11-3**

投入/（t/a）		产出/（t/a）	
乙烯	49637	产品 EVA	60000
乙酸乙烯	12137	副道品	405
丙烯（分子量调节剂）	158	废乙酸乙烯	965
聚异丁烯（润滑油）	226	废溶剂油	38
异十二烷（引发剂溶剂）	249	排氧化炉废气	350
2，6—二椒丁基对甲酚（抗氧剂）	40	排火炬废气	750
对苯二酚（阻聚剂）	2	无组织排放废气	?
引发剂	64	—	—
氢氧化钠	2	—	

该项目产生的部分有机废气通过进口的再生式热氧化炉焚烧处理，挥发性有机物被氧化分解成水和二氧化碳。根据供货商提供的技术参数，再生式热氧化炉处理效率为 98.0%，排气量为 $3.5\times10^4 m^3/h$，处理前 VOC 的量为 46.1kg/h。

问题

1. 根据表 1 确定大气环境影响评价等级。

2. 根据表 2 确定环境风险评价等级。根据导则的要求，应如何进行应对事故影响分析?

3. 根据表 3 计算无组织排放废气的量。

4. 计算经再生式热氧化炉处理后 VOC 的排放量及排放浓度。由于地方环保部门要求 VOC 的排放浓度在 $20mg/m^3$ 以下，因此供货商应至少将氧化炉的处理效率提高到多少?

参考答案

1. 根据表 1 确定大气环境影响评价等级。

先计算最大地面浓度占标率 P_i，见表 2-11-4。

最大地面浓度占标率计算 **表 2-11-4**

污染物名称	乙烯	乙酸乙烯	NO_2	CO
最大地面浓度（$\mu g/m^3$）	25.6	14.25	20.65	9.27
大气环境质量标准 c_{oi}/（mg/m^3）	3	0.15	0.24	10
最大地面浓度占标率 P_i/（%）	8.53	9.5	8.6	0.093

其中乙酸乙烯的地面浓度占标率最大，对比《环境影响评价技术导则——大气环境》（HJ/T 2.2—9.3）中“评价工作级别”数据，P_i＜10%，故大气环境影响评价等级定为三级。

2. 根据表 2 确定环境风险评价等级。根据导则的要求，应如何进行应对事故影响分析?

该工程涉及的危险化学物质生产场所的乙烯为重大危险源，属易燃物质，对比《建设项目环境风险评价技术导则》中关于风险评价等级的划分方法，确定该项目的环境风险评价为一级。

根据导则的要求，应对事故影响进行定量预测，说明影响范围和程度，并提出防范、减缓和应急措施，作出应急预案。

3. 根据表 3 计算无组织排放废气的量。

$$(49637+12137+158+226+249+40+2+64+2)$$
$$-(60000+405+965+38+350+750)=7t/a$$

根据物料平衡，计算出无组织排放废气量应为 7t/a。

4. 计算经再生式热氧化炉处理后 VOC 的排放量及排放浓度。由于地方环保部门要求 VOC 的排放浓度在 $20mg/m^3$ 以下，因此供货商应至少将热氧化炉的处理效率提高到多少?

处理后挥发性有机物排放量：$46.1\times(1-98.0\%)=0.92kg/h$

处理后挥发性有机物排放浓度：

$(0.92\times10^6)/(3.5\times10^4)=26.3mg/m^3$，不能满足地方环保要求。

要满足地方环保要求至少应达到的处理效率：

$$[46.1\times10^6/(3.5\times10^4)-20]/[46.1\times10^6/(3.5\times10^4)]\times100\%=98.5\%$$

案例十二　石化公司污水处理厂项目（2007 年考题）

某石化公司拟建 3 套生产装置，同时配套建设污水处理厂一座，各装置污水排放情况见表 2-12-1。污水处理厂布置在石化公司的东北角。在污水处理厂区拟建一露天并经防渗处理的固废临时存放中转场，布置在石化公司厂界围墙边。厂界东面 3km 处有一乡镇，其余均为农田。当地主导风向为东南（夏）和西北（冬），大气环境功能区划为二类。

废水经处理达标后排入附近 A 河。该河流河段执行《地表水环境质量标准》Ⅲ类水质标准。评价河段顺直均匀，河段宽 80m，平均水深 4m。排污口下游 4km 处有一支流汇入，无其他排污口。

拟建项目污水水质、水量数据　　　　**表 2-12-1**

排放源	排放规律	排放量(t/d)	水质（单位除 pH 外均为 mg/L）				
			pH	COD	BOD	石油类	氨氮
装置 A	连续	50	6～7	1000	350	500	100
装置 B	连续	200	6～8	600	300	200	50
装置 C	连续	150	6～8	200	120	100	—
初期雨水	间断	10 *	7～8	100	60	50	—

问题

1. 污水处理厂运行期对环境有什么影响。

2. 敞开式调节池恶臭的环保措施？

3. 三个排污设施（两个含氨氮，一个不含氨氮，知道各股水的浓度及污水量）。第四股水是初期雨水，求通过环保措施后氨氮去除 75%后的最终外排放浓度。

4. 产生的含油污泥是否可以和活性污泥一起贮存在临时贮存场内，说明理由。

5. 要预测下游 5km 的 BOD_5 的浓度，应需要哪些数据和参数（在 4km 处有支流汇入）。

参考答案

1. 污水处理厂运行期对环境有什么影响。

（1）经污水处理厂处理过的污水达标排放，进入河流与河水混合后，河流水质有改善；

（2）超负荷污水溢流和事故排水对河流水质的影响，其影响和改善的程度应通过模式计算分析得出；

（3）对灌溉农田的影响分析：经污水处理厂处理达标的污水灌溉农田，比原来用污水灌溉农田对农田土地的环境有较大改善；

（4）污水处理厂运行中产生恶臭及含菌气溶胶，配套锅炉房烟气、设备噪声对周围环境产生的影响。

2. 敞开式调节池恶臭的环保措施？

（1）将恶臭主要发生源尽可能地布置在远离厂址附近的居民区等敏感点的地方，以保证环境敏感点在防护距离之外而不受影响；

（2）设置卫生防护距离，卫生防护距离内居民点应搬迁；

(3) 在厂区污水及污泥生产区周围设置绿化带，选择种植不同系列树种，组成防止恶臭的多层防护隔离带，尽量减少恶臭污染的影响；

(4) 在敞开式调节池上加建阳光板房，把池内排出的臭气抽出，送入木屑生物脱臭池脱臭。

3. 三个排污设施（两个含氨氮，一个不含氨氮，知道各股水的浓度及污水量）。第四股水是初期雨水，求通过环保措施后氨氮去除75%后的最终外排放浓度。

最终外排放浓度为9.15mg/L。

$$(50\times100+200\times50)/(50+200+150+10)=36.6\text{mg/L}$$

$$36.6-36.6\times75\%=9.15\text{mg/L}$$

4. 产生的含油污泥是否可以和活性污泥一起贮存在临时贮存场内，说明理由。

不能。因为含油污泥属危险固废，危险固废是不能与一般固废一起贮存在临时贮存场内。

5. 要预测下游5km的BOD_5的浓度，应需要哪些数据和参数（在4km处有支流汇入）。

BOD_5降解速率常数k_1、河流流速、河流流量、河流BOD_5。

案例十三　炼油厂扩建项目（2008年考题）

某炼油厂拟在厂区预留地内进行改建扩建工程建设，其中，配套公用工程有：在现有罐区扩建1000m^3苯罐，500m^3苯乙烯罐，300m^3液氨罐槽各一座；改造现有供水设施，新增供水能力500m^3/h。现有污水处理厂紧靠北厂界，其西面与西厂界相距100m。拟在污水处理厂与西厂界的A空地新建危险废物中转站1座，在与污水处理厂东面相邻的B空地新建650m^3/h污水处理回用装置一套。

改扩建项目新增的生产废水处理依托现有污水处理厂，改造前后生产废水的污染物种类和处理后污染物排放浓度不变（《污水综合排放标准》一级）。达标废水通过2km排污管道排入C河，C河属赶潮河段，大潮潮流回荡距离约6km，排污口上游10km处有一集中式饮用水源地设有一、二级保护区，二级保护区的下游边界距水源D取水口约6km，取水口至炼油厂废水排放口河段内无其他污染源汇入。为防止C河水体污染，当地环保行政主管部门提出，废水排入C河的改建项目必须实际增产减污。

厂区地质结构稳定，天然土层防渗性能良好，厂西边界700m处有一村庄，其他方位村庄距厂界1000m以上。

问题

1. 分析评价新建公用工程在厂内布局的环境合理性。

2. 指出本项目大气和水环境现状调查特征污染因子。

3. 识别本项目贮存设施中重大危险源和环境风险评价重点保护目标。

4. 排污口上游河段水质现状监测断面位置选择。

5. 根据当地环保行政主管部门对C河的管理要求，分析本项目的环境可行性（选择COD作指标给出定量结果，计算新增供水量时不计损耗）。

参考答案

1. 分析评价新建公用工程在厂内布局的环境合理性。

根据《危险废物贮存污染控制标准》选址要求，厂界应位于居民区800m以外，而厂界西面的村庄仅700m；因此，新建的危险废物中转站在该厂内的布局达不到危险废物贮存设施的选址要求。

2. 指出本项目大气和水环境现状调查特征污染因子。

大气：苯、苯乙烯、氨气、硫化氢、恶臭等。

水：苯系物、硫化物、石油类、氰化物、挥发酚等。

3. 识别本项目贮存设施中重大危险源和环境风险评价重点保护目标。

危险源：1000m^3苯罐、500m^3苯乙烯罐、300m^3液氨罐。

风险评价重点保护目标：700m处村庄、其他方位村庄、集中式供水饮用水源。

4. 排污口上游河段水质现状监测断面位置选择。

上游水质监测点位设置：四个。第一，大潮潮流回水6km处；第二，排污口上游500m处；第三，饮用水源地二级保护边界处（即排污口上游4km处）；第四，饮用水源地取水口。

5. 根据当地环保行政主管部门对C河的管理要求，分析本项目的环境可行性（选择COD作指标给出定量结果，计算新增供水量时不计损耗）。

本项目可做到增产减污，环境上是可行的。理由如下：

尽管新增供水能力500m^3/h，由于新建650m^3/h污水回用装置一套，从而污水处理厂改造后的污水排放量将在原有基础上减少150m^3/h，COD排放浓度不变，因此其排放总量将减少。$60mg/L \times 150m^3/h \times 10^3 \times 24h/d = 216kg/d$，减排COD约为216kg，污水排放执行一级标准。

三、冶金机电类

案例一　安徽铜都铜业股份有限公司铜陵金昌冶炼厂熔炼工艺改造及环境治理工程

安徽铜都铜业股份有限公司铜陵金昌冶炼厂，拟实施技术改造，技改内容包括：熔炼系统——采用顶吹浸没式喷枪熔炼技术淘汰现有密闭鼓风机；制酸系统——改造原有单转单吸制酸系统为双转双吸制酸工艺；火法精炼系统——淘汰 1 台 50t 固定式阳极反射炉，新建 2 台 200t 回转阳极炉，并以液化气替代重油作还原剂；新增污酸处理站，改造现有污水处理工艺。设计规模为年产电解铜 10 万 t（含铜 99.95%），硫酸 34 万 t，粗铜 10 万 t，阳极铜 7.6 万 t。

项目排水入 A 河流，废水中砷、重金属满足Ⅱ类水质标准，酚超Ⅳ类标准；A 河流汇入长江，该段水质基本满足Ⅱ类水质标准，但按渔业水质标准要求，铜浓度超过 0.01mg/L，超Ⅲ类水质渔业标准。

评价区内 SO_2 和城区 TSP 均有超标，空气中重金属未超标。

评价区土壤中 C_u、Z_n、C_d 含量超过《土壤环境质量标准》二级，稻谷样品中，C_u、P_b、A_s 含量超标。

问题

1. 简述本项目工程分析的重点。
2. 铜冶炼项目环评中应关注什么内容？
3. 本项目控制污染与环境保护目标是什么？
4. 地表水现状调查水质参数包括什么内容？
5. 铜冶炼项目物料平衡中应包括什么内容？

参考答案

1. 简述本项目工程分析的重点。

（1）生产工艺分析；

（2）产污节点分析；

（3）污染防治措施分析；

（4）清洁生产分析。

2. 铜冶炼项目环评中应关注什么内容？

（1）无组织排放问题；

（2）制酸系统稳定性；

（3）砷污染；

（4）卫生防护距离。

3. 本项目控制污染与环境保护目标什么？

控制污染目标包括控制制酸系统尾气中的 SO_2 和含重金属的酸性废水达标排放。保护目标为厂址周围环境空气、土壤环境、地表水环境。

4. 地表水现状调查水质参数包括什么内容？

常规水质参数考虑水体现状挥发酚有超标现象。故选择SS、COD、BOD、挥发酚。

5. 铜冶炼项目物料平衡中应包括什么内容

应做铜平衡、硫平衡和砷平衡

铜平衡：铜投入来源于混合铜精矿原料，铜产出主要包括阴极铜、阳极泥、废电解液、水淬弃渣及损失和误差。应列表说明铜投入量、铜产出量和所占比例。投入产出应相等。

硫平衡：硫投入来源于原料——混合铜精矿、燃料——煤和重油。硫产出包括成品酸、水淬弃渣、外排烟气、制酸尾气外排、污酸污泥和损失。应列表说明硫投入量、硫产出量和所占比例。投入产出应相等。

砷平衡：砷投入来源于混合铜精矿原料，砷产出主要包括水淬弃渣、阳极泥、污酸污泥、废水和损失。应列表说明铜投入量、砷产出量和所占比例。投入产出应相等。

案例二　中芯国际集成电路制造（北京）有限公司超大规模集成电路芯片生产线项目

本项目拟建于北京经济技术开发区内。拟建设8英寸芯片（20.32cm）0.35～0.18μm（月投产3万片）；12英寸芯片（30.48cm）先进制程线，0.13～0.09μm芯片（月投产0.3万片）。本项目建设期2年，试生产期2年，达产期4年，总投资12.5亿美元。

本项目由生产设施、动力设施、化学品设施、气体设施、环保设施、安全卫生设施、消防设施、管理服务设施以及相应的建筑设施组成。芯片项目组成见表3-2-1。

芯片项目组成表　　**表3-2-1**

生产设施	辅助设施	动力设施	环保设施	生活设施
1. 集成电路芯片生产设施 2. 集成电路测试设施 3. 实验设施 4. 生产管理设施	1. 化学品库 2. 硅烷站 3. 天然气调节站 4. 特殊气体供应系统 5. 大宗气体供应系统 6. 空分主装置	1. 水泵房、纯水站 2. 空压站 3. 冷冻站 4. 锅炉房 5. 真空站 6. 净化、通风和排风系统、消防 7. 变电站、发电机房、大宗气体供应站	1. 工业、生活污水处理系统 2. 废气处理系统 3. 废液、废渣收集系统 4. 绿化、雨水回收系统	1. 办公楼 2. 停车场

问题

1. 项目建设是否与相关产业政策相符？

2. 确定该项目大气预测因子和水评价因子。

3. 本项目所使用的化学品基本上分为腐蚀性、易燃性、有毒气体及毒害品等，那么这些物质在发生事故时会有什么影响？

4. 本项目工程分析的基本要求和要点？

5. 生产中产生的工业固废如何处理？本项目的危险废物有哪些？

6. 废水处理措施论证应注意哪些问题？

参考答案

1. 项目建设是否与相关产业政策相符？

“线宽 1.2μm 以下大规模集成电路设计制造”列入《产业结构调整指导目录（2005 年本）》中鼓励类，是当前国家重点鼓励发展的产业。2001 年 11 月，国家发展计划委员会和科技部颁发的《当前优先发展的高技术产业化重点领域指南》第 17 条规定，近期产业化的重点是：以加强集成电路设计为重点，积极支持集成电路设计和整机开发相结合，设计开发市场需求较大的整机产品所需的各种专用集成电路和系统级芯片，线宽 0.18μm 以下的深亚微米集成电路及配套的 IP 库。扩大集成电路生产加工和封装能力，提高工艺技术水平，扩大产品品种和生产规模；积极鼓励国内外有经济实力和技术实力的企业以及投资机构在国内建立国际先进水平的集成电路芯片生产线，提高我国集成电路生产技术水平。

原国家经贸委、财政部、科技部、国家税务总局《关于印发〈国家产业技术政策〉的通知》（国经贸技术［2002］444 号）的“四、重点产业技术发展方向（1）高新技术及产业化”中明确：要优先发展深亚微米集成电路。

本项目产品方案为 8 英寸 0.35～0.18μm 芯片，属深亚微米集成电路，符合国家产业政策要求。

2. 确定该项目大气预测因子和水评价因子。

大气预测因子：HF、HCl、硫酸雾、Cl_2、NH_3、非甲烷总烃和 NO_2。

水评价因子：pH、COD、BOD_5、SS、F^-、NH_3-N、TOC 和 AOX。

3. 本项目所使用的化学品基本上分为腐蚀性、易燃性、有毒气体及毒害品等，那么这些物质在发生事故时会有什么影响？

项目使用的化学品在正常使用过程中经过一定的化学反应和处理后排放，一般对周围环境和人体造成的影响可以控制在允许范围内；但是如果发生泄漏或报警系统失灵产生事故时，就有可能产生意想不到的事故，腐蚀性化学品泄漏会对周围环境和人员造成腐蚀污染，同时会影响周围空气环境质量，严重时会危及人们的生命；易燃气体或液体泄漏可能造成火灾或爆炸；有毒气体泄漏会直接影响到周围地区人员的健康乃至生命安全，毒害品管理不严可能会直接威胁人们的生命以及社会的稳定等。

4. 本项目工程分析的基本要求和要点？

芯片生产的工艺复杂，约有数百道工序，使用 50 多种化学原料，其中包括 20 多种化学危险品。此类工程应给出全厂生产总流程和标示排污节点的工艺流程图，并应有原、辅材料消耗表。生产工艺主要为硅片清洗、氧化、光刻、蚀刻、扩散、离子植入、化学气相沉淀、金属化、后加工等九部分组成。本项目需用多种有毒有害化学品，工程分析应作总物料衡算和主要污染因子，如氟、氯平衡。需要注意的是一些生产工艺会被重复多次，污染流程分析中应按照具体工序分别统计污染源和“三废”排放量。

5. 生产中产生的工业固废如何处理？本项目的危险废物有哪些？

生产中产生的工业固废有两种：

危险废物：硫酸废渣、磷酸废渣、显影废液、异丙醇废液、废有机溶剂、废光刻胶、污水处理站污泥。委托有资质单位处理。

一般固体废物：废金属、废玻璃、废塑料（有机溶剂容器除外）、废芯片、可回收包装材料。由一般废品回收公司回收再利用。

6. 废水处理措施论证应注意哪些问题?

本项目生产产生的废水主要有四种：含氟废水、酸碱废水、研磨废水和含氨废水。根据废水性质不同，采用各自独立系统，进行分流处理。

(1) 拟建项目废水经过处理后，达标废水排入市政污水管道，从而减轻了拟建项目所在地邻近地区周围水环境的影响，但是拟建项目排放废水能否达标的关键仍取决于含氟废水、酸碱废水、研磨废水和含氨废水的处理和控制。因此，要加强对独立废水处理系统的控制和管理。

(2) 分别控制好含氟废水、研磨废水和含氨废水的前处理，然后纳入酸碱废水处理系统，这是确保含氟废水有效去除 F^- 的环保要求，否则就可能形成稀释排放。

(3) 对于废水处理工艺、纯水制备系统、冷冻机和冷却塔循环系统的工艺设计，建议继续提高水的回收利用，合理利用治理后的废水，建议建设单位进一步提高水循环回用计划。

(4) 为确保污染防治措施的正常运行与监控，本项目设置中央控制和传感器系统、整个废水处理系统的自动控制均由 PLC 程序控制，pH 及流量自动控制，以严格控制处理后的废水排放要求，因此必须加强对中央控制和传感器系统的管理和维护。

案例三　电镀工业基础项目

某地拟建一电镀工业基地，项目占地 78 万 m^2。选址区原为鱼塘，由于这些鱼塘临近工业区，已经受到重金属污染，因此全部被填平。选址区主要建设厂房，其中还有配套的宿舍、展销中心、管理大厦、活动中心和污水处理厂。

电镀工业基地的生产总用水为 60000t/d，其中 60％为回用水。项目生活用水总量为 4800t/d，园区绿化用水约 543t/d，生活污水处理后回用于绿化。

项目综合性电镀废水可细分为：含铜和其他重金属的综合废水、含氰废水、含铬废水和含镍废水。其中，含氰和含铬的废水单独处理，而金属镍废水中的镍要回收利用。综合性电镀废水的有机污染物含量一般较低，可与含铜废水一起处理。上述生产废水的处理过程可用图 3-3-1 表示：

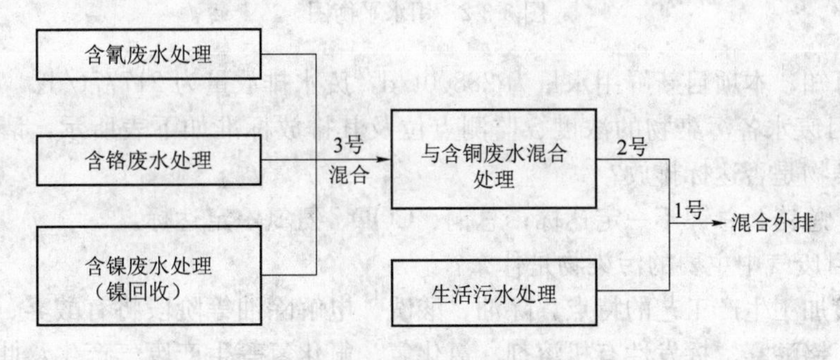

图 3-3-1　废水处理过程图

问题

1. 请画出本项目的用水平衡图（假设生产和生活污水产生系数为 0.9），并说明新鲜用水量是多少？污水排放量是多少?

2. 若项目废水各污染物的浓度、监测点位及其排放标准如表 3-3-1 所示，请依据表中数据说明各污染物是否达标排放?

不同监测点位下废水中各污染物浓度（mg/L） **表 3-3-1**

	氰化物	总铬	总镍	总铜	COD	氨氮
废水中浓度	0.3	1.0	0.6	0.8	145	20
排放标准	0.5	1.5	1.0	1.0	150	25
检测点位	3号	3号	3号	2号	1号	1号

3. 本项目废气中主要的污染物是什么？

4. 工业基地建设完成后，生产负荷达到了设计生产能力 60%，请问此时是否能够进行项目的验收监测？为什么？

5. 若项目污水通过选址地区附近小河排入附近的海湾，那么本项目水环境质量现状监测范围多大？

6. 本项目的生态环境影响因素有哪些？

参考答案

1. 请画出本项目的用水平衡图（假设生产和生活污水产生系数为 0.9），并说明新鲜用水量是多少？污水排放量是多少？

本项目的用水平衡如图 3-3-2 所示。（单位：t/d）

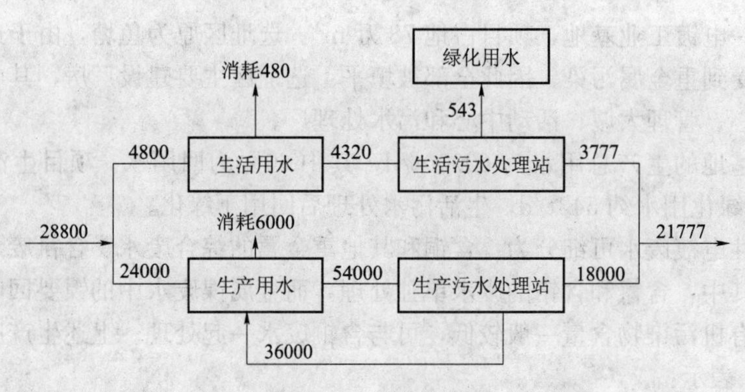

图 3-3-2 用水平衡图

由上图可知，本项目新鲜用水量为 28800t/d，废水排放量为 21777t/d。

2. 若项目废水各污染物的浓度、监测点位及其排放标准如下表所示，请依据表中数据说明各污染物是否达标排放？

氰化物、总铬、总镍不一定达标；总铜、COD、氨氮一定达标。

3. 本项目废气中主要的污染物是什么？

根据电镀加工生产工艺的特点，除油、酸洗、电解除油等阶段将有酸雾、碱雾、氰化物镀槽排气、铬酸雾、挥发性有机溶剂、氯化氢、氟化氢等生产废气产生，此外，备用发电机和备用燃油锅炉也将产生燃油烟气。

4. 工业基地建设完成后，生产负荷达到了设计生产能力 60%，请问此时是否能够进行项目的验收监测？为什么？

本项目不能进行验收监测。因为验收监测应在工况稳定，生产负荷达到设计生产能力的 75%以上情况下进行，国家、地方排放标准对生产负荷另有规定的按规定执行。

5. 若项目污水通过选址地区附近小河排入附近的海湾，那么本项目水环境质量现状监测范围多大？

水环境质量现状监测调查半径为 3～5km，调查面积（按半圆计算）15～40km^2。

6. 本项目的生态环境影响因素有哪些？

项目附近有海域，因此应当首先考虑项目的建设对这些场所的影响，项目营运期排放的废水和废气可能影响海洋生态，对海水水质以及海洋内主要生物的生存环境构成影响。

案例四　冶金焦炭化工项目

某地拟建一规模为年产冶金焦炭 120 万 t 焦化厂，工程总投资 8 亿元。主要产品有冶金焦、焦炉煤气、硫氨、煤焦油、硫磺、粗苯等。该项目建设 2 座 55 孔 6m 焦炉及与其配套的备煤系统、筛储焦系统、150t/h 干熄焦系统，煤气处理量为 58200m^3/h 的煤气净化系统等。主要由备煤车间、炼焦车间、煤气净化车间及生产和生活辅助设施等组成。各车间的建设内容如下：

备煤车间：翻车机、取料机、粉碎机、输送机、储煤场和配煤室等。

炼焦车间：2 座 55 孔焦炉、煤塔烟囱、储焦场、输送机除尘站和 150t/h 干熄焦系统（包括焦罐车、装焦装置、赶熄炉、排焦装置、焦炭输送机、干熄余热锅炉、锅炉给水系统、水循环系统、蒸汽系统、汽轮发电机组等）。

煤气净化车间：初冷器、电捕焦油器、煤气鼓风机、氨水分离槽、脱硫塔、蒸氨塔、洗苯塔、焦油储槽等。

辅助设施：包括生产辅助设施和生活辅助设施，生产辅助设施包括供配电设施、电信设施、仪表及过程自动化设施、供排水系统、循环水系统、酚氰废水处理站等。

炼焦车间废水产生量为 9m^3/h，干熄焦系统设备间接冷却污水排放量为 180m^3/h，这部分污水经设备制冷站处理后回用 60%；煤气净化车间各工艺废水产生量为 124m^3/h，其中 26m^3 废水回用。项目废水经处理后排到附近的小河，河流水体功能为景观用水。

问题

1. 项目污水排放量是多少？水环境影响评价为几级？

2. 各车间污水水量及排放标准如表 3-4-1 所示，请问项目污水处理站对污染物的去除率为多少时才能达到排放标准？

各车间污水水量及排放标准　　**表 3-4-1**

废水种类	COD	挥发酚	氰化物	石油类	氨氮
煤焦净化车间	2000	400	11	30	90
煤气净化车间	4500	600	18	50	195
干熄焦系统冷却水	0.5	—	—	—	—
一级排放标准	100	0.5	0.5	10	15
二级排放标准	150	0.5	0.5	10	25
三级排放标准	500	2.0	1.0	30	—

3. 应在哪个时期进行项目水环境现状调查？现状调查的范围多大？

4. 本项目进行水环境影响预测时，对于完全混合段有机物浓度的预测应采用何种模式？预测河流溶解氧与 BOD 的沿程变化时采用何种模式预测？

5. 本项目大气环境影响评价的主要评价因子是什么？

参考答案

1. 项目污水排放量是多少？水环境影响评价为几级？

根据题目所给资料可以计算，项目污水总排放量为：9＋124－26＝107m^3/h＝2568m^3/d。

水环境影响评价为三级。

2. 各车间污水水量及排放标准如下表所示，请问项目污水处理站对污染物的去除率为多少时才能达到排放标准？

本项目污水受纳水体功能为景观用水，执行《地表环境质量标准》中的Ⅴ类标准，因此项目废水排放执行三级标准。则本项目废水中各污染物浓度及各污染物的去除率如表 3-4-2 所示：

废水水质及达标去除率（单位：mg/L） **表 3-4-2**

废水种类	废水（107m^3/h）	COD	挥发酚	氰化物	石油类	氨氮
煤焦净化车间	9	2000	400	11	30	90
煤气净化车间	98	4500	600	18	50	195
干熄焦系统冷却水	72	0.5	—	—	—	—
混合后	179	2564.4	348.6	10.4	28.9	111
三级排放标准	179	500	2.0	1.0	30	—
去除率（%）	—	80.5	99.4	90.4	0	0

3. 应在哪个时期进行项目水环境现状调查？现状调查的范围多大？

因为项目水环境评价级别为三级，因此对附近河流现状调查只可在枯水期进行。若选址区周围面源污染严重，丰水期水质劣于枯水期时，若时间允许也应调查丰水期。

本项目水环境现状调查的范围为 5～15km。

4. 本项目进行水环境影响预测时，对于完全混合段有机物浓度的预测应采用何种模式？预测河流溶解氧与 BOD 的沿程变化时采用何种模式预测？

在利用数学模式预测河流水质时，充分混合段可以采用一维模式或零维模式预测断面平均水质。预测河流溶解氧与 BOD 的沿程变化时可采用 S－P 模型。

5. 本项目大气环境影响评价的主要评价因子是什么？

大气环境影响评价的主要评价因子为氮氧化物、二氧化硫、TSP 和烟尘。

案例五　冶金工业建设项目

拟建某冶金企业年产钢 200 万 t，工作制度为年工作 365 天，厂址地处丘陵地带，坡角度在 20～30°，丘与丘之间距离紧密。据调查，企业纳污水体全长约为 128km，流域面积为 1200km^2，年平均流量为 78m^3/s，河宽为 30～50m，水深为 5～7m，枯水期为 12m^3/s，河段比较平直，环境容量很小。项目所在地位于该水体的中下游，纳污段水体功能为农业及娱乐用水。拟建排污口下游 15km 处为国家森林公园，约为 26km 处该水体汇入另一条较大河流。（计算结果保留 2 位小数）

该项目用水平衡如图 3-5-1 所示。

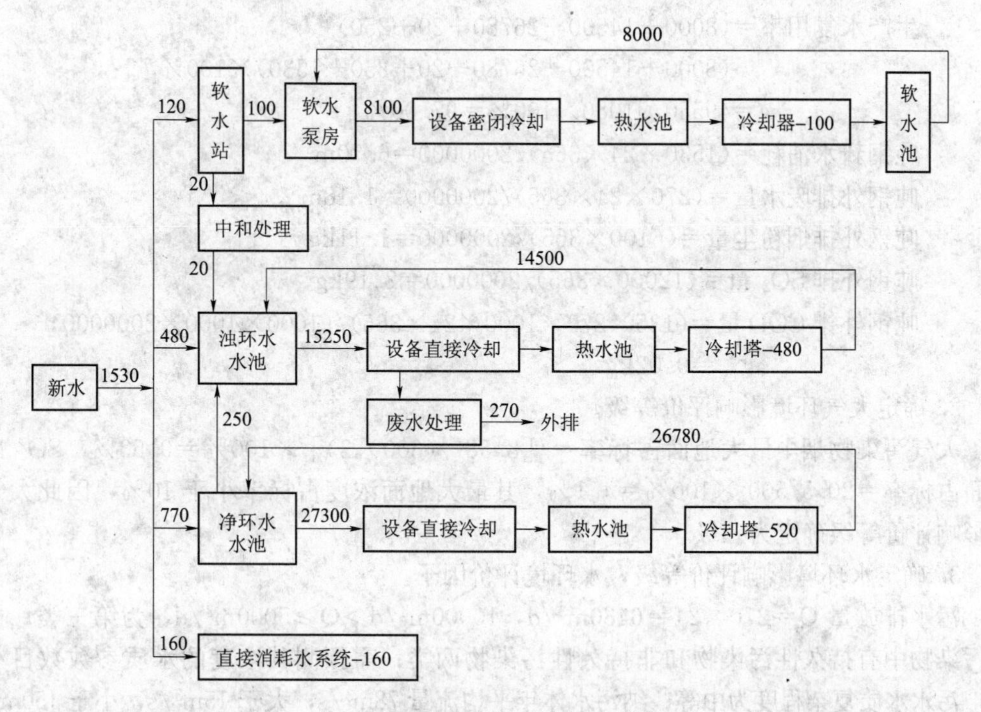

图 3-5-1 用水平衡（单位：m^3/h）

注：图中"—"说明冷却塔消耗的水量

工程分析表明，该项目废气污染物排放量为 $1965\times10^4m^3/d$，其中烟尘 6100kg/d，SO_2 12000kg/d。经预测，烟尘最大地面浓度为 $8.58\mu g/m^3$，SO_2 最大地面浓度为 $20.5\mu g/m^3$，排放废水中污染物浓度为：COD_{Cr} 135mg/L，SS50mg/L，NH_3—N5mg/L 且排放量为 28kg/d，石油类 20mg/L 且排放量为 114kg/d，锌离子为 0.2mg/L。

问题

1. 计算全厂串级用水量（循环系统水使用后复用于其他水系统的水量）、水循环率、生产水复用率、吨钢新水消耗、吨钢外排废水量、吨钢烟粉尘和 SO_2 排放量、吨钢 CODcr 和石油排放量。

2. 确定大气环境影响评价等级。

3. 确定水环境影响评价等级，水环境评价因子。

4. 确定大气环境影响评价范围、采用的预测方法并简要制订环境质量现状监测方案。

5. 请制订一套合理的水环境质量现状调查监测方案。

6. 简要说明选用的水环境影响预测模式。

参考答案

1. 计算全厂串级用水量（循环系统水使用后复用于其他水系统的水量）、水循环率、生产水复用率、吨钢新水消耗、吨钢外排废水量、吨刚烟粉尘和 SO_2 排放量、吨钢 COD_{Cr} 和石油排放量。

串级用水量＝20＋250＝270m^3/h

水循环率＝(8000＋14500＋26780)/(8000＋14500＋26780＋20＋250＋1530)×100％＝49280/51080×100％＝96.48％

生产水复用率＝(8000＋14500＋26780＋20＋250)/

(8000＋14500＋26780＋20＋250＋1530)×100％

＝49550/51080×100％＝97.00％

吨钢新水消耗＝(1530×24×365)/2000000＝6.70m^3

吨钢外排废水量＝(270×24×365)/2000000＝1.18m^3

吨钢外排烟粉尘量＝(6100×365)/2000000＝1.11kg

吨钢外排 SO_2 量＝(12000×365)/2000000＝2.19kg

吨钢外排 COD 量＝(135×270×1000×24×365)/(1000×1000×2000000)

＝0.02kg

2. 确定大气环境影响评价等级。

大气污染物烟尘最大地面占标率＝［8.58/（300×3)］×100％＝9.53％，SO_2 最大地面占标率＝20.5/500 ×100％＝4.1％，其最大地面浓度占标率小于 10％，因此大气环境影响评价等级确定为三级。

3. 确定水环境影响评价等级，水环境评价因子。

污水排放量 Q＝270×24＝6480m^3/d，10000m^3/d＞Q≥5000m^3/d，为第三类；排放水污染物中有持久性污染物和非持久性污染物两类；需预测其浓度的水质参数数目小于 10，污水水质复杂程度为中等；纳污水体年平均流量 78m^3/s，大于 15m^3/s，小于 150m^3/s，属于中河；纳污段水体功能为农业及娱乐用水，执行《地表水环境质量标准》V 类水质标准。根据以上条件，按照《环境影响评价技术导则—地面水环境》(HJ/T 2.3—93) 进行判断，地表水环境影响评价等级为三级。

现状评价因子为 COD_{Cr}、SS、NH_3—N、石油类、锌离子。预测因子为 COD_{Cr}、锌离子。

4. 确定大气环境影响评价范围、采用的预测方法以及简要制订环境质量现状监测方案。

三级大气环境影响评价范围的直径或边长一般不应小于 5km，边长取 10km，并包括敏感目标——国家森林公园。大气预测采用正态模式或平流扩散模式。现状监测因子为 TSP、PM_{10}、SO_2，监测点位不少于 6 个，监测一季（不利的采暖季)，监测期至少监测 5 天，每天至少 4 次。

5. 请制订一套合理的水环境质量现状调查监测方案。

根据《环境影响评价技术导则—地面水环境》(HJ/T 2.3—93) 的规定，水环境调查范围为排污口下游 5～10km，因下游有国家森林公园（环境敏感目标）和汇水口（水文特征变化处），调查范围应当将二者包含在内，因此调查范围取排污口至下游 26km 的汇水口河段。

在排污口上游 500m、排污口处、下游 15km 的森林公园、下游 26km 的汇水口处设置监测断面，监测因子为 COD_{Cr}、SS、NH_3－N、石油类、锌离子，各断面上在各距岸边 1/3 水面宽度处设一条取样垂线，共设 2 条取样垂线，垂线上水面下 0.5m 及距河底 0.5m 处各取样一个。需要预测混合段的水质断面，每条垂线上所有水样合为一个水样，其他断面各处水样合为一个水样。

6. 简要说明选用的水环境影响预测模式。

对持久性污染物锌离子，充分混合段采用河流完全混合模式，平直河流混合过程段采用二维稳态混合模式。

对于非持久性污染物 COD_{Cr}，充分混合段采用 S－P 模式，平直河流混合过程段采用二维稳态混合衰减模式。

案例六　电镀厂建设工程项目

某电镀厂建设工程占地 4000m^2，建设两条生产线，主要从事水龙头的电镀加工，主要的生产设备包括整流器、过滤机、气泵、空气压缩机、超声波清洗机等。主要的原料有：盐酸、氰化钠、氰化亚铜、氢氧化钠、电解铜、焦磷酸钾、焦磷铜、氨水、硫酸铜、磷铜、硫酸、硫酸镍、氯化镍、硼酸、铬酸、三氯乙烯等。需要的资源和能源有水、电、煤炭和石油。

环境影响评价中大气评价的主要范围是附近 2km 的区域，噪声评价范围是项目边界往外 200m 的范围内。项目区域附近有海域和港口，本建设项目所在区域属中热带季风气候区，濒临东海，又具有明显的海洋性气候特征。四季分明，温暖湿润，雨量充沛，日照充足，无霜期长，其特点可概况为：冬暖无严寒，夏长无酷暑，秋短多夜雨，年主导风向为北风及东北风。

问题

1. 本项目营运期主要排放的废水污染物有哪些？如何防治？

2. 噪声源有哪些？

3. 有哪些生态环境影响因素？

参考答案

1. 本项目营运期主要排放的废水污染物有哪些？如何防治？

(1) 氰

含氰废水是电镀生产中毒性较大的废水。氰化物是易溶于水，在地面水中不稳定，当 pH 呈酸性时，就会产生氰化氢气体逸出。氢氰酸和氰化物能通过皮肤、肺、胃，特别是从黏膜吸收进入体内。可以通过使用橡胶手套，穿胶鞋，戴好口罩等措施防护。

(2) 铬

废水中含有铬，含有水溶性六价铬的废水严重污染环境，影响人体健康。六价铬对人体的危害，主要是它在体内会影响氧化、还原、水解等过程，并能使蛋白质变性而沉淀核酸、核蛋白，干扰重要的酶系统。由于六价铬化合物溶解度大，对所有组织都有刺激作用。因此要穿有特殊掩盖物的工作服，使用帆布手套，穿帆布鞋。

(3) 镍

镍及其盐类对电镀工人的毒害，主要是镍皮炎，应当最大限度地防止皮肤直接接触镍的化合物。

(4) 盐酸

氯化氢是具有刺激性气味的气体。防护措施包括穿耐酸工作服，带氯丁橡胶手套，多聚氯代己烯漆布围裙，以及结实的橡胶袖套，穿耐酸橡胶长靴。

(5) 三氯乙烯

三氯乙烯是无色透明液体，吸入该物质对人体健康有害。大剂量暴露会引起麻醉反应。

如果暴露很严重，会导致突然死亡。可以穿戴合适的劳保服、手套和护目、护面用品，如果暴露的程度可能超过职业暴露极限，应佩戴合适的呼吸保护器。

(6) 氨水

气体氨的水溶液。氨气易挥发逸出。有强烈的刺激气味。可以采取佩戴防护面具等方式进行保护。

2. 噪声源有哪些?

噪声主要产生于生产设备，包括整流器、过滤机、空气泵、空气压缩机、超声波清洗器机等。

3. 有哪些生态环境影响因素?

项目附近有海域和港口，因此应当首先考虑项目的建设对这些场所的影响，项目营运期排放的废水和废气可能影响海洋生态。对海水水质以及海洋内主要生物的生存环境构成影响。其次排放的各类污染物含有大量的重金属和有毒有害物质，这些物质的泄漏可能导致周围的生态环境，尤其是土壤的性状发生改变，因此在做生态环境影响评价的时候应当作为重点考虑的因素。

案例七　冶炼厂扩建工程项目

某冶炼厂生产规模为 5 万 t/a，周围分布有村庄和农田，已运行 20 年。拟依托自有矿山实际生产能力实施冶炼厂扩建工程，扩建规模为年产 10 万 t 铜，采用闪速熔炼生产工艺。现有工程采用火法冶炼，单转单吸制酸，制酸尾气 SO_2 有超标现象。设有全厂污水处理站，生产废水和生活污水混合后进行处理，总砷、总铜、总铅、总锌、总镉可做到达标排放。在厂区附近设有固体废物填埋场，防渗系数 1×10^{-6} cm/s，防渗层为 3m 厚黏土。已知废水排放量 $1728m^3/s$，岸边连续排放，总铅 1mg/L，小清河本底 0.1mg/L，流量为 $0.02m^3/s$。

问题

1. 分析扩建工程与国家产业政策的适应性。

2. 明确本工程环境质量现状监测要素和地表水监测特征污染因子，环境现状及影响评价应考虑哪些评价因子?

3. 根据现有废水处理设施，提出改进意见。

4. 给出本项目环境影响评价的重点专题和监测计划。

5. 对外排水的总铅预测的预测模式。

6. 给出该项目环评中应当重点关注哪些问题?

参考答案

1. 分析扩建工程与国家产业政策的相符性。

根据《产业结构调整指导目录（2005 年本）》（国家发改委［2005］40 号令）“单系列 10 万 t/年规模以下粗铜冶炼项目”属于限制类，该项目扩建规模为 10 万 t/年，不在限制范围内。

根据《国务院办公厅转发发展改革委等部门关于制止铜冶炼行业盲目投资若干意见的通知》国办发〔2005〕54 号文，“单系统在 10 万 t/年以下，或未采用闪速熔炼，艾萨炉熔炼，诺兰达熔炼等技术先进，能耗低，环保达标，资源综合利用率高的冶炼工艺，或者未落实铜精矿供应等外部生产条件，均停止建设”。该项目采用闪速熔炼技术，依托自有矿山，符合国家产业政策。

2. 明确本工程环境质量现状监测要素和地表水监测特征污染因子，环境影响预测考虑哪些评价因子?

环境空气、地表水、地下水、噪声、土壤、农作物、河流底泥。

地表水监测特征因子：pH、总砷、总铜、总铅、总锌、总镉等。

环境空气现状评价的因子：SO_2、TSP。TSP中将考虑重金属C_u、Pb、Z_n、Cd、C_r、和A_s。

环境空气影响评价的因子：SO_2。

地表水现状评价的因子：Ph、SS、COD、挥发酚及C_u、Pb、Z_n、Cd、C_r、和A_s。

地表水影响评价的因子：C_u、A_s。

土壤与农作物影响评价的因子：C_u、A_s 等。

声环境评价选择等效连续声级：L_{Aeq}。

3. 根据现有工程水处理系统的实际情况，明确改进废水处理系统的基本原则，提出该项目存在的其他环境问题。

生产废水和生活污水应分别处理，第一类污染物必须在车间或装置排口做到达标排放。

现有工程冶炼烟气采用单转单吸制酸，制酸尾气SO_2有超标现象；固体废物填埋防渗系数不能满足现行标准要求，应立即停用，新建危险废物填埋场或送危险废物处置中心。

4. 给出本项目环境影响评价的重点专题和监测计划。

工程分析、环境空气、地表水、地下水、噪声、土壤和农作物质量现状和影响预测评价，污染防治措施技术经济论证，环境风险，公众参与。

应对制酸系统尾气SO_2，污酸处理系统排水口一类污染物，全厂污水处理站排口，固体废物填埋场上、下游地下水进行监测。

5. 对外排废水中总铅进行预测，请给出预测模式并预测计算充分混合段浓度。

采用持久性污染物充分混合段河流完全混合模式：

$$C=(C_pQ_p+C_hQ_h)/(Q_p+Q_h)$$

6. 此类项目环境影响评价中应当重点关注哪些问题?

根据本项目的特点，以下问题可能成为关注的重点。

(1) 此类项目无组织排放造成的污染往往比有组织且采取有效治理措施排放源造成的污染严重。无组织排放是指没能被吸尘罩或集烟罩收集而从下料口、炉口等处逸散的污染物。此类问题需要从设计阶段就开始重视，妥善合理地安排工艺的能耗、物耗等。

(2) 事故防范

本项目可能涉及大量高浓度的废气和废水排放问题，如果在排放之前没有进行妥善的处置，或者处理装置的故障导致处理效果降低或者停滞，那么给环境带来的风险将增大，而且短时间内不可逆转，因此在管理上应当给予高度重视。

案例八　电子元件厂项目（2007年考题）

某电子元件厂，年产电子元件144万件，生产300d，每天1班，每班8h，厂房高12m。喷涂烘干车间单件产品二甲苯产生量为5g，二甲苯废气净化效率80%，排气量$9375m^3/h$，排气筒高15m，烟囱紧邻厂房一侧。废水处理情况见表3-8-1，处理达标排入厂南1km的小河。

废水处理情况表 **表 3-8-1**

项目		废水量 (m^3/h)	COD (mg/L)	磷酸盐 (mg/L)	总镍 (mg/L)	六价铬 (mg/L)	pH
生产车间预处理	阳极氧化废水	70	200	30	0.2	0.1	9
	化学镀镍废水	6	450	30	4	0.2	7
	浮装废水	1	0	6	2	20	3
	电镀废水	3	70	10	0.9	2	3
污水处理站出口		80	≤60	≤0.5	≤0.5	≤0.1	7.7
国家排放标准		—	100	0.15	1	0.5	6～9

注：二甲苯《大气污染物综合排放标准》(GB 16297—1996) 排放标准：15m 高，速率 1.0kg/h，浓度 $70mg/m^3$。

问题

1. 二甲苯排放是否符合国家标准？说明理由。
2. 计算污水处理站进水 COD 浓度和 COD 去除率。
3. 指出本项目废水处理方案存在的问题。
4. 本项目进行水环境影响评价，需要哪几方面的现状资料？

参考答案

1. 二甲苯排放是否符合国家标准？说明理由。

1440000÷300÷8＝600（件/h）

600×5×(1－80％)＝600（g/h）＝0.6（kg/h）

$600\times10^3\div9375=64mg/m^3$

根据《大气污染物综合排放标准》(GB 16297—1996) 规定，排气筒高度除须遵守表列排放速率标准值外，还应高出周围 200m 半径范围的建筑 5m 以上，不能达到该要求的排气筒，应按其高度对应的表列速率标准严格 50％执行。本项目的排气筒高度没有达到高出周围 200m 半径范围的建筑 5m 以上要求，因此应按其高度对应的表列速率标准严格 50％执行，所以排放速率标准应为 0.5kg/h。

本项目二甲苯排放速率 0.6kg/h，高于排放速率标准 0.5kg/h，因此排放速率不符合国家标准。排放浓度和排放速率只要有一项不符合要求，项目就不能达标。

2. 计算污水处理站进水 COD 浓度和 COD 去除率。

70×200＋6×450＋3×70＝16910（g/h）

60×80＝4800（g/h）

16910÷80＝211.4（mg/L）

(16910－4800)÷16910＝0.716＝71.6％

进水中 COD 浓度为 211.4mg/L。

211.4－60/211.4＝71.6％

COD 去除率为 71.6％。

3. 指出本项目废水处理方案存在的问题。

本项目废水中含有第一类污染物，如总镍、六价铬等。第一类污染物一律在车间或车间处理设施排放口采样，本项目废水处理方案不符合要求。废水中含有第一类污染物化学镀镍废水、浮装废水、电镀废水必须在车间安置环保处理设施排放口采样，其浓度必须达到第一类污染物最高允许排放浓度。

4. 本项目进行水环境影响评价，需要哪几方面的现状资料？

（1）该工厂的污水处理出水水质情况进行调查，污染物浓度、水量、排放工况等；

（2）对受纳水体的河流进行水文、水质调查，流量、流速，河水水质，水文情势，以及河中原有的水生动植物，鱼类，生物量等的调查；

（3）对河流下游敏感点调查，饮用水取水口，水产养殖区，游泳区，以及工农业用水情况，水质要求，灌溉面积等作出调查。

案例九　铜冶炼项目（2008年考题）

某新建铜冶炼项目，采用具有国际先进水平的富氧熔炼工艺和制酸工艺，原料精铜矿含硫30%，年用量41×10^4t，补充燃料含硫0.5%，年用量1.54×10^4t。年工作时间7500h，熔炼炉产生的含二氧化硫冶炼烟气经收尘、洗涤后，进入制酸系统制取硫酸，烟气量为$16\times10^4m^3/h$，烟气硫的浓度为$100g/m^3$，制酸系统为负压操作，总转化吸收率为99.7%，制酸尾气排放量为$19.2\times10^4m^3/h$。经80m高烟囱排入大气。

原料干燥工序排出的尾气由100m高烟囱排入大气，废气排放量为$16\times10^4m^3/h$，二氧化硫浓度为$800mg/m^3$。对污酸及酸性废水进行中和处理，年产生的硫酸钙渣（100%干基计）为8500t，年产生的冶炼渣、淬火渣中含硫总量为425t/a。环保行政主管部门要求本工程二氧化硫的总量控制在1500t/a以内，二氧化硫排放执行《大气污染物综合排放标准》最高允许排放浓度分别为$550mg/m^3$（硫、二氧化硫、硫酸和其他含硫化合物使用），$960mg/m^3$（硫、二氧化硫、硫酸和其他含硫化合物生产）；最高允许排放速率，排气筒高度80m时为110kg/h，排气筒高度100m时为170kg/h。（S、O、Ca的原子量分别为32、16、40）。

问题

1. 硫元素回用率计算。

2. 制酸废气和原料干燥废气的排放速率、排放浓度计算。

3. 硫平衡（ABCDEFGH代表的8个数据计算）。（说明：给定表格，进入物料为精铜矿中含硫，煤中含硫；出物料为硫酸中含硫、制酸尾气含硫、干燥尾气含硫、硫酸钙含硫、淬火渣含硫、其他损失的硫）。

4. 简要分析本工程二氧化硫达标排放情况，并根据环保行政主管部门要求对存在的问题提出解决措施。

参考答案

1. 硫元素回用率计算。

硫回收利用率97.2%。

回用量：$16\times10^4\times100\times99.7\%\times7500=119640t/a$

投入量：$41\times10^4\times30\%+1.54\times10^4\times0.5\%=123077t/a$

回用率：$119640\div123077\times100\%=97.2\%$

2. 制酸废气和原料干燥废气的排放速率、排放浓度计算。

制酸二氧化硫：

排放速率：$16\times10^4\times100\times(1-99.7\%)\times2\times10^{-3}=96kg/h$

排放浓度：$96\times10^6\div19.2\times10^4=500mg/m^3$

干燥废气二氧化硫：

排放浓度：已知 $800mg/m^3$

排放速率：$20\times10^4\times800\times10^{-6}=160kg/h$

3. 硫平衡（ABCDEFGH 代表的 8 个数据计算）。（说明：给定表格，进入物料为精铜矿中含硫，煤中含硫；出物料为硫酸中含硫、制酸尾气含硫、干燥尾气含硫、硫酸钙含硫、淬火渣含硫、其他损失的硫）

A—123000；B—77；C—119640；D—360；E—600；F—2000；G—425；H—52。

详细的硫平衡见表 3-9-1：

硫平衡表 **表 3-9-1**

	硫输入（t/a）	硫输出（t/a）
铜矿中含硫	A（123000）	
燃煤含硫	B（77）	
硫酸中含硫		C（119640）
制酸烟气中含硫		D（360）
干燥程序排放 S		E（600）
污酸渣		F（2000）
水淬渣		G（425）
其他损失		H（52）

4. 简要分析本工程二氧化硫达标排放情况，并根据环保行政主管部门要求对存在的问题提出解决措施。

制酸尾气烟囱的 SO_2 排放速率为 96kg/h，排放浓度为 $500mg/m^3$；满足《大气污染物综合排放标准》最高允许排放浓度 $960mg/m^3$（硫、二氧化硫、硫酸和其他含硫化合物生产）的要求和排气筒高度 80m 时的 110kg/h 排放速率要求。

原料干燥工序烟囱的 SO_2 排放速率为 160kg/h，排放浓度为 $800mg/m^3$；满足《大气污染物综合排放标准》排气筒高度 100m 时的 170kg/h 排放速率要求，但不满足最高允许排放浓度 $550mg/m^3$（硫、二氧化硫、硫酸和其他含硫化合物使用）的要求。且 SO_2 总量排放约 1920（1200＋720）t/a，大于本工程的总量控制指标 1500t/a。

存在问题：干燥废气二氧化硫排放浓度超标，项目二氧化硫总量控制指标超标。

解决措施：对原料干燥废气进行烟气脱硫处理，可采用经济及技术可行的石灰石—石膏法。

根据排放浓度、排放速率、总量控制同时达标的要求，处理脱硫效率至少 35％以上；则原料干燥废气中（按 30％计算），二氧化硫排放浓度排放浓度 $520mg/m^3$，排放速率 104kg/h。SO_2 排放总量为 1500（720＋780）t/a。均满足环保主管部门的要求。

案例十 工业园区电子元件厂项目（2010 年考题）

某公司拟在工业园区建设一电子元器件生产企业 A 厂，电子元器件生产以硅片为基础，经氨水清洗、氨氟酸/硫酸蚀刻、砷化氢掺杂、硫酸铜化学镀等工序得到产品。其中掺杂工艺和化学镀工序流程见图 3-10-1。

生产过程中产生的清洗废水、蚀刻废水、尾气洗涤塔废水、化学镀废水经预处理后进最终中和池，最终中和池出水排入园区污水处理厂。废水预处理后的情况见表 3-10-1。

园区污水处理厂处理能力为 $5.0\times10^4m^3/d$，目前实际处理量为 $3.3\times10^4m^3/d$，接管水质要求为 COD350mg/L、NH－N25mg/L、TP6mg/L，其他指标需达到 GB 8978—1996 表 1 及表 4 三级排放标准（氟化物 20mg/L、Cu2.0mg/L、As0.5mg/L）。

氨水清洗工序产生的清洗废水中氨含量为 0.02%，为降低废水中氨浓度，拟采取热交换吹脱法除氨，氨的吹脱效率为 80%，吹脱出的氨经 15m 高排气筒排放（GB 14554—93 规定，15m 高排气筒氨排放限值为 4.9kg/h）。

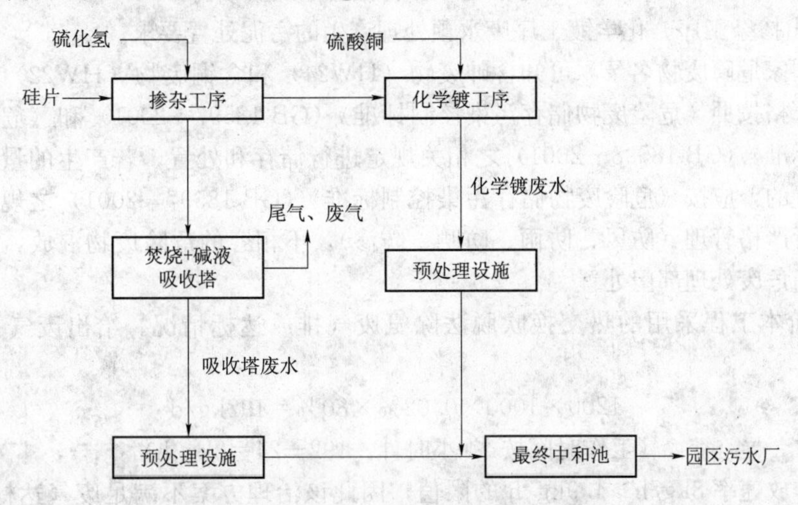

图 3-10-1　掺杂工序和化学镀工序流程图

废水预处理情况一览表　　表 3-10-1

废　水	预处理方法	排放规律	水量（m^3/d）	水质（mg/L，pH 除外）					
				COD	NH-N	TP	F	As	Cu
清洗废水	吹脱法	连续	1200	150	40				
蚀刻废水	絮凝沉淀法	连续	3600	150	5	20	8		
尾气洗涤塔废水	絮凝沉淀法	连续	120	200				10	
化学镀废水	絮凝沉淀法	连续	50	50					5.0

问题

1. 给出掺杂工序和化学镀工序废水、废气特征污染因子。

2. 根据项目废水预处理情况，判别 A 厂废水能否纳入园区污水处理厂，说明理由。

3. 列出掺杂工序、化学镀工序废水预处理产生的污泥处置要求。

4. 评价本工程采用的热交换吹脱法除氨废气排放达标情况。给出废气排放的控制措施。

参考答案

1. 给出掺杂工序和化学镀工序废水、废气特征污染因子。

废水特征污染因子：砷（As）离子、铜（Cu）离子以及清洗蚀刻工序带入的氟离子、铵离子。

废气特征污染因子：酸性气体（砷化氢）、酸雾等。

2. 根据项目废水预处理情况，判别A厂废水能否纳入园区污水处理厂，说明理由。

不能纳入园区污水处理厂。(1) 尾气清洗塔废水处理设施的排污口第一类污染物As为1.0mg/L，其浓度不满足第一类污染物最高允许排放浓度（As标准值0.5mg/L），而车间处理设施排放口采样As为1.0mg/L，大于标准值0.5mg/L，所以A厂废水不能纳入园区污水处理厂。

(2) 即便是As的浓度达到排放标准，四种废水混合后TP浓度计算为13.64mg/L，大于接管水质要求的TP6mg/L，TP也不符合接管水质要求。

3. 列出掺杂工序、化学镀工序废水预处理产生的污泥处置要求。

由《国家危险废物名录》可知含砷废物（HW24）和含铜废物（HW22）均属于危险废物，应严格按照《危险废物储存污染控制标准》(GB 18597—2001) 和《危险废物处置污染控制标准》(GB 18598—2001) 之相关规定进行储存和处置，若产生的量较小或无技术能力处置的，应按《危险废物储存污染控制标准》(GB 18597—2001) 之规定建立储存设施，进行严格管理（防风、防雨、防晒、防渗），不相容的危险废物混放，定期交由有资质的专门危废处理部门处置。

4. 评价本工程采用的热交换吹脱法除氨废气排放达标情况。给出废气排放的控制措施。

$$1200\times1000\times0.02\%\times80\%=192kg/d$$

（工作时间按24小时计：192÷24=8kg/h）

废气排放速率8kg/h>4.9kg/h的限值，因此该治理方案不满足废气达标排放要求，应增加回收吹脱氨气的装置，如酸相吸收或水雾吸收，且可得到副产品氨肥；或加高排放筒高度提高允许排放速率的限值。但不如前者即可达标排放又可变废为宝。

四、建材火电类

案例一　江苏徐州阚山发电厂一期工程

本项目为江苏徐州阚山发电厂一期（2×600MW超临界燃煤机组）工程，拟选厂址位于徐州市以东的贾汪地区汴塘乡，距徐州市区约40km。贾汪区是徐州煤炭的主要矿区之一，区内工业以煤炭、水泥为主，区内煤炭和石灰石资源丰富。目前，徐州地区煤炭开采主要由徐州矿务集团有限公司经营管理，年产原煤1200×10^6t以上，拥有煤矿12座。阚山电厂将利用徐州矿务集团有限公司丰富的煤炭资源，将输煤变为输电。

本期工程拟采取目前世界上先进的超临界发电设备，同时配套安装烟气脱硫和脱氮装置。

问题

1. 火电厂运行过程中主要环境影响是什么？主要污染源和主要污染物有哪些？

2. 针对火电厂锅炉烟气排放，大气环境影响预测的主要内容包括哪些内容？现状评级和影响评价主要考虑哪些污染因子？

3. 灰场选址应注意哪些问题？灰场主要环境影响及应采取的减缓措施有哪些？

4. 火电厂用水量较大，水源的选择应注意哪些问题？对于缺水地区应采取的机组形式是什么？

5. 火电厂污染物排放总量控制指标应通过哪些途径予以获得，应征得什么部门认可？

6. 对于营运期的废气排放有哪些措施防治？

参考答案

1. 火电厂运行过程中主要环境影响是什么？主要污染源和主要污染物有哪些？

运行过程的主要环境影响：

(1) 燃煤烟气对环境空气的影响，对主要保护目标的影响；

(2) 废水排放对地表水环境的影响，若受纳水体农灌作用且循环水排放，则对农作物的影响；若受纳水体为海水或水库并且排放温排水（如用海水作冷却水），则温排水对水生生物的影响；

(3) 噪声对厂界和对敏感保护目标的影响；

(4) 地下水环境预测与评价（应分析灰场与水源地之间的关系）；

(5) 煤场扬尘环境影响分析；

(6) 储灰场对地下水环境的影响等。

主要污染源和主要污染物有：

大气污染部分包括燃煤的粉碎，燃煤在锅炉内的燃烧以及燃烧后产生的烟气经除尘器、烟道、烟囱排入环境空气。燃煤储存及输送时，在不利气象条件下，储煤场及输送时可能产生扬尘。

水污染部分包括冷却塔排污水、化学废水、锅炉酸洗水、含油废水、煤场及输煤系统排水、脱硫系统排水、锅炉、汽机房杂用水以及生活污水等。主要污染物为COD、石油类、氨氮、SS、盐类、pH、BOD等。

噪声污染源为脱硫风机、抽浆泵、循环浆泵、氧化风机、空压机、泵类及其他泵类等。自然通风湿式冷却塔噪声超标是国内大型火电厂较为普遍的问题。

固废主要为粉煤灰、渣等。扬尘主要来自于贮煤场及输煤系统。

2. 针对火电厂锅炉烟气排放，大气环境影响预测的主要内容包括哪些内容？现状评级和影响评价主要考虑哪些污染因子？

环境空气影响预测需计算预测因子污染物（SO_2、NO_2、PM_{10}）的1h平均浓度、日平均浓度和年均浓度；预测最大落地轴线浓度及出现距离；预测熏烟浓度及出现距离；进行烟囱高度的合理性论证等内容。报告书编制中环境空气影响预测应收集整理最近一年评价区逐日逐时风向、风速、总云、低云和气温等气象资料，进行逐日计算各关心点的日均浓度，列出前十个最大日均浓度贡献值，划出等值线浓度分布图，且应列表给出现状值、预测值和叠加值，以及各关心点环境空气质量指数变化，还应预测最大落地轴线浓度及出现的距离，对于有效高度不能穿透混合层的还应预测熏烟浓度及出现的距离，应补充烟气高度的合理性论证。

大气环境现状评价因子为SO_2、NO_2、PM_{10}和TSP。

大气环境影响评价因子为SO_2、NO_2、PM_{10}。

煤场、灰场扬尘环境现状评价因子为TSP。

水环境现状和影响评价的因子为pH值、DO、BOD_5、COD_{Cr}、TDS、石油类、SS、总磷。

3. 灰场选址应注意哪些问题？灰场主要环境影响及应采取的减缓措施有哪些？

灰场选址应避开地下水主要补给区和饮用水源含水层、泉域等重点保护区、风景名胜区等敏感保护目标，灰场周边村庄应符合500m卫生防护距离的要求。实测或类比给出灰场的渗透系数。预测灰场对地下水尤其是附近水源地的影响，提出切实可行的防渗措施，满足《一般工业固体废物贮存、处置场污染控制标准》对第II类贮存场的要求。

灰场的主要环境影响有灰场对环境空气的影响；灰场不碾压、大风天气条件下对周围环境的影响；灰场排水对周围地表水体的影响；灰场对生态环境的影响。

减缓措施：灰场选址时要注意灰场的渗透系数，提出切实可行的防渗措施；加强灰场的运行管理是减少灰场扬尘对环境影响的关键。从防渗漏、防扬尘、防流失等方面提出防治地下水污染的措施。提出灰场的防洪措施。山谷型干灰场周围宜设截洪沟，设计标准宜按洪水频率十年一遇进行设计。

4. 火电厂用水量较大，水源的选择应注意哪些问题？对于缺水地区应采取的机组形式是什么？

火电厂属于耗水大户，评价中应考察设计方案和水平衡图是否执行了《火电厂设计技术标准》规定的设计原则，是否落实了国经贸资源《关于加强工业节水工作的意见》和《国家发展改革委关于燃煤电站项目规划和建设有关要求的通知》精神要求。“通知”提出国家鼓励新建、扩建燃煤电站项目采用新技术、新工艺、降低用水量。在北方缺水地区，新建、扩建电厂禁止取用地下水，严格控制使用地表水，鼓励利用城市污水处理厂的中水或其他废水。原则上应建设大型空冷机组，机组耗水指标要控制在0.18m^3/（s.GW）以下。这些地区建设的火电厂要与城市污水处理厂统一规划，配套同步建设。坑口电站项目首先考虑使用矿井疏干水的要求。

5. 火电厂污染排放总量控制指标应通过哪些途径予以获得，应征得什么部门认可？

本工程排放的污染物 SO_2 和烟尘通过区域削减予以获得。

根据国家环保总局 2006 年 39 号《关于发布火电厂项目环境影响报告书受理条件的公告》：(1) 新建、扩建、改造火电项目必须按照："增产不增污"或"增产减污"的要求，通过对现役机组脱硫、关停小机组或排污交易等措施或"区域削减"措施落实项目污染物排放总量指标途径，并明确具体的减排措施。(2) 国家环保总局与六家中央管理电力集团公司或省级人民政府签订二氧化硫削减责任书的脱硫老机组的扩建、改造火电项目，所涉及的老机组脱硫工程的开工、投产进度必须符合责任书有关要求。(3) 属于六大集团的新建、扩建、改造项目，二氧化硫排放总量指标必须从六大集团的总量控制指标中获得，并由所在电力集团公司和所在省级环保部门出具确认意见。(4) 不属于六大集团的新建、扩建、改造项目，二氧化硫排放总量必须从各省非六大集团行业总量控制指标中获得，并由省级环保部门出具确认意见。

6. 对于营运期的废气排放有哪些措施防治？

(1) 选择优质燃煤，可以降低烟气硫的排放量。

(2) 安装烟气脱硫装置进一步减低废气中的硫的含量。

(3) 采用高效静电除尘器去除烟气中烟尘的含量。

(4) 采用低氮燃烧技术和烟气脱氮装置脱去氮。

(5) 采用高烟囱排放烟气，烟气在高空得到更好的净化，减少对空气环境的影响。

(6) 安装烟气连续监测系统实时监测烟气中各类污染物的含量，及时调整各类装置达到脱氮除硫减尘的目的。

案例二　国电长治热电厂（2×300MW）新建工程

国电长治热电厂（2×300MW）新建工程拟建地位于山西省长治市郊区堠北庄镇，距长治市区约 7km，该工程建设 2×300MW 亚临界供热机组，采用石灰石—石膏法脱硫、布袋除尘器除尘，采用直接空冷机组，利用城市中水作为工业水源，是《长治市城市供热专项规划（2005－2020）》的热源点之一。

问题

1. 结合《热电联产和煤矸石综合利用发电项目建设管理暂行规定》（发改能源[2007] 141 号），热电联产项目在规划、热负荷、机组选型等方面的评价要点是什么？

2. 热电联产厂址应考虑哪些因素，从环保角度，哪些因素可能构成制约性问题？

3. 环境影响预测方面，热电联产项目与常规火电项目的不同之处是什么？

4. 热电联产的清洁生产指标有哪些？发电煤耗与热电比的关系是什么？

5. 热电联产项目总量控制所依据的规定有哪些？其总量可能来源有哪几方面？

6. 热污染对临近水体的影响是什么？

参考答案

1. 结合《热电联产和煤矸石综合利用发电项目建设管理暂行规定》（发改能源[2007] 141 号），热电联产项目在规划、热负荷、机组选型等方面的评价要点是什么？

第四条　热电联产和煤矸石综合利用发电专项规划应按照国家电力发展规划和产业政

策，依据当地城市总体规划、城市规模、工业发展状况和资源等外部条件，结合现有电厂改造、关停小机组和小锅炉等情况编制。

热电联产专项规划的编制要科学预测热力负荷，具有适度前瞻性，并对不同规划建设方案进行能耗和环境影响论证分析。

第九条 热电联产应当以集中供热为前提。在不具备集中供热条件的地区，暂不考虑规划建设热电联产项目。

第十一条 以工业热负荷为主的工业区应当尽可能集中规划建设，以实现集中供热。

第十三条 热电联产项目中，优先安排背压型热电联产机组。

背压型机组的发电装机容量不计入电力建设控制规模。

背压型机组不能满足供热需要的，鼓励建设单机20万千瓦及以上的大型高效供热机组。

第十五条 以热水为供热介质的热电联产项目覆盖的供热半径一般按20公里考虑，在10公里范围内不重复规划建设此类热电项目；

以蒸汽为供热介质的一般按8公里考虑，在8公里范围内不重复规划建设此类热电项目。

2. 热电联产厂址应考虑哪些因素，从环保角度，哪些因素可能构成制约性问题？

热电联产项目拟建位置不在大中城市规划区内，不在城市主导风向上风向方位，符合当地总体规划和供热规划，拟建厂址要符合厂界安全卫生距离。从环保角度讲，构成制约因素的是噪声扰民、二氧化硫总量、灰场选址。

3. 环境影响预测方面，热电联产项目与常规火电项目的不同之处是什么？

(1) 环境空气：热电项目影响预测应以大气预测为重点；

(2) 水环境：地表水主要关注取水方案的合理性和取水管线的生态影响；地下水关注灰场区域地下水环境；

(3) 噪声重点关注锅炉排气噪声、冷却塔噪声及运输噪声；

(4) 固体废物：与常规火电项目不同，灰渣必须首先立足于综合利用，并对灰场的存灰量有明确规定。

这两类项目从工程角度最大的不同之处在于一个是只是发电，另一个除了发电还有供热的工程，因此区别主要在供热工程方面。

包括：

(1) 供热管网的影响问题，重点在施工期，而且热电项目的管网工程要与主体工程同步进行。

(2) 替代区域小锅炉的问题，包括现状污染源调查，污染物浓度监测及分析，替代以后的环境效益分析等。

(3) 清洁生产分析中还要考虑热效率、热电比等热电类项目特有的指标。

(4) 热电类项目SO_2总量的来源与一般火电项目也不一样，必须符合国家环保总局环发［2006］182号文件的要求。

(5) 热负荷的核算工作，热电厂规模应与热负荷适应，防止以热电名义建设小火电项目。

4. 热电联产的清洁生产指标有哪些？发电煤耗与热电比的关系是什么？

答：生产工艺先进性符合国家要求，采用低硫煤，采用直接空冷技术，相对湿冷技术减少70%用水，利用城市中水，工业重复利用率100%，灰渣和脱硫石膏综合利用率100%。利用取缔燃煤小锅炉替代二氧化硫来源。

清洁生产指标有：发电标准煤耗、供热标准煤耗、主要污染物单位电量产生量与排污指标、水耗、工业水重复利用率、灰渣综合利用率等。

在1268号文件中规定："总热效率年平均大于45%"，公式为：[总热效率=(供热量+供电量×3600千焦/千瓦时)/(燃料总消耗量×燃料单位低位热值)×100%]；

"单机容量在50兆瓦以下的热电机组，其热电比年平均应大于100%"

公式为：[热电比=供热量/（发电量×3600千焦/千瓦时）×100%]。

5. 热电联产项目总量控制所依据的规定有哪些？其总量可能来源有哪几方面？

根据国家"十一五"期间总量控制有关政策与要求，该工程总量控制指标为SO_2。总量控制指标来源为集中供热替代采暖锅炉的削减。

6. 热污染对临近水体的影响是什么？

冷却水的直接外排所造成的热污染现象主要表现为：加速受纳水体中藻类和其他浮游生物的繁殖，造成水生生态环境的恶化；引起一定区域内的水产养殖业产量的减少和产品质量的下降。

案例三　江苏巨龙水泥集团有限公司5000t/d熟料生产线技改工程

本项目为5000t/d熟料生产线技改工程，位于江苏徐州市北郊茅村，巨龙水泥集团现有生产线西侧预留的空地上，本项目有自备开采的石灰石矿山。工程总投资33020.88万元，其中环保投资3170万元。

问题

1. 水泥厂项目环境影响评价关注的重点内容是什么？

2. 在与水泥厂配套建设的矿山开发过程中，对生态环境影响较大的有那些过程？应分别采取哪些生态减缓措施？

3. 对依托现有工程的改建扩建工程、报告工程分析中应着重突出什么问题？

4. 对水泥厂项目，受项目影响的环境敏感点的调查范围包括几部分，调查重点分别是什么？

5. 水泥厂项目设计的清洁生产指标主要包括哪几项？

参考答案

1. 水泥厂项目环境影响评价关注的重点内容是什么？

（1）产业政策的符合性。

（2）矿山开采的环境影响。如爆破产生的废气，爆破震动、噪声，废矿石的处置方式及处置场选址合理性，以及开采过程中的生态影响（植被破坏、水土流失、景观影响等）。

（3）行业清洁生产分析。

（4）如果原料中含有氟（如萤石、泥岩粘土质等），应考虑氟化物对环境的影响及相应防治措施。

（5）厂址是否满足卫生防护距离要求。

（6）配套公路、铁路、水运码头、物料输送廊道的选线、选址的合理性，对生态环境、景观及周围敏感点的影响。

2. 在与水泥厂配套建设的矿山开发过程中，对生态环境影响较大的有哪些过程？应分别采取哪些生态减缓措施？

对矿山开发过程中，对生态环境影响较大的过程有：

(1) 矿山开采初期，对表土进行剥离、废土石堆放、道路修筑对地貌、生态植被破坏，改变土地利用现状，破坏植被、水土流失等影响。

采取的措施是：各采矿作业点及采矿工业场、办公区、生活区建筑物、构筑物设计、建设、施工应尽量缩小工作面，物尽其用，减少土地占用面积，减少对草地及土壤的破坏。将表层土用于已开采区的植被恢复，合理选择弃渣场。

(2) 矿山开采过程凿岩、爆破、破碎、装卸和运输过程产生的高噪声对野生动物的影响。

采取的措施是选择低噪声设备、合理的施工工艺。

(3) 矿山开采后期大量岩石裸露，易造成水土流失等。

采取的措施是对施工迹地和弃土进行合理平整和清运或再利用并进行绿化复耕等措施，以减少对区域水土流失的增加。

3. 对依托现有工程的改建扩建工程、报告工程分析中应着重突出什么问题？

一是“以新带老”的实施。淘汰落后生产工艺。

二是“三本账”的统计、核算。符合总量控制要求，做到“增产不增污”。

4. 对于水泥厂项目，受项目影响的环境敏感点的调查范围包括几部分，调查重点分别是什么？

(1) 受大气污染影响的敏感点调查，重点关注水泥窑炉、露天堆场、灰场及施工范围波及的各类保护区、居住区及文物等；

(2) 受水污染影响的敏感点调查，重点关注灰场区域的地下水环境；

(3) 受噪声污染影响的敏感点调查，重点关注厂内强噪声源、矿山爆破及运输沿线涉及的敏感目标；

(4) 受生态环境影响的敏感点调查，重点关注矿山开采活动的植被破坏与水土流失等生态问题；

(5) 环境风险涉及的敏感点调查，矿山火药库贮存的风险、爆破震动可能引起的地质灾害等。

5. 水泥厂项目涉及的清洁生产指标主要包括哪几项？

(1) 工艺技术与装备：对工艺技术来源和技术特点进行分析，说明其在同类技术中所占的地位及设备的先进性，可从装置的规模、工艺技术、设备等方面，分析其在节能、减污、降耗等方面拟采用生产工艺的清洁生产水平。

(2) 资源能源利用指标：原材料指标 [毒性、能源强度、生态影响、可回收利用性、是否利用了工业固废（粉煤灰、硫酸渣、锅炉渣等)]、水的重复利用率、电耗、水耗、物耗（热耗、原料和煤)；

(3) 污染物产生指标：主要从单位产生粉尘排放量、单位产品 SO_2 排放量、单位产品 NO_2 排放量、单位产品废水排放量等方面评价；

(4) 产品指标：主要从销售、使用、寿命优化、报废等方面评价；

（5）废物的回收利用指标；

（6）环境管理指标（从环境法律法规标准、环境审核、废物处理处置、生产过程环境管理、相关方面环境管理等方面进行分析，说明其清洁生产水平）。

案例四　煤矸石电厂项目

某煤化公司位于北方山区富煤地区，周围煤矿密集，在煤洗选生产过程中，产出中煤和煤矸石约100万t/a，且周围现存煤矸石约100万t/a以上。该公司决定利用当地的煤矸石、中煤，安装4台超高压135MW双缸排气凝汽式直接空冷汽轮发电机组和4台480t/h循环硫化床锅炉。

该自备电厂设计煤种配比为煤矸石：中煤＝22：78，校核煤种的配比为煤矸石：中煤＝30：70，根据煤质检测报告，煤矸石、中煤的收到基低位发热量分别为5050kJ/kg、14600J/kg。锅炉采用炉内脱硫（脱硫效率80%）、五电场静电除尘（效率99.9%）后，烟气经2座150m高钢筋混凝土烟囱排入大气（2台炉合用一座烟囱），两座烟囱相距100m。本项目SO_2排放总量5092t/a，烟尘排放总量888t/a，计划通过淘汰本地区污染严重的小焦化厂36家，削减SO_2排放总量6000t/a，烟尘排放总量1000t/a，作为本项目总量来源。

该项目位于北方缺水地区，电厂生活用水采用煤化公司自备井提供的自来水；生产用水有三个备选取水方案：A方案是以项目南15km处的水库为水源；B方案是以项目5km以内附近多家煤矿矿坑排水作为水源；C方案是以项目往南10km处拟建中的城市污水处理厂中水作为水源。上述三个备选水源水质水量均满足电厂用水要求。

问题

1. 本项目是否属于资源综合利用电厂？依据是什么？
2. 大气环境影响预测的内容是什么？
3. 根据本项目备选取水方案，确定推荐的取水方案，并说明理由。
4. 请计算该项目两个烟囱的等效高度和位置。
5. 本项目是否符合总量控制要求？

参考答案

1. 本项目是否属于资源综合利用电厂？依据是什么？

本项目属于资源综合利用电厂，依据如下：

（1）设计煤种、校核煤种低位发热量计算

煤矸石、中煤的收到基低位发热量分别为5050kJ/kg、14600kJ/kg。

设计煤种配比为煤矸石：中煤＝22：78，设计煤种收到基低位发热量＝5050×22%＋14600×78%＝12254.6（kJ/kg）

校核煤种配比为煤矸石：中煤＝30：70，设计煤种收到基低位发热量＝5050×30%＋14600×70%＝11280.5（kJ/kg）

（2）判断依据的文件

发改环资［2006］1864号《国家鼓励的资源综合利用认定管理办法》要求“利用煤矸石（石煤、油母页岩）、泥煤发电的，必须以燃用煤矸石（石煤、油母页岩）、泥煤为主，其使用量不低于入炉燃料的60%（重量比）；利用煤矸石（石煤、油母页岩）发电的入炉燃料应用基低位发热量不大于 12550kJ/kg”。

(3) 判断结论

对照上述要求，本项目① 100%使用煤矸石和洗中煤，远大于 60%的要求；② 设计煤种、校核煤种应用基低位发热量分别为 12254.6kJ/kg、11280.5kJ/kg，均小于 12550kJ/kg。故本项目属于资源综合利用电厂。

2. 大气环境影响预测的内容是什么？

(1) 在各风向，一般气象条件和不利气象条件（熏烟）下，项目正常工况排放时下风向 PM_{10} 日均值及 SO_2 小时浓度值预测。

(2) 在各风向，一般气象条件和不利气象条件（熏烟）下，项目非正常排放、事故排放条件下，TSP 日均值和 SO_2 小时浓度值预测。

(3) 在正常排放、非正常排放、事故排放情况下，预测烟气污染物在相关下风向对环境保护目标的影响。

3. 根据本项目备选取水方案，确定推荐的取水方案，并说明理由。

推荐的取水方案为 B，以煤矿矿坑排水作为水源。城市污水处理厂建成前，方案 A 水库水可做备用水源；城市污水处理厂建成后，优选方案 C 城市污水处理厂中水做备用水源。

4. 请计算该项目两个烟囱的等效高度和位置。

两个烟囱的等效烟囱高度为 150m，位于两个排气筒连线的中点上、距两个烟囱均为 50m。

5. 本项目是否符合总量控制要求？

本项目符合总量控制要求。因为本项目计划通过淘汰本地区污染严重的小焦化厂的区域削减措施来为本项目提供总量来源。本项目 SO_2 排放总量 5092t/a，区域削减 SO_2 排放总量 6000t/a；本项目烟尘排放总量 888t/a，区域削减烟尘排放总量 1000t/a。SO_2 和烟尘区域削减量均大于本项目增加量，总量来源落实。

案例五　超超临界凝汽式燃煤发电机组项目

H 省拟在 L 县新建 2×1000MW 超超临界凝汽式燃煤发电机组。厂址所在地形为丘陵，距 L 县规划边界约 9km。厂址周围环境现状及厂区平面布置见图 4-5-1。工程供水水源为 L 县污水处理厂中水和 P 水库，采用带自然通风冷却塔的二次循环方式。正常运行情况下，工业废水和生活污水处理达标后回用不外排；工程采用石灰石—石膏湿法烟气脱硫工艺，设计脱硫效率为 90%；用三室五电场静电除尘器，除尘效率为 99.8%，脱硫系统的除尘效率为 50%；采用低氮燃烧技术；预留脱除氮氧化物装置空间；两台炉合用一座 240m 烟囱；废气污染物排放量为 SO_2；0.479t/h；NO_2；2.71t/h；烟尘：0.213t/h。经预测，SO_2 烟尘最大地面浓度为 5.559μg/m³，NO_2 最大地面浓度为 30.57μg/m³，NO_2 地面浓度达标准限值 10%时所对应的最远距离为 20km，烟尘最大地面浓度为 2.27μg/m³。工程采用露天煤场；灰渣分除、干除灰系统，干灰场贮存方式，灰场属山谷灰场。

问题

1. 分析本项目建设与相关环境保护及产业政策的相关性。

2. 确定环境空气质量评价工作等级、评价范围。

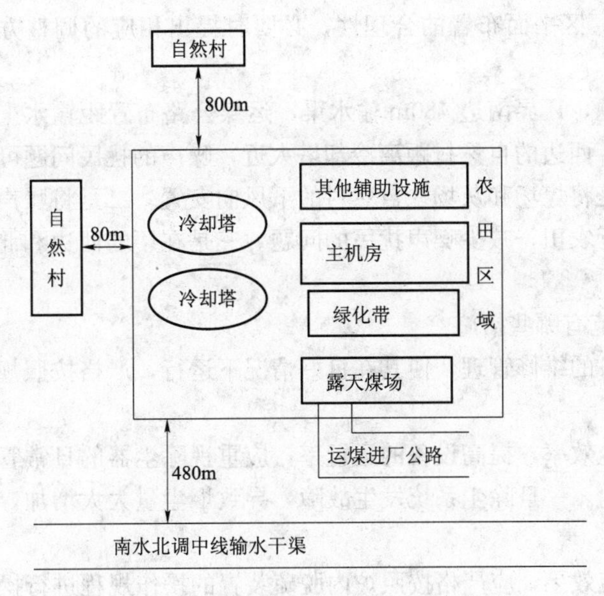

图 4-5-1　厂址周围环境现状及厂区平面图

3. 在进行大气环境现状监测时共布设了 6 个点，请问是否合理并说明原因？

4. 分析本项目厂区平面布置的合理性，必要时提出相应的调整方案和工程需增设的污染防治措施。

5. 事故风险防范有哪些措施。

6. 本项目公众参与调查的目的、方式和内容分别是什么。

参考答案

1. 该项目大气污染物总量控制的指标包括哪些？

新建 2×1000MW 超超临界凝汽式燃煤发电机组属于产业结构调整目录中的鼓励类，工程石灰石—石膏湿法烟气脱硫工艺，设计脱硫效率为 90%；用三室五电场静电除尘器，除尘效率为 99.8%，脱硫系统的除尘效率为 50%；采用低氮燃烧技术；符合《关于发电热电联产的规定》计基础（2000）1268 号规定，所以该项目符合产业政策。

2. 确定环境空气质量评价工作等级、评价范围。（《环境空气质量标准》中部分污染物的浓度值）

SO_2二级标准：年 0.06mg/m^3，日 0.15mg/m^3，小时 0.5mg/m^3

NO_2二级标准：年 0.08mg/m^3，日 0.12mg/m^3，小时 0.24mg/m^3

TSP 二级标准：年 0.20mg/m^3，日 0.30mg/m^3。

SO_2、NO_2 和 TSP 最大地面浓度占标率分别为：1.11%、12.7%和 0.25%，取污染物中 P_i 最大者 NO_2，虽然 NO_2 地面浓度达标准限值 10%所对应的最远距离为 20km＞5km，但 $P_{NO_2}=12.7\%<80\%$，故大气环境影响评价的级别为二级。

评论范围为：半径 20km 的圆形区域或边长 40km 的矩形区域。

3. 在进行大气环境现状监测时共布设了 6 个点，请问是否合理并说明原因？

合理。本项目大气环境影响评价级别为二级，对于二级评价监测点不应少于 6 个，可取一期不利季节进行监测。

4. 分析本项目厂区平面布置的合理性，必要时提出相应的调整方案和工程需增设的污染防治措施。

露天煤场的问题，厂界南边 480m 输水渠，运煤公路布置距输水渠太近。该图没有风向，看图上的布置，西边的自然村距离冷却塔太近，噪声的扰民问题可能显得突出。

调整意见：一是将煤场和灰场往自然村的下风向安置。二是将噪声污染重的车间和设备远离自然村，靠近农田，减少噪声扰民的问题。三是在厂的西边和北边设置绿化带，减少噪声和扬尘。

5. 事故风险防范有哪些措施？

(1) 加强对设备的维修管理，使其在良好情况下运行，严格按照规程操作，杜绝事故排放。

(2) 为保证除尘效率，提高设备的运行率，应重视除尘器的日常管理，保证设计除尘效率，避免事故发生。一旦除尘系统发生故障，导致烟尘量大大增加，必须停炉检修，减少对环境的影响。

(3) 为保证脱硫效果，应严格按照炉内脱硫装置的操作规程进行操作，控制好石灰石粉在炉内的停留时间、C_a/S 比等操作条件，保证达到设计的脱硫条件。

(4) 布袋除尘器发生严重破损，导致烟尘排放量大大增加时，必须停炉进行检修，减少对环境的影响。

(5) 烟气排放口要按要求安装烟气自动检测系统，在线检测 SO_2 和烟尘的排放浓度，一旦出现问题，应立即采取措施进行解决，确保烟气中 SO_2 和烟尘的浓度达标。为保证脱硫效率及 SO_2 排放总量达到要求，建议在线控制系统与添加石灰石系统及锅炉主控系统联网，一旦出现超标排放则自动采取措施。

(6) 对除尘器下的灰斗中储灰高度应有可靠的监测设备，应加强人工观察，确保除尘器下灰系统的顺畅，防止由于大量灰积在灰斗中而导致灰飞二次污染事故发生，同时在灰斗上方设喷淋装置，经常喷水增湿，以防止飞灰污染。

(7) 煤车及灰渣运输时必须加盖，并要避免在大风天气进行运输及装卸煤炭作业，防止大风刮起大量的煤尘污染沿途及厂区内环境。

6. 本项目公众参与调查的目的、方式和内容分别是什么？

使当地公众了解该项目建设的意义和由于工程的建设可能会带来的环境问题，充分发挥公众的参与和监督作用，使提出的建议更趋合理，环境和经济损失最低。

调查方式可以采用发放调查表的方式进行。调查表可以包括以下内容：

(1) 排放的污染物的影响；

(2) 工程对环境的影响程度；

(3) 对周围环境现状的满意程度；

(4) 对工程的了解程度；

(5) 对该项目在当地经济增长、就业等方面的影响所持的看法；

(6) 项目实施后最关心的污染问题是什么；

(7) 对项目建设的基本态度；

(8) 其他意见和建议。

案例六　水泥生产线建设项目

某公司拟建一条5000t/d熟料的新型干法水泥生产线，采用石灰石、砂页岩（或覆盖土）、河砂、工业废渣燃料和铁矿石五种原料配料，无烟煤掺部分高热值工业废渣和生活垃圾作为熟料烧成燃料、掺烧适量热值高的工业废弃物，日产水泥熟料5000t，年产水泥175万t，总投资35000万元人民币。该水泥厂建设后，将相应关停、淘汰其所在市境内的10家企业18条生产工艺落后、环保设施配置不全、经济效益差的机立窑生产线，年生产能力累计达200万t。

新建工程包括新建主生产厂区、矿山工程和专用铁路运输线。厂区位于丘陵地带，该地区近五年平均风速为2.5m/s，新建工程包括：原料、燃料堆场和预均化堆场区、主生产区、粉磨站区等三个功能区。石灰石矿山与西南砂岩矿山邻接，位于拟建厂址西北方约9km；石灰石火药库区设置于安全隐蔽的山岭北坡山谷中，现设有1个30t的炸药库、1个3万发的雷管库。矿山为凹陷露天采矿场，开采出的石灰石与砂岩运至破碎站混合破碎，经胶带输送机廊道运至主生产厂区。扩能改造后，矿山可提供30年的资源保证。

本工程生产线废气排放总量180万m^3/h，共设收尘器40台，对窑尾和窑头废气分别采用高效布袋除尘器，经收尘后，粉尘排放浓度≤30mg/m^3；其余各点经袋式收尘器处理后的废气粉尘排放浓度符合国标规定。预测计算表明，该项目PM_{10}、TSP的年平均最大落地浓度出现在距厂址600m处，日均最大落地浓度也多在600m以内。本改扩建项目污水总量为160.0m^3/d。经生化处理达到中水水质要求后回用，全厂生活、生产污水实现零排放。

问题

1. 本项目建设是否符合水泥行业产业政策？请说明理由。

2. 请分析工程营运期的环境影响因素？

3. 请给出本项目环境监测计划建议，包括废气、废水、噪声的监测因子、监测位置，哪些因子需连续监测等。

4. 请确定本项目厂区的卫生防护距离。

附：《水泥厂卫生防护距离标准》节选。

本标准适用于地处平原，微丘地区的新建水泥厂及现有水泥厂之扩建、改建工程。现有水泥厂可参照执行。地处复杂地形条件下的卫生防护距离，应根据大气环境质量评价报告，由建设单位主管部门与建设项目所在省、市、自治区的卫生、环境保护主管部门共同确定。

3.1　水泥厂的卫生防护距离，按其所在地区近五年平均风速规定为：

生产规模	所在地区近五年平均风速/（m/s）		
年产水泥/万t	<2	2～4	>4
≥50	600m	500m	400m
<50	500m	400m	300m

5. 根据所提供的素材，分析本项目可能存在的风险影响因素。

6. 该项目是否需要进行生态环境影响评价，如需要，如何进行评价？

参考答案

1. 本项目建设是否符合水泥行业产业政策？请说明理由。

本工程符合水泥行业产业政策，理由如下：

(1) 生产规模为5000t/d，符合“日产4000t及以上”的规模要求。

(2) 采用的“新型干法水泥”工艺为国家鼓励的工艺。

(3) 该水泥厂扩建的同时，将关停、淘汰其所在市境内的10家企业18条机立窑生产线，符合“鼓励地方和企业以淘汰落后生产能力的方式，发展新型干法水泥”的产业政策。

(4) 拥有自备石灰石、砂页岩矿山，且运距较短，属于“有资源的地区”为国家重点支持的地区，矿山可提供30年的资源保证，符合“新建水泥生产线必须有可采30年以上的资源保证”的产业政策。

(5) 本工程燃烧中掺部分高热值工业废渣和生活垃圾，符合“鼓励和支持利用在大城市或中心城市附近大型水泥厂的新型干法水泥窑处置工业废弃物、污泥和生活垃圾，把水泥工厂同时作为大型水泥厂的新型干法水泥窑处置工业废弃物、污泥和生产垃圾，把水泥工厂同时作为处理固体废物、综合利用的企业”的产业政策。

2. 请分析工程运营期的环境影响因素。

工程运营期的环境影响包括主体工程和矿山两部分，分析如下：

(1) 主体工程运营期的环境影响因素分析

原料装卸、均化、破碎、粉磨，煤破碎、制粉、输送，熟料冷却、输送，水泥粉磨等活动，主要环境影响因素为：粉尘、噪声（破碎、粉磨、风机产业的）。

原料储存、熟料储存、散装、水泥贮存、散装、包装活动，主要环境影响因素为：粉尘。

生料预热、分解、熟料煅烧、冷却、破碎等活动，主要环境影响因素为：废气（SO_2、NO_x、烟尘）、噪声。

设备冷却，主要环境因素为：生产废水。

(2) 矿山运营期的环境影响因素分析

石灰石矿山开采活动，环境影响因素为：粉尘（矿石破碎、凿岩钻孔、爆破等产生的）、废水（矿坑涌水）、噪声（钻孔、爆破、破碎产生的）、废土石、爆破震动，破坏生态环境，可能引起水土流失。

废石场的废石堆破碎活动，主要环境影响因素为：粉尘、噪声。

矿区内公路的石灰石输送活动，主要环境影响因素为：扬尘、汽车尾气、噪声。

皮带长廊的石灰石输送活动，主要环境影响因素为：粉尘、噪声。

炸药库的炸药存放活动，主要环境影响因素为：环境风险。

(3) 公用工程的环境影响因素分析

加油站、机电汽修、车辆清洗等辅助活动，主要影响环境因素为：生产废水、废机油。

办公、食堂、浴室的主要环境影响因素为：生活污水、油烟、生活垃圾。

3. 请给出本项目环境监测计划建议，包括废气、废水、噪声的监测因子、监测位置，哪些因子需连续监测等。

建议的监测计划

污染源类型		监测污染因子	监测位置	是否在线监测
废气	有组织排放源	粉尘	各收尘器排出口	
		烟气颗粒物	冷却机排气筒（窑头）	应当安装烟气颗粒物连续监测装置
		烟气颗粒物、SO_2、NO_x（以NO_2计）、氟化物、二噁英类、CO、HCl、Hg、Cd、Pb	水泥窑及窑磨一体机排气筒（窑尾）	安装烟气颗粒物、SO_2、NO_x连续监测装置
	无组织排放	总悬浮颗粒物	厂区、矿区，厂界外上风方与下风方20m处	
废水	工业废水	污水量、pH、SS、石油类	现有污水处理站废水排放口，新建污水处理站污水回用前	
	生活污水	pH、SS、COD、氨氮		
噪声		等效声级	厂界、噪声敏感点	

4. 请确定本项目厂区的卫生防护距离。

项目年产水泥180万t大于50万t，厂址所在地区近五年平均风速为2.5m/s，根据《水泥厂卫生防护距离标准》（GB 18068—2000），该改扩建工程厂界与居住区之间卫生防护距离为500m。但本项目位于丘陵区，属复杂地形，（GB 18068—2000）规定："地处复杂地形条件下的卫生防护距离，应根据大气环境质量评价报告，由建设单位主管部门与建设项目所在省、市、自治区的卫生、环境保护主管部门共同确定。"

预测计算表明，该项目PM_{10}、TSP的年平均最大落地浓度出现在距厂址600m处，日均最大落地浓度也多在600m以内，故本项目厂址卫生防护距离应取600m，该范围内不能新建村民住宅，以避免最大落地浓度对敏感目标的影响。

5. 根据所提供的素材，分析本项目可能存在的风险影响因素。

本项目主要存在以下风险影响因素：

（1）矿山火药库风险影响分析

石灰石火药库区设置于安全隐蔽的山岭北坡山谷中，火药库的风险主要为火药意外爆炸对周边环境及人员造成的危害。环境危害主要为爆炸后引发火灾对火药库区域的植被、土壤、生态环境的影响。

（2）综合利用固废运输风险

本项目无烟煤掺部分高热值工业废渣和生活垃圾作为熟料烧成燃料，工业废渣和生活垃圾运输存在一定风险，在运输中风险事故一旦发生，固废可能对土壤、地下水、地表水造成污染，污染的程度取决于事故排放强度与处理系统的适应力等。

（3）综合利用固废焚烧风险

本项目掺烧部分高热值工业废渣作为熟料烧成燃料，《水泥工业大气污染物排放标准》（GB 4915—2004）规定："水泥窑不得用于焚烧重金属类危险废物。"本项目应加强综合利用工业废渣的成分控制，杜绝混入重金属物质。一旦工业废渣混入重金属，经焚烧过程，重金属从固态转化进入废气，虽然窑尾高效布袋收尘器能拦截部分重金属，但仍给大气环境带来污染，造成重金属污染风险。

6. 该项目是否需要进行生态环境影响评价，如需要。如何进行评价？

(1) 水泥工业建设项目环境影响评价的特点是水泥熟料生产区是以工业污染影响为主，原料矿区的开采则以非污染生态影响为主，该项目自备开采的石灰石矿山，因此需进行生态环境影响评价。

(2) 对矿区开采生态影响评价，应按施工期、开采期、采完封场期不同时段进行，评价内容应包括植被破坏、生物损失量、物种影响、水土流失量等方面。

(3) 生态恢复措施、补偿措施应具针对性和可操作性，并要说明实施计划、资金分配、预期效果，得出矿山采完后的地貌形态、生态环境建设和利用前景。

(4) 还应关注配套的公路、铁路、水运码头、长距离物料输送廊道的选线、选址的合理性，对生态环境、景观、周围敏感点的影响，并提出防范、控制措施。

案例七　新建热电厂

某新建热电厂工程。建设 2 台 600MW 抽凝式汽轮机，2 台 1900t/h 临界燃煤锅炉，配备四电场静电除尘器及脱硫设施，1 座 240m 高的烟囱及 2 座淋水面积 6000m^2 的冷水塔。项目建设后替代三个工业区中 60 家印染企业的分散供热锅炉共计 123 台。年运转时数 6600h，项目年发电量：6.0×10^6MW·h/a，年供热量 2.198×10^7GJ/a，平均热电比 101.73%，总热效率 65.5%。本项目大气污染物 SO_2、NO_x 和烟尘的排放量分别为 0.63t/h，0.82t/h，0.813t/h。经预测，SO_2 最大地面浓度为 105.7$\mu g/m^3$，NO_2 最大地面浓度为 211.4$\mu g/m^3$，NO_2 地面浓度达标准限值 10%时所对应的最远距离为 37km，烟尘最大地面浓度为 112.27$\mu g/m^3$。拟选储灰场位于项目所在地西北 2.0km 的山谷，地下水流向为西北向东南。

全年主导风向 ENE。选址区位于滨海区，距市区东部约 8.5km，区内工业以纺织、印染为主。煤炭以海运运输进厂。配套建设 5 万 t 级煤炭码头。选址区南 0.55km 处为 A 村庄，东北 3.0km 为 B 镇中学，北部 1.5km 处为 B 镇区政府，工业区分布在厂址西、东南和西北。

问题

1. 本项目建设是否符合热点联产产业政策，请说明理由。

2. 判断本项目大气评价的等级，同时确定大气评价范围。

3. 在进行大气环境现状监测时只在冬季布设 8 个点，请问是否合理并说明原因，哪些保护目标应布设监测站位？

4. 地下水是否应该进行监测？如果检测，请分析点位布置，主要监测因子的确定。

5. 项目建设运行后厂界外昼间噪声为 60dB，请问是否符合要求？

6. 如果该项目凝汽器冷及其他冷却水采用直接排海方案，海洋水质方面的评价内容是什么？

7. 本项目 SO_2 总量计算应考虑的因素有哪些？

参考答案

1. 本项目建设是否符合热点联产产业政策，请说明理由。

(1) 本项目为国家《产业结构调整指导目录（2005 年本）》中允许类项目，且已列入当地工业区总体规划。

（2）本项目为单机容量在600MW的常规热电联产机组，按照《关于发展热电联产的规定》：① 热电比年平均应大于100%，② 总热效率平均大于45%；③ 热电厂、热力网、粉煤灰综合利用，项目应同时审批，同步建设、同步验收投入使用。④ 同步建设相应供热规模的热网，灰渣100%综合利用并建设事故周转灰场，符合热电联产产业政策。

2. 判断本项目大气评价的等级，同时确定大气评价范围。

根据计算 SO_2、NO_2 和TSP最大地面浓度占标率分别为：21.1%、88.1%和12.5%，取污染物中 P_i 最大者 NO_2，NO_2 地面浓度达标准限值10%所对应的最远距离为37km＞5km，且 $P_{NO_2}=88.1\%>80\%$，故大气环境影响评价的级别为一级。评价范围为半径25km的圆形区域，或边长50km矩形区域。

3. 在进行大气环境现状监测时只在冬季布设8个点，请问是否合理并说明原因，哪些保护目标应布设监测站位？

不合理。本项目大气环评等级为一级，对于一级评价监测点不应少于10个，监测不得少于二期（夏季、冬季），城区、B镇政府、B镇中学等应布设监测点，灰场附近应布设监测点。

4. 地下水是否应该进行监测？如果监测，请分析点位布置，主要监测因子的确定。

由于贮灰场区域地下水走向由西北向东南，本次评价至少布置2个地下水监测点，在地下水走向上游事故贮灰场和地下水走向下游各布设1个检测点位，符合《一般工业固体废物贮存、处置场污染控制标准》（GB 18599—2001）中的要求。考虑到电厂灰渣中对地下水产生影响的主要污染因子，本次地下水监测主要因子可以确定为：pH、Pb、As、Cd、F、Fe、Mn、总硬度和 Cr^{6+}。

5. 项目建设运行后厂界外昼间噪声为60dB，请问是否符合要求？

夜间不符合要求，应满足《工业企业厂界环境噪声排放标准》（GB 12348—2008）3类区55dB的要求。

6. 如果该项目凝汽器冷及其他冷却水采用直接排海方案，海洋水质方面的评价内容是什么？

（1）采用热能量运输方程进行数值模拟，预测温排水进入海域后的温升范围，给出不同工况（抽气及纯凝工况）不同温升的等温线及包络面积。

（2）水质数值模拟时应给出大小潮位的预测结果，并采用实测潮位对模型参数进行验证，说明模型参数的合理性。

（3）根据预测结果分析温排水口选择的合理性。

（4）预测余氯影响范围。

7. 本项目 SO_2 总量计算应考虑的因素有哪些？

（1）本项目 SO_2 总量包括电力和非电力两部分。电力 SO_2 总量由省级环境保护行政主管部门严格按照规定的绩效要求直接分配到电力企业；非电力 SO_2 总量有各级环保行政主管部门按照本项目替代的分散锅炉进行分配。

（2）发电机组 SO_2 总量指标，按照项目所在的区域和时段，采取统一规定的绩效方法进行分配。本项目为热电机组，供热部分的 SO_2 控制指标折算成用等效发电量参与分配。

（3）本项目六大电力集团公司，SO_2 总量控制指标来源为国家环保总局分配给省级环保行政主管部门的电力指标，SO_2 总量指标之和不得突破国家下达的总量指标。

案例八　火电厂建设项目（2009年考题）

西北某市地形平坦，多年平均降水量400mm，主导风西北风。该市东南工业区A热电厂现有5×75t/h循环流化床锅炉和4×12MW抽凝式机组，供水水源为自备井，SO_2现状排量为1093.6t/a。

拟淘汰A热电厂现有锅炉和机组，新建2×670t/h煤粉炉和2×200MW抽凝式发电机组，设计年运行5500h，设计煤种含硫率0.90%，配套双室四电场静电除尘器，采用低氧燃烧，石灰石－石膏湿法脱硫，脱硫率90%。建设一座高180m的烟囱，烟囱出口内径6.5m，烟气排放量为424.6m^3/s，出口温度45℃，SO_2排放浓度200mg/Nm^3，NOx排放浓度400mg/Nm^3。工程投产后，将同时关闭本市现有部分小锅炉，相应减少SO_2排放量362.6t/a。

经估算，新建工程的SO_2最大地面小时浓度为0.1057mg/m^3，出现距离为下风向1098m，NO_2的$D_{10\%}$为37000m。

现有工程停用检修期间，某敏感点X处的SO_2环境现状监测小时浓度值为0.021～0.031mg/m^3，逐时气象条件下，预测新建工程对X处的SO_2最大小时浓度贡献值为0.065mg/m^3。

城市供水水源包括城市建成区北部的地下水源和位于城市建成区西北部15km的中型水库。该市城市污水处理厂处理能力8×10^4m^3/d，污水处理后外排。

注：SO_2小时浓度二级标准0.50mg/m^3，NO_2小时浓度二级标准0.24mg/m^3，排放的NOx全部转化为NO_2。

问题

1. 计算出本项目实施后全厂SO_2排放量和区域SO_2排放增减量。
2. 给出判定本项目大气评价等级的P_{max}和$D_{10\%}$。
3. 确定本项目大气评价等级和范围。
4. 计算X处的SO_2最终影响预测结果（不计关闭现有小锅炉贡献值）。
5. 给出本项目供水水源的优选顺序。

参考答案

1. 计算出本项目实施后全厂SO_2排放量和区域SO_2排放增减量。

$$2\times670\times5500\times0.9\%\times2\times80\%\times(1-90\%)=10612.8\ (t/a)$$

$$10612.8-1093.6-362.6=9157.6\ (t/a)$$

全厂排放10612.8t/a，区域增加排放9157.6t/a。

2. 给出判定本项目大气评价等级的P_{max}和$D_{10\%}$。

如果不考虑运动过程的衰减，则：

NO_2的最大地面浓度：400×0.1057÷200＝0.2114（mg/m^3）

$$P_{SO_2}=0.1057/0.5=0.2114=21.14\%$$

$$P_{NO_2}=0.2115/0.24=0.8815=88.08\%$$

$$P_{max}(SO_2,NO_2)=88.08\%$$

则$D_{10\%}$＝37000m

3. 确定本项目大气评价等级和范围。

本项目大气评价为一级，因 $D_{10\%}$ 为 37km，大于 25km，因此评价范围取边长为 50km 的矩形区域。

4. 计算 X 处的 SO_2 最终影响预测结果（不计关闭现有小锅炉贡献值）。

对环境空气敏感区的影响分析，应考虑预测值和同点位的现状背景值的最大值的叠加影响；对最大地面浓度，计算最终影响时则用背景值的平均值进行叠加。

$$0.031+0.065=0.096\ (mg/m^3)$$

5. 给出本项目供水水源的优选顺序。

由于该项目地处西部缺水少雨地区，该项目供水水源有限，选用城市污水处理厂的中水，将水库的水作为备用水源，禁止开采地下水。

五、输变电及广电通讯类

案例一　安徽“皖电东送”西通道等500kV输变电工程

安徽500kV西通道输变电工程项目包括新建500kV变电所2座，新建500kV开关站2座，扩建肥西变电所至六安变电所500kV间隔，新建500kV输电线路5条（淮南凤台电厂经淮南开关站—六安变电所双回线路、六安变电所—铜贵变电所双回线路、铜贵变电所—宁国开关站双回线路、六安变电所—肥西变电所双回线路、宣城—富阳线路环入宁国开关站），线路路经总长526.6km。

本工程经过安徽省的淮南、六安、合肥、宁国、巢湖、安庆、铜陵、池州、芜湖和宣城10个市。

问题

1. 输变电工程主要污染因子是什么？主要环境影响是什么？
2. 工程分析的主要内容？
3. 输变电评价重点是什么？
4. 输变电工程现状监测内容、监测布点原则是什么？
5. 评价主要设置哪些专题？
6. 如何对输变电选址、选线进行合理性分析？

参考答案

1. 输变电工程主要污染因子是什么？主要环境影响是什么？

主要污染因子：工频电场、工频磁场、无线电干扰、噪声干扰、生态环境、水土保持。

（1）送电线环境影响

施工期：

① 临时占地将使部分农作物、果树、高大乔木等遭到短期损坏。

② 材料、设备、运输车辆产生噪声和扬尘。

③ 修筑施工道路扰动现有地貌，造成一定的水土流失，产生扬尘。

④ 塔机场地平整、基础开挖扰动现有地貌，造成一定量水土流失，扬尘、固废和机械噪声。

⑤ 土建时的混凝土及基础打桩等产生噪声。

⑥ 施工现场人员居住场所搭建临时生活取暖炉灶，产生的环境空气污染。

⑦ 人员及车辆进出等将给居民生活带来不便，对野生动物产生一定影响。

运营期：

① 工程沿线拆迁房屋、砍伐森林、改变局部自然环境。

② 土地的占用，改变了原有土地功能。

③ 输电线路下方及附近的电磁场对人、畜和动植物产生影响。

④ 输电线路干扰波对有线和无线电装置产生影响。

⑤ 高压线路电晕可听噪声对周围环境的影响。

变电所环境影响：

施工期：土地占用、植被破坏、施工噪声。

运营期：工频电场、工频磁场、无线电干扰、噪声干扰、生活废水。

2. 输变电工程分析的基本内容？

（1）选线选址与产业政策及规划的相容性

根据国家产业政策及所涉地区的相关规划，包括国家和省、市的产业政策、社会发展规划、电力规划、生态功能区规划、环境保护规划等，从可持续发展战略角度出发，分析评价输变电工程与相关产业政策是否相容，是否满足环保、规划、土地等相关部门对工程提出的合理要求，并对工程的线路形式（单回路或双回路等）比选、线路路径、站址及总图方案布置的环境合理性、需回避的环境敏感目标以及可能存在的问题作出定性的分析，给出措施建议，必要时提出工程线路、站场选择或调整的避让距离要求。

（2）环境影响因素分析

对工程在建设期的噪声、扬尘、弃渣、植被破坏、水土流失、生态破坏等环境影响因素进行分析。

运行期的环境影响因素分析以正常工况为主。分析各环境影响因素，包括输变电电磁环境、生态、噪声、废水、水土流失等的产生、排放、控制情况。

对输变电电磁环境因子及噪声源应表明其源强及分布，对废水排放源应说明种类、数量、成分、浓度、处理方式、排放方式与去向等。

（3）生态影响途径分析

主要从选线选址、施工组织、施工方式、敏感目标的诱导影响等方面分析输变电工程在建设期的生态影响途径。

对运行期应主要从运行维护角度分析输变电工程的生态影响途径。

（4）污染因子产生或排放量的核算

对各污染因子的产生或排放点位、量、方式、影响范围（搬迁范围）进行核算和统计分析，并对确定的最强产生或排放点位、量及其影响范围进行重点核算和统计分析。

（5）环境保护措施

对工程全过程拟采取的环境保护和恢复措施按环境要素分类予以描述。

（输变电工程分析的内容）工程概况，工艺流程，主要设备，总平面布置图，技术经济指标，路径方案，施工工艺，杆塔和基础工程占地，对公路、铁路、电力线的交叉跨越，河流的跨越，污染源分析，环保目标。

3. 输变电评价重点是什么？

以工程分析、施工期影响、电磁环境和噪声环境影响评价及环境保护措施为评价工作的重点。具体为：

（1）工程施工期的土地利用和拆迁问题；

（2）工程运行的工频电场及磁场、噪声、无线电干扰的环境影响；

（3）从环保角度对可比方案进行比较，提出最佳环保措施，最大限度减少工程建设可能带来的不利环境影响。

4. 输变电工程现状监测内容、监测布点原则是什么？

现状监测内容：（1）地面1.5m高度处的工频电磁场强度、工频磁感应强度；（2）0.5MHz

频段的无线电干扰场强值；(3) 等效 A 声级。

布点原则：变电所墙外 1m 处东、南、西、北四个方向设 4 个点，关心点设 1 个点，共设 5 个点。输变电沿线主要居民点及学校等布设监测点。

5. 评价主要设置哪些专题？

① 工程概况及工程分析

② 区域环境概况

③ 运行期环境影响评价

④ 施工期环境影响评价拆迁安置

⑤ 水土保持及生态环境影响评价方案比较

⑥ 所址及线路路径合理性分析

⑦ 环境污染防治措施公众参与

⑧ 环保管理与监测计划

⑨ 环保投资估算及损益分析

⑩ 拆迁安置

⑪ 公众参与

6. 如何对输变电选址、选线、选型进行合理性分析？

变电所选址要尽量少占土地、远离村镇等敏感点、尽量减少土石方工程量。选线：避开自然保护区、国家森林公园、风景名胜区、城镇规划区、机场、军事目标、集中居民区及无线电收信台等重点保护目标。选型：设备选型应考虑采用低噪声及降低无线电干扰的主变压器、电感器、风机等设备；杆塔选型应做到合理性与可行性的论证。

案例二　电厂送出输变电工程

某电厂送出输变电工程，东边有高速公路，南面有村庄，总占地面积 10hm^2。工程安装 3 组 1000MVA 强油风冷、中压侧线端无载调压的单相自耦变压器。主要设备有：主变压器、断路器、隔离开关、高速接地开关、电流互感器、低压并联电抗器等。变电站用水采用自来水。项目跨越一级公路、二级公路、公路立交、铁路、磁悬浮铁路、三级航道等，同时涉及沿线民房的拆迁工程。

问题

1. 输变电工程生态环境现状调查的主要内容和方法有哪些？

2. 如何确定输变电工程的评价范围，评价等级？

3. 本工程可能涉及哪些环保问题？

4. 对于电磁污染可以采取哪些防治措施？

5. 施工期污染有哪些防治对策？

参考答案

1. 输变电工程生态环境现状调查的主要内容和方法有哪些？

调查的主要内容：

(1) 自然环境调查：调查地形地貌、地质、水文、气象、土壤基本情况。调查中须特别注意与环境保护密切相关的极端问题，如最大风级、最大洪水。

(2) 生态系统调查：生态环境现状调查首先须分辨生态系统类型，包括陆地生态与水生生态系统，自然生态与人工生态系统，然后对各类生态系统按识别和筛选确定的重要评价因子进行调查。陆地自然生态系统的调查包括植被（覆盖率、生产力、生物量、物种组成），动、植物物种特别是珍稀濒危、法定保护生物和地方特有生物的种类、种群、分布、生活习性、生境条件、繁殖和迁徙行为的规律；生态系统的整体性、特点、结构及环境服务功能，稳定性与脆弱性；与其他生态系统关系及生态限制因素等。

（3）区域资源和社会经济状况调查：包括人类干扰程度（土地利用现状等）、资源赋存和利用，如果评价区存在其他污染型工、农业或具有某些特殊地质化学特征时，还应该调查有关的污染源或化学物质的含量水平。

（4）区域敏感目标调查：即调查地方性敏感保护目标及其环保要求。

（5）区域土地利用规划、发展规划、环境规划的调查。

（6）区域生态环境历史变迁情况、主要生态环境问题及自然灾害等。

调查方法：

（1）收集现有资料。从农、林、牧、渔业资源管理部门、专业研究机构收集生态和资源方面的资料，包括生物物种清单和动物群落，植物区系土壤类型地图等形式的资料；从地区环保部门和评价区其他工业项目环境影响报告书中收集有关评价区的污染源、生态系统污染水平的调查资料、数据。

（2）收集各级政府部门有关土地利用、自然资源、自然保护区珍稀濒危物种保护的规定、环境保护规划、环境功能区划、生态功能规划及国内国际确定的有特殊意义的栖息地和珍稀、濒危物种等资料，并收集国际有关规定等资料。

（3）野外调查。生态环境影响评价需要进行评价区现场调查，取得实际的资料和数据。评价区生态资源、生态系统结构的调查可采用现场踏勘考察和网格定位采样分析的传统自然资源调查方法。在评价区已存在污染源的情况下，或对于污染型工业项目评价，需要进行污染源调查。根据现有污染源的位置和污染源输送规律确定采样布点原则，采集大气、水、土壤、动植物样品，进行有关污染物的含量分析。采样和分析按标准方法或规范进行，以满足质量保证的要求和便于几个气息地、几个生态系统之间的相互比较。景观资源调查需拍照或录像，取得直观资料。

（4）收集遥感资料，建立地理信息系统，并进行野外定位验证（“3S”技术），可采集到大区域、最新最准确的信息。

（5）访问专家，解决调查和评价中高度专业化问题（如物种分类鉴定）和疑难问题。

（6）采取定位或半定位观测。如候鸟迁徙等。

2. 如何确定输变电工程的评价范围，评价等级？

输电线路评价范围：

（1）工频电场、磁场的评价范围：输电线路走廊两侧 30m 宽带状区域。

（2）无线电干扰评价范围：输电线路走廊两侧 2000m 宽带状区域。

（3）噪声评价范围：输电线路走廊两侧 30m 宽带状区域。

变电站评价范围：

（1）工频电场、磁场的评价范围：以变电站站址为中心的半径 50m 范围内区域。

（2）无线电干扰评价范围：变电站及开关站围墙外 2000m 区域。

（3）厂界噪声评价范围：厂界围墙外 1m，环境噪声为厂界外 100m 范围内。

自然、生态环境：

以线路中轴线各向外延伸300m作为生态环境调查的重点区域。以变电站建站所利用的土地区域及区域生态完整性所涉及区域作为生态调查的重点区域。

评价等级：

电磁环境影响评价：执行《500kV超高压送变电工程电磁辐射环境影响评价技术规范》（HJ/T 24—1998），按照该规范规定的电磁辐射环境影响评价的内容深度进行。

声环境影响评价：由于输变电工程噪声源强较低，对居民区声环境影响较小，因此声环境影响评价登记按三级评价。

生态环境影响评价：线路不经过生态敏感区，工程影响范围小于20km^2，工程建设也不会使沿线的生物量和物种多样性有明显减少，因此，根据《环境影响评价技术导则—非污染物》（HJ/T 19—1997）的规定，评价等级可从简，不作分级评价，仅进行一般分析。

3. 本工程可能涉及哪些环保问题？

本工程属超高压交流输变电工程，运行期的主要污染因子为电磁场（含工频电场、工频磁场、无线电干扰）、噪声和值班人员生活污水等；运行期无空气污染物产生、无工业废水产生、无工业固体废弃物产生。

营运期主要的环保问题在于运行期的工频电场和噪声对居民影响；线路施工期对生态影响和水土流失影响等。

4. 对于电磁污染可以采取哪些防治措施？

变电站建设时，其设备、配件的设计使用和施工质量均会影响其建成运行后的电磁场水平，同时，随着变电站运行时间的加长，高压设备、配件等也会逐步老化、损坏和受到环境的污染，改变电场、磁场强度水平，因此应从以下几个方面考虑防护措施。

（1）合理设计并保证设备及配件加工精良

对于变电站设备的金属附件，如吊夹、保护环、保护角、垫片和接头等，设计时就要确定合理的外形和尺寸，以避免出现高电位梯度点；所有的边、角都应挫圆，螺栓头也应打圆或屏蔽，避免存在尖角和凸出物；特别是在出现最大电压梯度的地方，金属附件上的保护电镀层应确保光滑。

（2）控制绝缘子表面放电

使用设计合理的绝缘子，要特别关注绝缘子的几何形状以及关键部位材料的特性，尽量使用能改善绝缘子表面或沿绝缘子串电压分布的保护装置。

（3）减少因接触不良而产生的火花放电

在安装高压设备时，保证所有的固定螺栓都可靠拧紧，导电元件尽可能接地或连接导线电位，以减少接触不良引起的火花放电。

（4）变电站平面布置和进出线方案

变电站进出线方向选择尽量避开居民密集区，主变及高压配电装置尽量布置在远离居民侧，站区围墙内建设绿化带，变电站附近高压危险区域设置相应警告牌。

（5）线路走向选择

本线路路径在选择时，应充分考虑沿线城镇规划、厂矿设施、交通、通信设施及居民区，为了少占走廊、少占耕地，应采用同塔双回路铁塔，将对环境的影响控制在最低限度。本工程输电线路大部分线路走在高速公路旁，减少占用农田和拆迁民宅的数量，对拆迁的民房按照国家的规定予以安置。

（6）线路架设高度及电磁场控制

优化输电线路的导线特性，如提高表面光洁度等，从而减小电晕强度和无线电干扰对环境的影响。

（7）线路交叉跨越

本工程线路在交叉跨越公路、通航河流及其他输电线路，特别是磁悬浮铁路和输油管道时，分别按有关设计规程、规定的要求，在交叉跨越段留出充裕的净高，以控制地面最大场强，使线路运行时产生的电场强度对交叉跨越对象无影响。

（8）设置安全警示标志与加强宣传

输电线路铁塔座架上应于醒目位置设置安全警示标志，标明严禁攀登、线下高位操作应有防护措施等安全注意事项，以使居民尤其是儿童避免发生意外。加强对线路走廊附近居民有关高压输电线路和环保知识的宣传、解释工作。

5. 施工期污染有哪些防治对策？

（1）对干燥的作业面适当喷水，使作业面保持一定的湿度，减少扬尘量。

（2）对于施工过程中产生的施工废水，应在施工场地附近设置污水沉淀池，使施工过程中产生的废水经沉淀后再溢流排放。

（3）开挖的泥土及建筑垃圾应及时运走或就地填埋坑洼地，避免长期堆放。生活垃圾也不应乱堆乱放，应及时清运，视不同情况合理处理。

（4）对于施工噪声，原则上夜间不进行高噪声的施工作业，混凝土需要连续浇捣作业之前，应做好人员、设备、场地的准备工作，将搅拌机运行时间压到最低限度。

（5）加强施工管理，合理安排施工时间，施工单位要做好施工组织设计，进行文明施工，并接受当地环保部门的监督管理。

（6）输电线路走廊内被拆迁房屋的住宅基地及其他施工用地，在施工结束后应予以还田，以补偿部分占用的农业用地。

案例三　双回线路450km的500kV输变电工程项目

甲乙两地拟对一双回线路450km的500kV输变电工程进行改建，以完善区域电网结构，线路长度增加220公里，兼有紧凑型杆塔和鼓型排列塔，新建变电所、开关站各5座。新增线路沿线60%为平原或漫岗区，其余为山丘区。沿线区域有自然保护区1处、风景名胜区1处、历史文化城镇一座，涉及村庄20个，学校、医院各3处，跨越2条河流、1条铁路和3条公路。

问题

1. 识别输变电工程主要环境影响因素。

2. 如何确定输变电工程的评价范围？

3. 输变电工程分析的基本内容？

4. 输变电工程现状监测内容、监测布点原则是什么？

5. 输变电工程环境影响评价的重点是什么？

参考答案

1. 识别输变电工程主要环境影响因素。

（1）施工期：施工噪声、生活污水（以COD、SS和油类为主）、施工扬尘（TSP、PM_{10}）、土地占用、植被破坏、水土流失、拆迁安置、施工垃圾。

（2）运行期：工频电磁场、无线电干扰场、变电所主变噪声、输电线路电晕产生的可听噪声、变电所生活污水、油污水、生态与景观影响。

（如果问的是污染因子，则主要从施工噪声、扬尘、施工污水，运行期的电磁影响、无线电干扰、噪声及变电所污水方面考虑）

2. 如何确定输变电工程的评价范围?

（1）生态影响评价范围，首先根据工程特性与环境特征确定各环境因素的评价等级，然后确定评价的范围。

（2）工频电磁场：变电站及开关站为所址中心半径500m区域，输电线路为线路走廊两侧30m带状区域。

（3）无线电干扰：变电站及开关站为围墙外2000m区域，输电线路为线路走廊带两侧2000m带状区域。

（4）噪声影响：变电站及开关站为围墙外100m范围，输电线路为线路走廊（线路两侧导线投影外各20m区域）带两侧各30m带状区域。

3. 输变电工程分析的基本内容?

工艺流程、主要设备、总平面布置、技术经济指标、路径方案、施工工艺、杆塔和基础、与既有交通设施的交叉跨越、工程占地类型与面积、污染源分析及可能造成的不利环境影响。

4. 输变电工程现状监测内容、监测布点原则是什么?

（1）变电站

监测通过类比监测既有线路的工频电场强度、工频磁场强度、高频段综合场强、无线电干扰场强。

在变电站周围四个方位分别设置一条向外辐射的监测线，以围墙为起点，测点间距5～10m，依次测到140m或190m为止。

在高压进出线的两个垂直方向，以围墙为起点，2m间距，设置8个监测点，测量频率为0.5MHz。

此外，在距离围墙20m处各加测一点，测量频率为0.15MHz、0.25MHz、0.5MHz、1.0MHz、1.5MHz、3.0MHz、6.0MHz、10MHz、15MHz、30MHz。

（2）输电线路

工频电场监测以档距中央导线驰垂最大处线路中心的地面投影点为测试原点，沿垂直于线路方向进行，测点间距为2.5～5m，顺序测到边相导线地面投影点外50m处止。

无线电干扰测量在上述路径上以2m为间距设点测量，测量12点位。

5. 输变电工程环境影响评价的重点是什么?

（1）工频电磁场、无线电干扰及噪声的影响，特别是对沿线城镇、村庄、学校、医院、广播及通讯设备的影响。

（2）对生态环境及自然景观的影响，主要是对自然保护区、风景名胜区、基本农田的不利影响。

六、社会区域类

案例一　中国国际贸易中心三期工程

中国国际贸易中心三期工程位于市中心繁华地带，周围是以商业、服务业为主体，以文化、教育、卫生和旅游事业为支柱的区域。已建成的一期、二期工程用地面积约 12 万 m^2。工程内容包括两座饭店、四座写字楼、两座公寓、一座会议厅及两座展览厅、商场、国贸行政楼和停车库等，总建筑面积 56 万 m^2。现拟建三期工程，规划建设用地面积为 $62700m^2$，其中建设用地面积 $44430m^2$，道路用地面积 $18300m^2$，新征用地面积为 $45000m^2$。

国贸三期工程是一个大型、超高层、高新技术密集的特大型工程，建设内容包括 2 栋公寓、1 栋写字楼、1 座饭店和 1 座商场，地下二三层为大型停车场。三期工程建成后与一、二期工程相连构成一个集办公、酒店、商业、餐饮、娱乐、服务于一体的多功能建筑群。拟建三期工程选址区东侧为一条交通干道；北侧隔马路是一个小学，小学北侧为一风景名胜古迹，是省级文物保护单位；南侧为一高级写字楼，周围 100m 范围内建筑物最高为 50m。项目周围水电设施齐全，供暖在一期工程已建成的锅炉房基础上进行扩建，锅炉为天然气锅炉，现有烟囱高度为 45m，制冷采用中央空调系统。

问题

1. 预测该项目的环境影响时，应收集哪些资料？
2. 项目工程分析时污染源应包括哪几部分？
3. 该项目烟囱高度是否合理，为什么？高度应为多少？
4. 建设过程中应注意哪些问题？施工期的主要环境影响是什么？
5. 运营期的主要环境影响是什么？
6. 运营期大气环境影响是什么？

参考答案

1. 预测该项目的环境影响时，应收集哪些资料？

预测该项目环境影响时需要调查收集的资料包括以下几个方面：

（1）水环境部分

污水排放去向，如果排放到污水处理厂需调查污水处理厂的处理负荷，处理效果及管网布设等，若排向水体，需调查受纳水体水质，河流水文资料等。

（2）大气影响部分

当地污染气象资料，包括风速、风向、大气稳定度。项目周围污染源资料，当地环境空气常规监测资料。项目东侧交通干道的路宽、车流量、车型、设计车速。

项目建设地的植被覆盖情况、坡度、坡长、开挖面积等。

（3）噪声影响部分

噪声敏感点分布与距离情况，建设施工各工程内容的噪声登记。项目东侧交通干道的路宽、车流量、车型、设计车速。

2. 项目工程分析时污染源应包括哪几部分？

工程分析时污染源应包括：

（1）运营期的污染源应包括：锅炉废气、生活污水、汽车尾气、交通噪声、生活垃圾；

（2）建设期的污染源应包括：施工人员生活污水、施工扬尘、施工机械噪声、建筑垃圾及施工人员生活垃圾。

3. 该项目烟囱高度是否合理，为什么？高度应为多少？

该烟囱设计不一定合理，根据《锅炉大气污染物排放标准》（GB 13271—2001）之规定，燃煤燃油锅炉烟囱排放高度除需遵守排放速率标准外，还应高出周围 200m 半径范围内的建筑 3m 以上。燃气锅炉烟囱高度应根据环境影响报告书（表）要求确定，最低高度为 8m。不能达到该要求的排气筒，应按其高度对应的表列排放速率标准值严格 50％执行。

本评价应根据项目周围的环境空气功能要求和本城市的总量控制要求，利用模型计算锅炉烟囱排放污染物对本地区环境空气的贡献和影响，并提出其合理的排放高度要求。

4. 建设过程中应注意哪些问题？施工期的主要环境影响是什么？

项目位于建成区，周边有小学、高级写字楼以及省级文物保护单位，都属于环境敏感对象，因此项目在建设过程中应该充分考虑对这些敏感点的保护，在施工过程中尽量避免施工机械在靠近敏感点处运行，施工运输车辆应尽量避免经过这些敏感点等。

项目开挖面积大，施工期的主要影响有施工扬尘、施工噪声以及施工人员的生活垃圾和建筑垃圾等。

5. 运营期的主要环境影响是什么？

本项目运行期主要的大气环境影响有：生活污水、地下车库汽车尾气、锅炉废气、交通噪声、生活垃圾以及餐饮油烟等。

6. 运营期大气环境影响是什么？

运营期主要的大气环境影响有车库汽车尾气、锅炉废气以及饭店厨房的油烟等，因此，运营期大气环境影响预测指标应包括 SO_2、NO_x 以及油烟。

预测的内容包括：采暖期和非采暖期的各指标的日平均浓度，锅炉对周围敏感点的浓度贡献值，各预测指标的年平均浓度。

案例二　北京市清河污水处理厂（一期）项目

北京市清河污水系统是北京市第三大污水系统。该系统流域地处市中心区北部，主要在海淀区辖区范围内，流域面积 159.42km^2。由于该系统流域的污水管网不健全，而且管网末端均设在清河及其支流河岸边，大量生活和工业污水直接排入清河，使清河及其沿岸环境受到了严重污染。根据北京市城市总体规划，北京市拟在清河沿岸建设三座污水处理厂：肖家河污水处理厂，清河污水处理厂和北苑污水处理厂。其中清河污水处理厂规模最大，为 40 万 m^3/d。其他两个处理厂各为 4 万 m^3/d。

清河污水处理厂的厂址确定在北京市城区北面的清河镇东，西距德昌公路 1.7km，南距清河 1.4km。清河污水处理厂规划占地面积 30.1hm^2。其中，一期占地面积 10.73hm^2，二期占地 10.43hm^2，远期预留 8.94hm^2。一期工程污水处理规模为 20 万 m^3/d。

问题

1. 本项目的主要污染源及污染物是什么？

2. 简要进行生态环境影响分析？

3. 本项目有哪些事故风险？

4. 进行恶臭对环境影响的分析。

5. 分析该处理厂运营对水环境的影响。

参考答案

1. 本项目的主要污染源及污染物是什么？

（1）污水

污水污染源为进出污水处理厂的污水，主要污染物为 BOD_5、COD_{Cr}、SS、NH_3-N、TN 及 TP。

（2）废气、恶臭

工程施工期间主要空气污染物是扬尘。污水处理厂运行期间主要是格栅、曝气沉砂池、污泥脱水车间、污泥堆放场等散发的恶臭气体，以 H_2S 和 NH_3 为主。锅炉产生的烟气中的主要污染物为 SO_2、烟尘。

（3）固体废弃物

固废包括污泥和生活垃圾两部分。

（4）噪声

噪声污染源为曝气沉砂池、污泥泵房、进水泵房、接触消毒池、回用水送水泵房等。

2. 简要进行生态环境影响分析？

（1）施工期环境影响分析

① 占地与植被破坏

污水处理工程是露天施工，需开挖厂房、构筑物管沟、挖出土方就地堆放，占用大量土地，同时破坏植被，对生态环境造成一定影响。污水处理厂施工主要为城市农业用地、种植的农作物将受到损失。

② 水土流失

整个工程开挖的土方量较大，由于施工场所原有的植被被毁、土壤裸露，特别是挖出的土方就地堆放，会加重施工地段的水土流失。

③ 大气污染

施工过程挖掘、堆放、填埋、清运土方产生的施工扬尘对施工现场周围环境空气有一定的影响。扬尘主要影响沿线植物和人群健康。

④ 噪声影响

施工对附近声环境有影响，特别是在夜间影响较大，对村庄、学校、医院等声环境敏感点区域的影响不能忽略。

⑤ 社会影响

项目的建设可能使施工场地附近城市交通、景观受到一定影响，给当地居民的生活带来诸多不便，如交通、购物、就医、参观、旅游等。

（2）运营期环境影响分析

① 耕地、植被的减少

污水处理厂建成后将有农田耕地被占用，使得以种植这些土地为主的农民失去生活依靠。因此对这部分居民的安置工作尤为重要，同时还可能使得原有的植被遭到破坏。

② 对周边地区水环境的影响

污水处理厂建成后将解决周边地区污水处理问题，因此可以改变以往的水污染情况。

③ 污泥影响

污水处理厂运行产生的污泥经脱水后可主要用于绿化、林业施肥及卫生填埋等，因此对环境不会产生大的影响。

3. 本项目有哪些事故风险？

事故风险主要存在与以下几个方面。

(1) 污水管网损坏及维修时对维修人员的影响

污水外溢直接污染内河及湖泊。在管道和集水井等设备或构筑物中，因平日所储污水内含各种污染物，经微生物作用等因素产生有毒有害气体，如 H_2S 等，由于通风不畅，长年积累，浓度较高，可能对维修人员产生中毒影响。

(2) 处理设施运行不正常

可能由于机械或电力等故障原因，造成污水处理设施不能正常运行。污水未能达标或未经处理直接排入内河，污染地表水环境。

(3) 不可抗拒的外力影响

如地震、强台风、海啸等自然灾害的影响，也将给污水处理厂造成破坏性损害，造成水污染事故。

4. 进行恶臭对环境影响的分析。

恶臭污染源主要是格栅及进水泵房、沉砂池、生物反应池、储泥池、污泥浓缩等工艺单元的恶臭物质，其主要成分为含 N、S、Cl 等物质，如 NH_3、H_3CNH_2、CH_3S-ON、H_2S 等，其中以 N_3H、H_2S 为主。恶臭气体经沉砂池、生物反应池等水表面直接排入大气，属无组织排放源。格栅间及进水泵房产生的栅渣若没有及时清运，将产生臭味。沉砂池内由于大量沙砾、金属碎屑等表面附着有机物，产生以 H_2S 为主的恶臭气体。生化反应池由于水曝气扰动，特别是当供氧不足时，可能产生挥发性气体和 H_2S 等恶臭气体。

恶臭气体的溢出量受污水水质、水量、构筑物水体面积、污水中溶解氧及气温、风速、日照、湿度等诸多因素的影响。除臭可采用吸附、吸收、焚烧、催化燃烧、化学氧化以及生物处理等方法。生物治理主要措施是对格栅房、污泥浓缩池及脱水机房等采取密闭措施，把臭气抽送生物滤塔进行生化处理。

工程设计中也可以考虑将粗格栅设在室内等措施。然而，恶臭最主要是对具体操作工人身体健康有较大影响，应在污泥脱水车间或粗格栅间等经常有工人工作的地方加装轴流风机，必要时还可用化学除臭剂使恶臭中有毒、有害物质对工人影响最小，至于恶臭对周围环境的影响，可以在厂内设置保护林带，通过植物吸收恶臭。

5. 分析该处理厂运营对水环境的影响。

根据污水处理厂设计进水水质和出水水质的要求，污水处理厂处理后，水污染负荷明显减少，出水的水质得到改善，这是有利影响。

超负荷污水溢流和事故排水，会对受纳水体的水量和水质产生不利影响。

案例三　广州市废弃物安全处置中心

广州市废弃物安全处置中心拟选厂址位于广州市白云区良田镇良田村东侧的山谷中。征地面积 333333m^2。根据危险废弃物的产生量和预测量，项目营运期内（2005～2023 年）需填埋的危险废弃物总量约 818431m^3。按适当留有余地原则，安全填埋场的建设规模 860000m^3 计。广州市废弃物安全处置中心建设规模见表 6-3-1。

广州市废弃物安全处置中心建设规模　　**表 6-3-1**

序号	处理设施	处理设施	需处理量（t）	建设分期	备　注
1	接收、配料车间	80000t/a	45426		
2	物化处理车间	5000t/a	952		渗滤液 14t/d
3	稳定化/固化车间	56000t/a	32057		
4	安全填埋	86 万 m^3	818431	首期 15 万 m^3 二期 31 万 m^3 三期 40 万 m^3	可用 5a 可用 7a 可用 8a

问题

1. 危险废物处置工程评价重点和需要关注的主要问题是什么？

2. 危险废物处置工程选址的环境可行性应从哪几个方面进行充分论证？

3. 危险废物填埋场废气污染物和填埋渗滤液主要污染物有哪些？

4. 危险废物填埋场建设的主要内容有哪些？

5. 若设置危险废物焚烧设施，则焚烧设施应满足哪些要求？

6. 简述施工期对生态环境的影响。

参考答案

1. 危险废物处置工程评价重点和需要关注的主要问题是什么？

危险废物处置工程环境影响评价的重点是危险废物处置工艺的可行性、项目选址合理性、填埋场运营期渗滤液和填埋气体的环境影响以及环境风险分析等。

在环境影响评价时要关注以下几点：

（1）必须详细调查、了解和描述危险废物的来源、产生量、类别和特性，这关系到危险废物处置中心的建设规模、处置工艺等。

（2）贯彻“全过程管理”的原则，从收集、临时储存、中转、运输、处置以及工程建设期和运营期的环境问题。

（3）对危险废物安全填埋处置工艺的各个环节进行充分分析，对填埋场的主要环境问题渗滤液的产生、收集和处理系统以及填埋气体的导排、处理和利用系统进行重点评价，对渗滤液泄漏和污染物的迁移转化进行预测评价。对于配有焚烧设施的处置中心，还要对焚烧工艺和主要设施进行充分的分析，审查焚烧系统的完整性，对烟气净化系统的配置和净化效果进行论述，将烟气排放对大气环境的影响作为评价重点。

（4）危险废物处置工程的选址是一个比较敏感的问题，要符合相关规划、符合选址条件，同时做好公众参与工作。

（5）必须有风险分析和应急措施，包括运输过程中产生的事故风险，填埋场渗滤液的泄漏事故及由于入场废物的不相容性产生的事故风险。

（关注问题主要为：废物来源、全过程管理、安全处置、选址合理性、公众参与、风险应急）

2．危险废物处置工程选址的环境可行性应从哪几个方面进行充分论证？

（1）工程场址的选择应符合国家及地方城市总体规划要求，场址应处于一个相对稳定的区域，不会因自然或人为的因素而受到破坏。

（2）工程场址应避开城市工农业发展规划区、农业保护区、自然保护区、风景名胜区、文物保护区、生活饮用水水源保护区、供水远景规划区、矿产资源储备区和其他需要特别保护的区域。

（3）工程场址要符合一定的水文和地质条件，应避开破坏性地震及活动构造区、海啸及涌浪影响区、湿地和低洼汇水处、石灰溶洞发育带、废弃矿区或塌陷区等可能危及填埋场安全的区域。

（4）填埋场要有一定的使用面积，可供长期使用。

（5）填埋场厂址应选在交通方便、运输距离较短，建造和运行费用低的地区。

3．危险废物填埋场废气污染物和填埋渗滤液主要污染物有哪些？

危险废物填埋场废气污染物主要有：PM_{10}、NO_2、NH_3 等；填埋渗滤液主要污染物有：COD、BOD、Hg、Cu、Zn、Cd、Cr6＋、As、挥发酚、氨氮等。

4．危险废物填埋场建设的主要内容有哪些？

危险废物填埋场建设内容一般包括：

（1）安全填埋场。包括截污坝、防渗系统、排洪系统、地下水导排系统、渗滤液收排系统、最终覆盖层系统和生态恢复工程等。

（2）接受、交换、调配中心。

（3）物化处理车间。

（4）稳定化/固化处理车间。

（5）污水处理系统。

（6）公用工程设施。

（7）办公生活设施。

5．若设置危险废物焚烧设施，则焚烧设施应满足哪些要求？

若设置危险废物焚烧设施，根据《危险废物焚烧污染控制标准》，焚烧设施应满足以下要求：

（1）焚烧炉温度、烟气停留时间、焚烧效率、焚毁去除率等应满足相应的技术性能指标要求。

（2）焚烧炉大气污染物排放应满足相应的排放限值。

（3）焚烧残余物要按危险废物进行安全处置。

6．简述施工期对生态环境的影响。

对生态的影响主要是施工清理现场、土石方开挖、填筑、机械碾压等施工活动，破坏了工程区域原有地貌和植被，造成一定植被的损失，扰动了表土结构，土壤抗蚀能力减低，损坏了原有的水土保持设施，导致地表裸露，在地表径流的作用下，会造成水土流失，破坏生态、恶化环境。施工期流失的土石随着地表径流将进入河流，携带土壤中营养元素进入水体，从而使河水浑浊度增加，污染物含量增加，河水水质变差。同时，携带的泥沙在流速降低后产生沉降，造成河道的淤积，影响河道的行洪，而且流失的土石有可能侵入农田，淤塞田间沟渠，对农田耕作带来不利。工程施工的土石方开挖将毁掉原来的生态系统，使区域绿地面积减少，生态功能减弱，同时施工期的尘土、噪声会对区域内动植物产生不良的影响，产生的粉尘将影响附近植物的光合作用，间接影响了以植物为食的动物的正常繁殖，影响区域生态系统功能的正常发挥。

案例四　某城市商务中心区建设项目

某城市商务中心区内，要建一高档商业中心，工程内容包括两座饭店、两座公寓、一座会议厅、二座展览厅、商场、中心办公楼、停车库等。总建筑面积 60 万 m^2，地下三四层停车库共有 1056 个机动车位，地面停车位 500 个。该商业中心主楼高 300m。项目周围聚集了众多的涉外饭店、写字楼、商场，形成了浓厚的商业氛围。公建配套由室内游泳池、锅炉房、中央空调系统、变电站、生活垃圾站等组成。

问题

1. 本项目的工程分析主要包括哪几部分内容？

2. 本项目的环境影响因素包括哪些？

3. 本项目环评的评价重点是什么？

4. 评价内容是否有必要做风险评价？为什么？如果有必要，如何去做？如果没必要，说明理由。

5. 高大建筑林立会产生“峡谷”效应，带来“高楼风”，则在“高楼风”的分析评价中要注意什么问题？

6. 对于住宅区内建餐饮娱乐业，应当注意哪些问题？

参考答案

1. 本项目的工程分析主要包括哪几部分内容？

主要包括如下几部分内容：

(1) 项目概况：项目名称、地点、性质、建设规模、占地面积、平面布置图、区域地理位置。

项目组成：包括主体工程、配套工程、公用工程和环保工程等。说明环保工程的主要工艺，明确项目功能、经济技术指标、设计入住人口、总投资等。

(2) 污染源及其污染物量分析。

营运期的污染源应包括：锅炉废气、生活污水、汽车尾气、交通噪声、生活垃圾。污染物产生和排放量的分析常根据燃料消耗量、入住人口数、停车场车辆、车流等进行核算。

建设期的污染源应包括：施工人员生活污水、施工扬尘、施工机械噪声、建筑垃圾及施工人员生活垃圾。污染物产生和排放量的分析常根据施工定员、施工方式、施工机械等进行核算。

(3) 清洁生产：从施工方案设计和原材料选择上考虑。

2. 本项目的环境影响因素包括哪些？

(1) 本项目对环境可能产生影响的因素：使用期的废气、废水、固体废物、噪声及施工期的噪声与扬尘等。

（2）本项目特有的环境问题：拟建工程高大建筑群的特殊环境影响问题，包括大型玻璃幕墙可能带来的光污染问题、日照遮挡影响、局地风环境和污染扩散条件的影响等。其他环境影响如交通影响、城市景观影响等。

3. 本项目环评的评价重点是什么？

高大建筑环境影响分析、光污染环境影响分析、光遮挡影响分析、绿色设计方案评述。

4. 评价内容是否有必要做风险评价？为什么？如果有必要，如何去做？如果没必要，说明理由。

由于高大建筑本身特点，再加上人流较为集中，故风险评价是必要的。

主要有以下几点：高大建筑物火灾所造成的影响评价；对封闭的剧场、影院和展览馆，由于突然停电而造成的通风不畅，会危及观众的生命安全，对此应作出评价；油库及煤气、天然气调节阀的安全性评价；对大量人群集中疏散，特别是遇到危险情况下的紧急疏散应作出评价。

5. 高大建筑林立会产生“峡谷”效应，带来“高楼风”，则在“高楼风”的分析评价中要注意什么问题？

（1）由于高楼风产生的背风涡和下洗现象，使得地下车库排气口排出的废气和污染物难以扩散，因此要对排气口的位置和布局进行调整。

（2）高楼风产生的风害对行人的危害。对高楼风的影响可采用风洞实验进行分析。可采用的防治措施有：改变建筑规划布局，改变高大建筑物设计，增加裙楼，种植高大乔木以及增建围墙拱廊等遮挡物，起到对高速气流的剥离作用。

6. 对于住宅区内建餐饮娱乐业，应当注意哪些问题？

（1）餐饮业的含油烟废气必须经油烟处理设施处理达标后，通过独立设施至房屋楼面的排气筒排放。为此建议建设单位在项目设计时优化设计，对拟设立餐饮业的场所设置独立的排气筒。

（2）餐饮营业场所必须建设废水隔油池，餐饮废水必须经隔油沉淀池处理后才能排入城市污水管网。

（3）设立娱乐业的场所，其相邻楼层不能作为居民住宅，营业场所必须采取隔声消声措施，场界噪声必须达到相应的场界噪声标准。

（4）餐饮和娱乐业项目必须编制环境影响报告书（表），并经环保主管部门审批后才能建设，并经项目竣工环保验收后才能进行营业。

案例五　污水处理厂项目

某市西部拟建一污水处理厂，一期规模为 30 万 t/d。污水处理厂退水为某市一条主要河流的河道。该地区夏季主导风向为西北风，冬季主导风向为东北风。

污水处理厂厂址有两个备选方案：A. 余粮堡村厂址；B. 小梁村厂址。

A 方案厂址位于某市于洪区余粮堡村农田和浑河南岸滩地，东南方向为余粮堡村和小梁村，与村庄最近距离为 800m。该厂址临近浑河一段 880m 大堤，将这段大堤移出场外需投资 300 万元。污水处理厂占地地面是余粮堡村村民蔬菜大棚、药材大棚、果木大棚等经济作物大棚，价值比普通种植及其他种植业要高得多。永久性征地费用高。

B 方案厂址拟选于某市交通干线旁的于洪区小梁村农田，主要作物是玉米及蔬菜地，没有大棚作物，农作物品种简单，永久性征地价格适宜。该厂址南界靠浑河大堤，小梁村位于其西南侧，东南侧 1200m 为余粮堡村。

问题

1. 该建设项目评价的重点是什么？

2. 污水处理厂选址应考虑哪些因素？对该项目的两个方案从经济、环境方面进行综合比较，哪个方案较好？说明理由。

3. 该项目风险事故分析包括哪几部分？

4. 城市污水处理厂项目需特别关注哪些问题？

5. 若该污水处理厂进水水质 COD 平均浓度为 400mg/L，处理后 COD 允许排放浓度达到 V 类水体环境质量标准要求，则该污水处理厂 COD 的去除率为多少？

参考答案

1. 该建设项目评价的重点是什么？

着重论述污水处理厂的规模、厂址选择及其污水收集系统；污水处理工艺的选择和论述；项目建成后对某大型河道水质的改善情况以及建设项目排放的尾水对河道水体水环境的影响程度，特别是尾水排放对下游饮用水源地影响；项目运行期恶臭对周围环境敏感点（居民区）和对周围大气环境质量的影响；施工期间固体废物（包括管道工程的施工、厂址平整）对周围环境的影响；公众参与。

2. 污水处理厂选址应考虑哪些因素？对该项目的两个方案从经济、环境方面进行综合比较，哪个方案最好？说明理由。

污水处理厂选址应考虑以下几方面的因素：① 在城市水系的下游，其位置应符合供水水源防护要求；② 在城市夏季主导风向的下风向；③ 与城市现有和规划居住区、学校、医院等环境敏感区保持一定的卫生防护距离；④ 靠近污水、污泥的收集和利用地段；⑤ 具备方便的交通、运输和水电条件；⑥ 征占土地的利用性质，是否有拆迁、动迁等移民安置问题。

对该项目两个方案从经济、环境方面进行综合比较，方案 B 为最好。该方案优点如下：

(1) 征地费用适宜，无大堤改造工程，占用经济作物用地相对较少，永久性征地价格便宜。

(2) 夏季主导风向下风向的村庄相对较远，距拟建厂址约 1200m；污水处理厂气味影响较小，对居民生活的质量改善有利。

(3) 小梁村在污水处理厂侧风向，受影响较小。

(4) 该厂址交通方便，距离交通干线较近，方便施工运输及污泥转运。

3. 该项目风险事故分析从哪几个方面考虑？风险事故发生的环节包括哪些？

污水处理厂风险事故需从污水处理厂在非正常运行状况下可能发生的原污水排放、污泥膨胀、氯气泄漏及恶臭物质排放几个方面考虑。

风险污染事故发生的主要环节有以下几个方面：

(1) 污水管网系统由于堵塞、破裂和接头处的破损，会造成大量污水外溢，污染地表水、地下水等。

(2) 污水泵站由于长时间停电或污水水泵损坏，排水不畅时易引起污水漫溢。

(3) 污水处理厂由于停电、设备损坏、污水处理设施运行不正常、停车检修等，会造成大量污水未经处理直接排入河流，造成事故污染。

(4) 活性污泥变质后，会发生污泥膨胀或污泥解体等异常情况，使污泥流失，处理效果降低。

(5) 地震等自然灾害致使污水管道、处理构筑物损坏，污水溢流于厂区及附近地区和水域，造成严重的局部污染。

(6) 污水处理厂氯气泄漏事故。

(7) 恶臭气体吸收装置运行不正常。

4. 城市污水处理厂项目需特别关注哪些问题?

城市污水处理厂项目需特别关注以下几个问题：

(1) 通过深入调研，结合城市总体规划，合理确定污水处理厂的规模，厂址及其污水收集系统；

(2) 要根据收集污水的水质情况、出水水质的要求、污水处理厂规模、项目投资和运行经济效益，合理选择污水处理工艺；

(3) 考虑污水处理厂产生的恶臭物质对附近敏感点的影响，确定卫生防护距离；

(4) 对污水处理厂出水排放口下游的水环境和区域生态环境的影响；

(5) 污泥的处理方式及其综合利用。

5. 若该污水处理厂进水水质 COD 平均浓度为 400mg/L，处理后 COD 允许排放浓度达到 V 类水体环境质量标准要求，则该污水处理厂 COD 的去除率为多少?

因为 V 类水体环境质量标准 COD 为 40mg/L，所以$\frac{400-40}{400}\times100\%=90\%$，该污水处理厂 CODcr 的去除率为 90%。

案例六　危险废物处置中心项目

某市拟建一个危险废物安全处置中心，其主要的建设内容包括：安全填埋场、物化处理车间、稳定/固化处理车间、功用工程及生活办公设施等。该地区主导风向为 SW，降雨充沛。

拟选场址一：位于花果山山谷，花果山目前现状基本为裸露基岩，坡度较大，高差在 10m 左右，需要从其他地方取土。需建进场公路 10km；拟选场址南侧为流沙河，距离 0.9km。预计使用年限 8 年。

拟选场址二：位于平原，土地平缓开阔，可利用土地面积较大，土层厚。地下水位在不透层 3m 以下，易于填埋场防渗，又便于开采。需建进场公路 2km；拟选场址西 0.48km 为国家重点企业原始天尊神牛养殖场，距离最近村庄傲来国 0.8km。渗滤液处理达标拟排入流沙河。使用年限 30 年。

拟选场址三：位于平原，土地平缓开阔，可利用土地面积较大，土层厚。拟选场址附近小型化工工业企业密集。距离国道取经路约 0.5km。距离最近村庄高老庄约 1.2km。预计使用年限 15 年。

问题

1. 通过三个场址比选，哪个更适合建设危险废物安全处置中心？说明理由。

2. 该项目评价重点是什么？

3. 该项目现状调查主要内容是什么？

4. 水环境影响的主要评价因子包括哪些？

5. 环境影响预测的主要内容及预测时段包括哪些？

6. 项目的潜在风险有哪些？

参考答案

1. 通过三个场址的比选，哪个更适合建设危险废物安全处置中心？说明理由。

三个场址对比分析见表 6-6-1。

场址对比分析表　　表 6-6-1

条件	场址一	场址二	场址三
地形条件	位于花果山山谷，现状为裸露基岩，坡度较大，高差在 10m 左右，需要从其他地方取土	位于平原，土地平缓开阔，可利用土地面积较大，土层厚	位于平原，土地平缓开阔，可利用土地面积较大，土层厚
地质水文条件	场地北部有沟谷，南部汇水沿南侧坡地汇入南部沟谷向南流出	地下水位在不透层 3m 以下	
交通状况	交通不便，需建进场公路 10km	交通方便，需建进场公路 2km	交通方便，距离国道取经路约 0.5km
周围敏感点情况	0.9km 处有河流	0.48km 处有养殖场，0.8km 处有村庄	1.2km 处有村庄
填埋场容量	使用年限 8 年	使用年限 30 年	使用年限 15 年

由上表可知，场址一：位于花果山山谷，花果山目前现状基本为裸露基岩，黏土不丰富；需要从其他地方取土。交通不便需建进场公路 10km；填埋场使用年限 8 年，不能满足填埋场使用年限 10 年以上要求。场址二：西 0.48km 为国家重点企业原始天尊神牛养殖场，距离最近村庄傲来国 0.8km。不能满足填埋场人畜居栖点 500m 以外，居住区 800m 以外的要求。因此场址一、二都不符合危险废物填埋场要求。场址三各项指标符合危险废物填埋场要求，场址三适合建设危险废物处置中心项目。

2. 该项目评价重点是什么？

该项目环境影响评价的重点是垃圾处理工艺的可行性、垃圾场选址的合理性以及垃圾填埋场运行期间垃圾渗滤液对地表水和地下水的影响。

3. 该项目现状调查主要内容是什么？

进行该项目环境影响评价中环境现状调查的主要内容如下：

（1）地理位置：建设项目所处的经纬度，行政区位置和交通位置，并附地理位置图。

（2）地质环境：根据现有资料详细叙述该地区的地质构造，断裂、坍塌、地表沉陷等不良地质构造。若没有现成的地质资料，应根据评价要求作一定的现场调查。

（3）地形地貌：建设项目所在地区海拔高度、地形特征、相对高差的起伏状况，周围的地貌类型。

（4）气象与气候。

（5）地表水环境：地表水水系分布、水文特征；地表水资源分布及利用情况，主要取水口分布；地表水水质现状及污染来源等。

（6）地下水环境。

（7）大气环境根据现有资料，简单说明项目周围大气环境中主要的污染物、污染来源、大气环境容量等。

（8）土壤与水土流失：土壤类型及其成土母质、土壤厚度等。

（9）生态调查：植被情况（如类型、主要组成、覆盖度和生长情况等），有无国家重点保护的或稀有的野生动物、植物。

（10）声环境：确定声环境现状调查的范围、监测布点与现有污染源调查工作。

（11）社会经济：包括社会经济、人口、工业与能源、农业与土地利用、交通运输等。

（12）人文遗迹、自然遗迹与珍贵景观：主要是与项目临近的森林公园情况，并调查选址区是否有其他需要重点保护的景观。

4. 水环境影响的主要评价因子包括哪些？

地表水环境影响主要评价因子包括：COD、BOD、SS、石油类、氨氮、总磷、挥发酚、总汞、总氰化物，还有其他重金属如 Cu、Cd、Zn、As 等；地下水：pH、总汞、总氰化物、Cr^{6+}、Cu、Cd、Zn、As。

5. 环境影响预测的主要内容及预测时段包括哪些？

项目环境影响预测的主要内容包括：

（1）水环境：包括地表水和地下水，主要预测填埋场垃圾渗滤液、预处理车间产生的废水以及生活区污水对水环境的影响。分析垃圾渗滤液的环境影响时，还应考虑非正常情况下如防渗层破裂对地下水污染的分析。

（2）大气环境：施工扬尘、填埋机械和运输车辆尾气对填埋场周围环境和沿线环境空气的影响。

（3）噪声：施工机械、作业机械和运输车辆噪声对周围环境的影响。

（4）水土流失：项目选址区位于低山丘陵区，建设期对植被破坏会造成一定程度的水土流失，一定要采取防护措施。

（5）生态环境和景观影响：建设填埋场会在一定程度上破坏植被，占用土地引起水土流失，弃土堆放等给选址区周围生态环境和景观带来一定的影响。

预测时段包括：建设期、运行期和服务期满后（封场后）三个时段。

6. 项目的潜在风险有哪些？

（1）洪水、未处理污水溢出的环境风险。

（2）填埋场渗滤液对地下水的污染风险。

（3）危险废物堆体沉降或滑动的风险。

（4）填埋废气的风险。

案例七　自来水供水系统项目

华东某城市接受世界银行贷款改造该市自来水供水系统，计划在城市西北部已有的毛家水库处设置一座规模 50 万 m^3/d 的取水塔，取毛家水库原水，经 DN2880 长约 2.3km 的隧洞送至设于城市西北的周公坪城市净水厂，水厂厂址面积为 500m×200m，厂址建基面高程为约 50m。总体规模 $50m^3/d$，一次建成。原水经常规处理、深度处理后经 2 根 DN2000～1800，全长约 36.9km（单根）的清水输送干管送至位于城市中心区外围的配水环网。

整个工程包括四大部分：（1）原水取水及输水工程：① 取水工程主要为设在毛家水库中的取水塔 1 座，设计规模 50 万 m^3/d。② 引水隧洞。设计规模 $50m^3/d$，采用引水隧洞，开挖洞径 3.6m，衬砌后内径为 2.8m，引水隧洞全长 8.96km。③ 调压井 1 座。（2）周公坪水厂：占地 10 万 m^2 的净水厂。（3）清水输水工程：敷设 2 条输水管线，设计规模 50 万 m^3/d，采用钢管，DN2000 总长度 23.2km，DN1800 总长度 13.7km。（4）配水主环网工程：设计总配水能力 111 万 m^3/d，采用钢管，DN2000 长度 38.95km，DN1800 长度 7.75km。

现要对该供水改造系统工程进行环境影响评价。

问题

1. 该项目各部分的环境影响和评价重点是什么？
2. 取水工程对水源地水环境的影响有哪些？如何进行水源地水环境现状评价？
3. 净水厂污泥的处理需要符合哪些要求？
4. 原水输水工程沿线应调查哪些方面的情况？
5. 进行该环境影响评价需要收集所在城市的哪些规划资料？
6. 水质净化厂采用液氯法消毒处理，其中液氯的环境风险有哪些？如何进行评价？

参考答案

1. 该项目各部分的环境影响和评价重点是什么？

本项目各部分的环境影响和评价重点见表 6-7-1：

本项目各部分的环境影响和评价重点 **表 6-7-1**

工程内容	主要影响	评价重点
原水取水及输水工程	取水对水库及下游河道生态系统的影响； 输水线路沿线占用土地、影响植被； 增加水土流失； 施工过程的大气扬尘、噪声和废水； 对土地利用的影响	水环境； 施工期大气噪声污染
净水厂	污水排放；施工废水；消毒用氯的环境风险	污泥处置；风险
清水输水工程	施工期大气扬尘和噪声影响； 施工废水； 对沿线土地利用的影响	扬尘和噪声
配水主环网工程	施工对城市道路的影响； 施工造成大气扬尘和噪声影响	施工影响

总体上看应分析供水系统对城市可持续发展能力和流域生态系统稳定性的影响，分析输水管线不同走向和替代方案的环境影响。

2. 取水工程对水源地水环境的影响有哪些？如何进行水源地水环境现状评价？

取水工程施工期间会影响水源地的环境质量，开挖、施工活动形成的扬尘和废水会影响水源地。但这只是暂时性的短期影响，更为深远的影响是取水后造成下游河道水量的减少，会影响到下游的生态功能，比如，生态需水受到影响，枯水期水位下降，影响地下水。影响到下游河道的水环境容量等。

水源地的现状评价首先应当收集水源地历年的水质监测资料，并收集下游河道流域范围内的污染源资料。根据水质常规监测对历年水源地水质变化情况进行评价，评价采用《地表水环境质量标准》（GB 3838—2002）中的Ⅱ类水质标准。必要时对水源地进行丰、平、枯水期的水质实地采样监测。

3. 净水厂污泥的处理需要符合哪些要求？

首先应该判断该污泥的性质和处理方案，根据国家规定的危险废物鉴别标准和鉴别方法确定其是否属于危险废物。若属于危险废物，则应参照《危险废物填埋污染控制标准》的规定进行安全填埋处理；若不属于危险废物，则应参照《农用污泥中污染物控制标准》（GB 4284—84）、《城镇污水处理厂污染物排放标准》（GB 18918—2002）和《城市污水处理厂污水污泥排放标准》（CJ 3025—93）的规定，根据工程实际和污泥的用途等选取合适的标准。

污泥处理中和处理后的水质及其他各项污染物指标均要符合以上标准的要求，污泥的含水量也要符合一定的要求。有地方标准情况下的执行地方标准。

4. 原水输水工程沿线应调查哪些方面的情况？

主要调查以下方面的情况：

（1）沿线地区的地质地貌、气候气象条件。

（2）河道的水量、污染状况及周边生态系统。

（3）线路沿线土地利用、植被覆盖情况。

（4）居民区的社会经济条件。

5. 进行该环境影响评价需要收集所在城市的哪些规划资料？

需收集城市的水资源与水电规划（节水规划、治污规划、水价调整规划等），土地利用规划，城市总体发展规划、环境保护规划、市政设施规划等。

6. 水质净化厂采用液氯法消毒处理，其中液氯的环境风险有哪些？如何进行评价？

液氯是有强烈刺激性气味的有毒物质，易挥发，属易燃易爆危险品。水厂的加氯车间和液氯的钢瓶储运过程，都存在液氯泄漏事故的风险，泄漏的液氯影响人体健康，严重的可能导致火灾和爆炸。

环境风险评价：依据技术导则规定对液氯进行风险值计算，风险可接受分析采用最大可信灾害事故风险值 R_{max} 与同行业可接受风险水平 R_L 比较：

$R_{max} \leqslant R_L$ 则认为本项目的建设风险水平是可以接受的。

$R_{max} > R_L$ 则认为本项目需要采取降低事故风险的措施，以达到可接受水平，否则项目的建设是不可接受的。

案例八　国际会议旅游度假中心项目

某地拟在一滨海风景区附近建一流的国际会议中心、滨海旅游度假中心。项目规划总面积 1293.13hm²，建设用地 558.28hm²，总建筑面积 36.478 万 m²（含保留需改造的住宅 4.98 万 m²），总投资 13.6 亿。

本项目以建设高档次的国际会议中心、度假酒店、商业娱乐、体育休闲运动、高级会员公寓等设施为主，同时进行沙滩区、生态防护绿地、潟湖水域及旧村等区域进行适度改造完善，沿潟湖岸边设置山湖步行景观道路，进一步增设园林绿化，适当布置些建筑小品，改造片区的主要交通道路及新建片区内部道路交通网络，并沿路同期配置给水、排水、电力、电信等市政管线，以及园林绿化、广场及停车场、环卫设施等配套设施。

项目选址区现状用地主要有菜地、村庄、鱼塘、沿海滨分布着 3km 长的海滩及沙滩防护林，选址区西南面和南面各有一片潟湖，中部存在一片珍贵的香蒲桃林，海滩东头有鲍鱼厂，选址区内还散布着果园及砂石场，西南侧有一处滑坡高危区。另外选址区内存在大量未开发区及空地。

问题

1. 分析本项目的主要环境影响？
2. 本项目评价重点是什么？
3. 分析项目的规划方案时应注意哪些问题？
4. 本项目生态环境影响评价范围？
5. 本项目的建设存在哪些潜在的环境风险问题？

参考答案

1. 分析本项目的主要环境影响？

本项目的主要环境影响有以下几个方面：

（1）水环境影响：项目建设施工废水，运行期生活污水（包括餐饮废水和环卫设施排水）、面源污染等；

（2）大气环境：施工期扬尘、运行期进出本区域的汽车流量的增加引起的汽车尾气的影响以及餐饮油烟；

（3）噪声：主要是施工期噪声，运营期无大的声污染源，主要进出本区域的汽车流量的增加引起的交通噪声的影响及游客在区内活动产生的商业噪声；

（4）水土流失：施工过程中植被破坏会产生一定程度的水土流失；

（5）固体废物：施工过程中产生的建筑垃圾、旧村改造中的旧建筑拆除等，运行期生活垃圾、办公垃圾以及餐饮垃圾等；

（6）生态环境影响：施工期植被破坏，施工活动改变现有地貌会对选址区原有的生态系统产生一定的影响；运行期废水及海滩人类活动、废水排放等会对鲍鱼厂和海域水生生态（如浮游植物、浮游动物、底栖生物和其他）产生一定影响。

另外，本项目的建设开发会改变选址区原有的景观，对选址区景观产生一定影响。

2. 本项目评价重点是什么？

本项目评价的重点是项目开发及运行过程中选址区生态环境的影响，从生态环境承载力和资源承载力分析该片区开发的可行性，并论证项目环境保护方案和生态保护与建设方案的可行性。

3. 分析项目的规划方案时应注意哪些问题？

对项目规划方案进行分析时应特别关注以下问题：

（1）总体布局的合理性分析

污水处理设施、垃圾收集站等容易对环境及游客产生影响的部分，在收集方便的基础上应安排在不影响景区景观及不会对游客产生影响的地方。

（2）各功能区的相容性分析

本项目在考虑开展国际会议的同时安排了体育活动、田园风光、临海观景等休闲活动，并配有商业服务。使得前来开会或者度假的人员能够尽情感受其中的美景及当地田园风光。

（3）建设项目的景观应当与附近风景名胜区的景观协调。

（4）规划与当地区域发展规划的协调性分析。

本项目建设用地布局、功能分区和建设内容的总体部署，综合交通体系和河湖、绿地系统，应同选址区所在地的总体规划一致。

4. 本项目生态环境影响评价范围？

生态环境影响评价的范围包括陆上和近海，陆上范围主要是项目选址区外延 300～500m，近海评价范围为项目选址区海湖岸带外延 3～5km。

5. 本项目的建设存在哪些潜在的环境风险问题？

本项目的建设存在如下方面的风险：① 污水事故排放；② 滑坡、泥石流；③ 海啸、风暴潮灾害风险。

案例九　垃圾焚烧发电项目

某地拟建一垃圾焚烧发电厂及炉渣填埋场，首期建设规模 600t/d，建设工期为两年，日耗水量约为 2000t/d（主要是循环冷却水）。该项目总投资 2～3 亿人民币，职工总人数约为 50 人，年发电量大约在 6000～8000 万度。厂区占地 8.5hm^2，已预留日后发展用地。按照规划，该厂最终垃圾日处理量为 1200t/d。残渣填埋区一期征地面积约为 43hm^2（含水库面积 9.2hm^2）。残渣填埋区规划控制面积（二期征地）35.63hm^2，填埋容量约为 190 万 m^2。

项目选址区位于山谷台地上，东面 3km 处有一水库，水库主要用于养殖鱼、鸭，东面 2.5km 处是林场，西北 1.5km 处有一村庄，南面 8km 处为一城镇。选址区周围为丘陵，地表坡度一般在 12～25°之间，坑谷最低标高 17m，山脊标高 70～125m。选址区雨水汇入水库下游的小河，小河水环境功能为景观用水。附近地区自然植被多为人工马尾松中幼林及杉木林和矮灌丛林，代表植物群落为马尾松—桃金娘、岗松—鹧鸪草群落。近年来，自然植被被大量砍伐，经济作物成为主导类型，主要有荔枝、柑橘等。选址区下游谷地主要为果园和苗圃。选址区气候属于南亚热带海洋性季风气候。全年温和暖湿，光热充足，年平均气温 21.4～22.3℃，一月份月均气温 12.9℃，七月份月均气温 28.7℃。年降雨量 1519.2～2206.5mm，多为台风降雨，集中在 5～8 月。多年平均相对湿度为 79%。受南亚热带季风影响，常年主导风以偏东风为主。

1. 该项目的主要环境问题是什么？

2. 运营期大气的环境影响预测应采用何种预测模式，主要内容包括什么？

3. 项目大气环境影响的主要评价因子包括哪些？

4. 该项目竣工大气环境保护验收监测如何布点？

5. 在确定该选址区为可选场之前还需做哪些工作？

参考答案

1. 该项目的主要环境问题是什么？

该项目的主要环境影响包括建设期、运行期和封场后三个阶段，各自的影响如下：

建设期主要的环境影响包括：土石方开挖对植被的破坏以及由此引起的水土流失。

运营期：垃圾焚烧产生废气、填埋场废气对大气环境的影响以及新鲜垃圾暂存池的渗滤液及炉渣填埋场渗滤液对水环境的影响。

2. 运营期大气的环境影响预测应采用何种预测模式，主要内容包括什么？

大气的环境影响预测采用的模式如下：

① 正常情况下：对于气态污染物比如 SO_2、NO_2、HCl 等采用点源高斯模式，对于颗粒物（TSP）采用倾斜烟羽模式；

② 非正常情况下：采用非正常排放模式。

大气预测内容如下：

① 时平均和日平均的最大地面浓度和位置；

② 不利气象条件下，评价区域内的浓度分布图及其出现的频率；

③ 评价区域季（期）、年长期平均浓度分布图；

④ 可能发生的非正常排放条件下相应于①～③各项的浓度分布图。

3. 项目大气环境影响的主要评价因子包括哪些？

大气环境影响的主要评价因子如下：

建设期：施工活动产生的 TSP；

运营期：垃圾燃烧产生的 SO_2、NO_2、HCl、HF、烟尘、二噁英，炉渣填埋产生的 TSP，垃圾堆放和炉渣填埋产生的恶臭气体、氨、H_2S 等。

4. 该项目竣工大气环境保护验收监测如何布点？

该项目竣工大气环境保护验收监测布点：

（1）焚烧炉废气

监测断面布设于废气处理设施各处理单元的进出口烟道、废气排放烟道。

（2）填埋场废气

监控点在单位周界外 10m 范围内最高点。参照点设在排放源上风向 2～50m 范围内。监控点最多可设 4 个，参照点只设 1 个。

5. 在确定该选址区为可选场之前还需做哪些工作？

在确定该选址区为可选场址之前还需做以下工作：

（1）确定其选址是否符合当地的建设总体规划；

（2）调查该区的地质条件，确定是否位于地下水补给区、洪泛区、淤泥区外、活动的塌陷地带、断裂带、地下蕴矿带、石灰坑及熔岩洞，以及天然滑坡或泥石流影响区。

案例十　危险废物填埋场项目

某南方城市拟建一个氯化法钛白粉厂，其工艺产生的氯化废渣被鉴定为危物，按照国家要求，需要建设危物安全填埋场，来处置该项目产生的需要填埋处理的约 20000t 危险废物。该填埋场的主要建设内容包括：运渣道路、渗沥液收集处理系统、拦污坝、库区防渗防洪系统、地下水监测井等。安全填埋场容积要求大于 50 万 m^3，服务期限 30 年。建设单位经踏勘、调查，提出 2 个拟选安全埋场场址备选（表 6-10-1）。

备选场址情况　　表 6-10-1

远址方案	选　址　一	选　址　二
周围情况	冲沟下方 400m 有一个村庄，上方有一小水库	冲沟下方 960m 有一个村庄
交通	距离公路 500m，交通便利	距离公路 1500m
距离	距厂址 1200m	距厂址 2000m
地形	I 形山谷	Y 形山谷
地质	无不良地质构造	无不良地质构造
容积	容积 60 万 m^3	容积 75 万 m^3
气候	主风向西南风	主风向西南风
敏感情况	北距某风景区 2.5km	东距某小学 1.7km

问题

1. 根据表 1 中给出的备选场址初步调查情况，应选用哪个场址？请说明理由，并进一步指出拟选用场址的制约因素和解决措施。

2. 为进一步论证选址的合理性，还必须调查补充哪些基本情况？

3. 简述除厂址比选论证外，该项目工程分析中应关注的其他重点问题。

4. 项目建设期、运行期可能造成哪些主要环境问题？

5. 安全填埋场服务期满并封场后，应采取哪些环境管理措施？

参考答案

1. 根据表 1 中给出的备选场址的初步调查情况，应选用哪个场址？请说明理由，并进一步指出拟选用场址的制约因素和解决措施。

应选用场址二，主要理由是：

① 渣场为 Y 形山谷，填埋容积比较大，便于填埋作业和库区管理；

② 渣库无不良地质因素，周围村庄距离比较远，溃坝风险对环境和人身安全影响小；

③ 主风向下风向无环境敏感目标。

拟选场址的主要制约因素是距离公路较远，交通不便利，冲沟下方有一个村庄，附近有一个小学。按照国家对危险废物安全填埋场的要求进行设计施工，计算其安全防护范围，如学校和村庄在此范围内应搬迁；若不需要搬迁，应在坝下设监测井，监测对下游地下水的影响情况，同时制定完善的风险应急措施和预案，建设完善的运渣道路并进行专业管理。

2. 为进一步论证选址的合理性，还必须调查补充哪些基本情况？

应调查场地占用土地情况、场地的生态和水土流失情况、有无珍稀动植物保护目标、场地周围供电和供水水源情况、周围区域环境质量现状和容量情况、场地地下水流向和水文地质情况、场地压占范围是否有文物和矿藏情况。

补充水土保持报告、土地现状利用图、生态植被分布图。

3. 简述除厂址比选论证外，该项目工程分析中应关注的其他重点问题。

应重点分析填埋渣属性和成分、渣库防渗和渗滤液收集处理、填埋渣对土壤生态及地下水的影响、拦渣坝风险事故及预防措施。

4. 项目建设期、运行期可能造成哪些主要环境问题?

项目建设期可能造成的主要环境问题有施工期运输扬尘、施工车辆尾气及噪声、占用土地及边坡工程对生态及水土流失影响、施工人员的废水和废弃物影响。

项目运行期可能造成的主要环境问题及废渣和渗滤液对地下水及土壤污染影响、废渣表面有风扬尘、废渣运输车辆的扬尘及噪声、取弃土对生态环境影响。

5、安全填埋场服务期满并封场后，应采取哪些环境管理措施?

① 企业编制封场计划报请当地环保行政主管部门核准。

② 封场后对渣场固废固结状况、抗压性进行检测。

③ 建立封场标识，封场后对地表护理，继续收集和处理渗滤液。

④ 对渣场下游地下水继续进行监测，一旦发现有污染地下水情况，采取必要的处理措施。

案例十一　某沿海城市经济开发区建设项目

某沿海城市拟在城市东北方向 15km 处开发建设 20km² 的经济技术开发区，开发区规划以轻工、新型材料加工、机械加工、生物工程和电子为主导产业，规划区布局是：北部为轻工、机械加工企业自建厂房地区；东部有产业服务区，含管理区、公共服务设施、商业金融、医疗卫生、居住用地等；南部规划为生物工程、电子及新材料加工区和物流园区。规划用地范围西部为海湾，有养殖场所分布；南部为开阔海域，现建有综合港区或规划建设万吨级码头 10 个；东部隔已建的市政大道为该区域新城区，人口密集；北部为已建的工业区。

在规划区内有旧村 5 个，区内有基本农田和旱地作物农田。当地的排洪方向由东向西进入海湾，穿越规划的排洪渠有两条。当地为水资源缺乏地区，水源为该市规划的第三水源铺设管网引入。开发区还要建一个污水集中处理厂，日处理规模为 3 万 t。本地区为亚热带气候区，气候湿润，主导风向为 NW。规划区场地地基为第四纪堆积物，主要是风化而成的残积、坡积土、风化岩等，基地为燕山期花岗岩规划区主要植物资源类型大致可分为用材、麻类、香料植物类、药用植物类、园林绿化类、乡土树种类、果蔬类及名木古树。

问题

1. 在开发区规划与城市发展规划协调分析中，应包括主要内容有哪些。

2. 从环保角度考虑，合理的污水处理厂的位置及排污口选择应在开发区哪个位置更合理，为什么?

3. 本开发区地下水现状评价方案，地下水环保措施如何。

4. 从水资源利用和纳污海域水质角度说明拟建开发区污水处理的要求。

5. 从总体上判断，该开发区规划的环境可行性论证应包括哪些方面。

6. 如果在本开发区内设置电镀基地，在环评中还应增加哪些内容。

参考答案

1. 在开发区规划与城市发展规划协调分析中，应包括主要内容有哪些。

拟建开发区的规划土地与城市发展规划协调性、开发区环境敏感区与城市环境敏感区的协调性、开发区排水与海洋功能区划的符合性、开发区环境保护与当地环境规划的符合性、开发区水资源利用及能源规划的合理性等。

2. 从环保角度考虑，合理的污水处理厂的位置及排污口选择应在开发区那个位置更合理，为什么?

开发区污水处理厂选址在位于开发区东南部较合理。因为，本开发区污水处理厂尾水必须排放至开发区南部的海域，西部海湾不具备排污条件，将污水处理厂设置在东南部有利尾水排海管网的铺设，且在开发区最多风向的下侧，避免污水处理厂恶臭气体对保护目标的污染影响。

3. 本开发区地下水现状评价方案，地下水环保措施如何。

地下水评价工作应考虑的内容有：

(1) 现状评价：安排在规划区内设置 3～5 个水质监测点，利用现有水井监测地下水水质现状。监测项目应安排 pH、总硬度、矿化度、硫酸盐、重金属、细菌总数和大肠杆菌等。

(2) 在地下水环保方面，结合规划区地层为第四纪堆积物，特别是风化而成的残积土、坡积土、风化岩具有渗透性强的特点，要求在规划区各企业的物料堆存场所、污水处理站、油库、化学品贮存库、危险品贮存库等应具有良好的隔渗防渗措施，并对那些在底下建设贮罐、油罐等安置计量设备，有效监督物料的进入和泄露。为了保护地下水系统有良好的补充，开发区道路两侧应尽量安排建设有足够绿地，避免大面积的地面硬化阻隔地下水的补充。

4. 从水资源利用和纳污海域水质保护角度说明拟建开发区污水处理的要求。

(1) 入区的机械、电子、生物等企业应考虑自建污水处理设施，满足污水处理厂接纳要求。

(2) 本地区水资源匮乏，污水处理厂应考虑设置深度处理设施，进行中水回用，减少开发区绿化、冲洗等新鲜用水量。

(3) 从海域水质保护角度考虑，污水处理厂尾水排放口位置应选择在水动力交换条件好，稀释扩散快的海域。且符合海洋功能区划中设有排污区的地方；不得在养殖所、海洋生态功能区及保护区范围及周边设置排污口。

5. 从总体上判断，该开发区规划的环境可行性论证应包括哪些方面。

本开发区环境可行性的论证应考虑土地功能的改变与基本农田的置换方式、规划区旧村人口的合理安置，集中污水处理厂的建设及尾水排放、污染物的总量控制、生态建设规划、与城市总体规划的协调性等方面进行综合论证后得出环境可行性的结论。

6. 如果在本开发区内设置电镀基地，在环评中还应增加哪些内容。

(1) 分析增加电镀基地与本开发区产业布局的相容性。

(2) 提出电镀基地选址要求，电镀废水单独处理及回用、污水处理的防渗漏等措施。分析处理后的电镀废水对开发区集中污水处理厂的冲击负荷及影响。分析电镀基地酸性气体的控制措施和影响。

(3) 开展电镀基地周边土壤重金属监测。

(4) 提出电镀基地污泥安全处置措施。

案例十二　商贸与住宅一体的大型建设项目

某城拟在近郊集中开发一处集商贸与住宅一体的大型建设工程，四星级宾馆一处，住宅楼11栋，大型商场一处。宾馆和商场均拟建造大面积玻璃幕墙，建中央空调系统，设有地上和地下停车场，地下停车场配备有小型洗车场。建垃圾转运站一处。工程需对一所既有城郊小学进行改建，并新建一社区卫生院。开发区有干线公路与主城相隔，供水、供电均可由城市既有供水网和电网提供，但城市热电厂管网近期不能延伸到此开发区，需建一锅炉房对开发区集中供热。占用农田80亩、果园18亩和菜地40亩，拆迁居民70户。

问题

1. 指出地上停车场营运期环境影响，需要调查哪些方面的资料。

2. 指出地下车库的环境影响问题。

3. 在开发项目建设投入营运后，除常规环境影响外，还需要考虑哪些方面的影响？

4. 对于拟建的集中供热锅炉，需考虑哪些问题？

参考答案

1. 指出地上停车场营运期环境影响，需要调查哪些方面的资料。

（1）汽车发动及行驶所排放的尾气影响社区环境空气质量；

（2）车辆发动与行驶产生发动机噪声、行驶噪声、鸣笛噪声影响；

（3）调查停车场面积、车位数量，停车高峰和低谷期，主要车辆类型或发动机类型，油耗，怠速状态下不同类型车辆（主要是发动机）尾气的最大排放量，常规天气条件，包括风向、风速、降水等。

2. 指出地下车库的环境影响问题。

（1）施工时大量开挖土石方，一方面需车辆大量运输，加剧车辆噪声与尾气的环境污染；二是对地下水会造成不利影响，特别是浅层地下水；三是如果处理不当，可能会诱发地表塌方。同时，还会造成噪声及空气的污染。

（2）营运期，车辆尾气污染问题。车库集中了较多的车辆，在发动时会排放较多的尾气，对地下车库监管人员不利。如果处理不当，会造成区域环境空气的污染。要弄清车库面积，车位数，车库换气系数、机动车消耗单位燃料大气污染物排放系数，高峰时车流量、平均车流量等。

（3）车辆发动及进出车库产生的振动与噪声影响问题。

（4）洗车废水污染与处理问题。年耗水量，最大日耗水量，最小耗水量，日平均耗水量。可通过类比调查获得相应的数据、资料。

3. 在开发项目建设投入营运后，除常规环境影响外，还需要考虑哪些方面的影响？

（1）光污染，玻璃幕墙反光，导致行人晕眩，影响驾车司机视线，导致交通事故，反光还容易加剧夏季的热污染。

（2）本项目拟建垃圾转运站一处，垃圾堆存存在恶臭影响以及蚊蝇卫生问题。需要充分考虑其选址及运行期的环境管理问题。

（3）局地气候及高楼风问题，小气候的形成，可造成局地通风不畅，而又可能造成局部污染增加或污染物的聚集与扩散问题。

（4）社会影响。学校、医院的通道、安全消防通道的保证。

（5）空调影响，噪声与排风问题。

4. 对于拟建的集中供热锅炉，需考虑哪些问题？

（1）锅炉情况，需确定锅炉的类型及燃料种类、装机容量；

（2）污染物排放要求，不能超过规定的排放浓度和排放速率；

（3）根据实际情况，在燃油和燃气能够保障的情况下，锅炉燃料尽可能选择燃油和燃气等清洁燃料；

（4）烟筒高度要求，应高出附近 200m 半径范围内最高建设物高度 3m 以上。

（5）根据当地环境保护部门的要求，设置监测孔或安装有线监测设备。

案例十三　区域开发建设项目

某项目地处丘陵地带，山坡普遍为缓坡，一般在 20℃以下，丘与丘之间距离宽阔，连接亦无陡坡。据调查，纳污水体全长约 65km，流域面积 526.2km^2，年平均流量 6.8m^3/s，河宽 20～30m，枯水期 1m^3/s，环境容量很小。项目所在地位于该水体的中下游，纳污段水体功能为农业及娱乐用水。拟建排污口下游 15km 处为国家级森林公园，约 26km 处该水体汇入另一较大河流，且下游 15km 范围内无饮用水源取水点。工程分析表明，该项目污染物排放情况为：废水 42048m^3/d，其中含 COD_{Cr} 为 2323.6kg/d，BOD_5 为 680.3kg/d，NH_3-N 为 63.62kg/d。

问题

1. 确定水环境影响和大气环境影响评价工作等级和评价因子。

2. 请制定一套合理的水环境质量现状调查监测方案。

3. 简要说明选用的水环境影响预测模式及其原因。

4. 写出沿河水流动方向的描述溶解氧变化的曲线名称，并解释水中溶解氧变化的过程及水质恶化的原因。

5. 如果该项目污水排放入湖泊，该湖泊平均水深为 8m，湖泊面积为 45km^2，则在该湖泊中的取样位置应如何设置？

参考答案

1. 确定水环境影响评价工作等级和评价因子。

污水排放量大（42048m^3/d＞20000m^3/d），污水复杂程度属简单（污染物类型＝1，均为非持久性污染物、水质参数数目＜7），地面水域规模属小河（流量 6.8＜15m^3/s），地表水水质要求为Ⅳ－Ⅴ类水体（娱乐用水及农业用水），故地表水评价为二级。评价因子为 COD_{Cr}、BOD_5 和 NH_3-N。

2. 请制定一套合理的水环境质量现状调查监测方案。

监测水期：枯水期一期。

监测项目：NH_3-N、COD_{cr}、BOD_5、SS、pH。

同步观察水文参数，监测断面：1 号排污口上游 500m，2 号森林公园处一个，3 号小河入口处，大河在入口处的上、下游各一个（4 号、5 号），共 5 个。监测 5 天，每天各断面采一次混合样。

3. 简要说明选用的水环境影响预测模式及其原因。

二级评价选择 COD_{cr}、BOD_5、SS 作为预测因子。SS 采用河流完全混合模式，COD_{cr}

采用河流一维稳态模式。BOD_5 应用 S－P 模式，因为属易降解污染物在小河流评价河段(其适用条件：评价河段受纳水体的水质、水量较稳定；工程外排废水的水质和水量较稳定；易降解污染物在小河流河段或大、中河段均匀混合断面以下河段的水质预测；仅限于 BOD_5 和 DO 的水质影响预测)。

4. 写出沿河水流动方向的描述溶解氧变化的曲线名称，并解释水中溶解氧变化的过程及水质恶化的原因。

沿河水流动方向的溶解氧分布为一悬索曲线，通常称为氧垂曲线。氧垂曲线的最低点称为临界氧亏点，临界氧亏点的亏氧量称为最大亏氧值。在临界氧亏点左侧，耗氧大于复氧，水中溶解氧逐渐减少；污染物浓度因生物净化作用而逐渐减少。到达临界氧亏点时，耗氧和复氧平衡；临界氧亏点右侧，耗氧量因污染物浓度减少而减少，复氧量相对增加，水中溶解氧增多，水质逐渐恢复。如排入的耗氧污染物过多将溶解氧耗尽，则有机物受到厌氧菌的还原作用生成甲烷气体，同时水中存在的硫酸根离子将由于硫酸还原菌的作用而成为硫化氢，引起河水发臭，水质严重恶化。

5. 如果该项目污水排放入湖泊，该湖泊平均水深为 8m，湖泊面积为 $45km^2$，则在该湖泊中的取样位置应如何设置？

因该湖泊平均水深为 8m，湖泊面积为 $45km^2$，因此该湖泊为中湖。

该项目污水排放量为 $42000m^3/d < 50000m^3/d$，且地面水评价等级为二级，所以对该湖泊应每 $1.5 \sim 3.5km^2$ 布设一个取样位置。

案例十四　城市垃圾填埋场项目

某城市拟建设生活垃圾填埋场，场址周围主要环境敏感点分布情况见表 6-14-1。根据城市规划，用地为城市建设用地。该区域地质构造稳定，无风景名胜区。已知 Q 河为地区水三类水体，且不在饮用水源保护区范围内，生活垃圾渗滤液经处理达到生活垃圾渗滤液排放限值一级标准后，排入 Q 河，主要污染物为 BOD_5、COD_{Cr}。

场址周围主要环境敏感点分布情况　　**表 6-14-1**

序号	敏感点	方位	距与垃圾场界距离 m	内容
1	居民小区	东北	1000	400 户
2	工厂	东	600	工人 1000 人
3	村庄	南	400	10 户
4	奶牛场	西南	300	500 头奶牛
5	主城区	东北	5000	30 万人口
6	农田	西	500	基本农田
7	Q 河	北	800	地表水Ⅲ类水体

问题

1. 分析选址的合理性，如需搬迁，说明理由。

2. 生活垃圾填埋场封场系统的内容是什么？

3. 地表水三级需预测 BOD_5、COD_{Cr}混合浓度，请列出预测模式。

4.《生活垃圾填埋场污染控制标准》(GB 16889—2008) 规定，不得在生活垃圾填埋场处置的废物包括哪些？

5. 生活垃圾填埋场地下水监测时采样点应如何设置？

参考答案

1. 分析选址的合理性，如需搬迁，说明理由。

根据城市规划，用地为城市建设用地。该区域地质构造稳定，无风景名胜区，不在饮用水源保护区范围内，垃圾填埋场选址位于城市主导风向下风向。但由于在500m范围内分布有人畜居栖点，不符合环保要求，需搬迁。搬迁的内容为奶牛场和村庄，搬迁后该选址可满足要求。

2. 生活垃圾填埋场的封场系统的内容是什么？

包括气体导排层、防渗层、雨水导排层、最终覆土层、植被层。

3. 地表水三级需预测 BOD_5、COD_{Cr}混合浓度，请列出预测模式。

充分混合段可以采用一维模式或零维模式预测断面平均水质

$$C=(C_pQ_P+C_HQ_H)/(Q_P+_HQ_H)$$

预测河流溶解氧与BOD的沿程变化时可用S－P模式

$$C=C_0\text{Exp}[-kx/86400u]$$

4.《生活垃圾填埋场污染控制标准》(GB 16889—2008）规定，不得在生活垃圾填埋场处置的废物包括哪些？

(1) 未经处理的餐饮废物；

(2) 未经处理的粪便；

(3) 禽畜养殖废物；

(4) 电子废物及其处理处置残余物；

(5) 除本填埋场产生的渗滤液之外的任何液态物和废水。

5. 生活垃圾填埋场地下水监测时采样点应如何设置？

《生活垃圾填埋场污染控制标准》(GB 16889—2008）规定，地下水水质监测井的布置：应根据场地水文地质条件，以及地下水水质变化为原则，布设地下水监测系统。

(1) 本底井，一眼，设在填埋场地下水水流向上游30～50m处；

(2) 排水井，一眼，设在填埋场地下水主管出口处；

(3) 污染扩散井，两眼，分别设在垂直填埋场地下水走向的两侧各30～50m处；

(4) 污染监视井，两眼，分别设在填埋场地下水流向下游30m、50m处。

案例十五　居住区建设项目

某仓储用地，曾经储存油品等物资（用储罐储存），拟改为居住区，建设住宅项目，在拟建项目西侧300m有一个家具厂，生产木地板、家具等，并有生产油漆和特种胶的装置，厂南侧有一个大型居住区已经入住，距离厂区200～400m。

问题

1. 拟建项目主要环境影响因素及评价重点是什么？

2. 该项目公众参与的调查对象及内容是什么？

3. 该项目环境现状调查的主要内容及方法是什么？

4. 该项目环境可行的条件是什么？

参考答案

1. 拟建项目主要环境影响因素及评价重点是什么？

拟建项目主要环境影响因素应从两方面考虑：一是拟建项目对外环境的影响；另一是拟建项目环境适宜性分析，该项目应重点对环境适宜性进行分析评价。

主要环境影响因素及评价重点包括：家具厂污染源对该项目的影响。家具厂内有油漆和特种胶的生产装置，属化工生产装置，要考虑该装置特征污染物及恶臭对大气环境的影响，考虑项目与该厂区应设置一定的卫生防护距离和安全防护距离。

拟建项目用地原为仓储用地，曾经储存油品等物资（用储罐储存），该项目涉及土地使用性质改变，可能存在土壤遗留问题，须进行场地环境评价，说明土壤及地下水是否受到污染，是否需要修复，如需修复，应有明确的修复方案。

该项目环评应把公众参与列为评价重点。

2. 该项目公众参与的调查对象及内容是什么？

该项目公众参与的调查对象主要是家具厂南侧的大型居住区，调查内容应包括公众对恶臭的反应，恶臭影响范围和频率。

3. 该项目环境现状调查的主要内容及方法是什么？

该项目环境现状调查除一般内容外，还应进行大气环境现状监测，检测项目应包括油漆和特种胶装置的特征污染物，并监测土壤、地下水中与储罐相关的污染物。

4. 该项目环境可行的条件是什么？

该项目环境可行的条件主要是考虑居住区环境适宜性问题，如果不适宜，能否采取措施。例如，土壤遗留问题可采取措施进行修复。如果家具厂对环境有影响，可通过调整规划方案等措施加以解决。

案例十六　房地产开发项目

某住宅小区建设工程的占地 15.8 万 m^2，建筑面积为 260637m^2。其中住宅建筑面积 239756m^2，配套设施建设 15000m^2。规划设计居住人口 2140 户，5992 人；机动车停车位 1046 个，其中地上 246 个，地下 800 个。配套公建主要包括设备用房、超市、一所三班的幼儿园、车库。

该项目为一个大型村庄的整体搬迁改造工程（以下简称“开发小区”）的三期工程。该村庄改造共计四期，改造工程采取边拆迁边改造的方法。项目用地南侧为拟拆迁的某村居民住宅，东侧为一煤炭加工储运厂，西侧隔一条宽 40m 的城市主干道为一所中学，北侧为一高级写字楼，周围 100m 范围内建筑物最高为 40m。项目所在地周围水、电设施齐全，属于开发区污水处理厂汇水范围，但项目周边尚无市政污水管网。开发区建有集中供热锅炉，但是项目周边市政供热管网尚未接入。拟建项目所在的开发小区以前建有供热容量为 50t/h 的燃煤锅炉，本供热锅炉原设计为项目邻近的小区提供热源，但是目前邻近小区供热方案发生了变化，未使用该锅炉。

问题

1. 该项目的工程分析主要包括哪几部分内容？

2. 项目环境现状调查包括哪些内容？重点调查什么？

3. 水环境影响预测应按照什么思路进行？

4. 大气环境影响预测按照采用开发区热力的方案考虑是否合适？在该项目环境影响评价中应如何考虑本开发小区供热锅炉的问题？

5. 该项目建设的外环境影响包括哪些主要内容？在施工期敏感点确定中如何考虑和解决南侧某村居民住宅的施工期环境影响问题？

参考答案

1. 该项目的工程分板主要包括哪几部分内容？

工程分析主要包括工程概况、工程污染源分析及环保措施方案三个方面的内容。

（1）其中工程概况主要包括：对主体工程、配套工程、公用工程的介绍。

主体工程内容主要包括：项目名称，建设性质（新建、改建材、扩建），项目建设地点（包括文字和地图两部分），占地面积及土地类型，项目组成和建设内容，主要经济技术指标，平面布局（附图说明），公用工程，工程投资及进度情况。

配套设施内容主要包括：建筑面积，建筑面积分配平衡，使用功能介绍，配套设备的型号、数量、位置及相关环保措施。

公用工程内容一般包括：项目的供水来源、供水方案、排水方案、供热方案、通风、制冷、供气、供电等工程。

（2）污染源分析主要分施工和运营期两个阶段。施工期污染源包括施工人员生活废水、固体废物（包括生活垃圾和建筑垃圾），重点分析施工扬尘和噪声。运营期污染源包括：大气污染源（重点分析供热方案）、水污染源、噪声污染源和固体废物污染源。

（3）环保措施方案分析：污水处理方案、噪声防治方案、供热方案的可行性分析（锅炉除尘、脱硫、除氮方案）。

2. 项目环境现状调查包括哪些主要内容？重点调查什么？

项目环境现状调查主要内容包括：自然环境、社会环境、项目所在地环境污染状况、环境质量。

重点调查施工期噪声、扬尘对项目周边的敏感保护目标如学校等，造成的影响；东侧煤炭加工储运厂的生产及其污染物产生规律、产生量，对该项目的影响；周边道路的基本情况，道路级别、宽度、车流量、道路噪声级；村庄的整体改造规划情况。

3. 水环境影响预测应按照什么思路进行？

该项目虽然位于开发区污水理厂范围内，但是开发区市政污水管线并未接入该开发小区周边，该项目水环境影响预测部分需按该工程自建污水处理设施考虑进行预测分析，并需根据工程用排水量，确定污水处理设施的规模、工艺。

4. 大气环境影响预测按照采用开发区热力的方案考虑是否合适？在该项目环境影响评价中应如何考虑本小区供热锅炉的问题？

不合适，项目周边尚未接入开发区热力管线，该工程没有使用开发区热力的条件。

该项目开发小区建有锅炉房，锅炉房建设时规划为邻近小区服务，但是邻近小区的供热方案发生了变化，不再使用该项目开发区的锅炉，该工程供热可才考虑用此锅炉。在使用该开发小区锅炉为项目供热时，需论证锅炉的容量、四期合计的使用量、该锅炉的污染排放的合法性，是否满足总量控制的要求，污染浓度是否达标，高度是否合理。

5. 该项目建设的外环境影响包括哪些主要内容？在施工期环境保护目标的确定中如何考虑和解决南侧某村居民住宅的施工期环境影响问题？

外环境影响包括东侧煤炭加工储运厂的噪声及扬尘影响、西侧道路交通噪声影响；同时包括该地区的有关规划，如村庄整合搬迁规划方案。尽管该项目现状距离南侧某村居民住宅较近，施工期会对其造成扬尘和噪声影响，但是该村庄拟拆迁，因此施工期环境保护目标是否包括南侧某村居民需要调查落实该工程与拆迁工程的时间先后。若拆迁工程在拟建项目施工前进行，则不需要将该村庄列为环境保护目标；若拆迁工程在后，南侧某村居民住宅则按环境保护目标考虑，预测施工期对其的影响，根据预测结果提出相应的噪声、扬尘保护措施。

案例十七　城市生活垃圾处置项目（2009年考题）

某市有一座处理能力600t/d的生活垃圾填埋场，位于距市区10km处的一条自然冲沟内，场址及防渗措施均符合相关要求。现有工程组成包括填埋场、填埋气体导排系统、渗滤液收集导排系统以及敞开式调节池等。渗滤液产生量约85m^3/d，直接由密闭罐送至距填埋场3km、处理能力为$4\times10^4 m^3$/d的城市二级污水处理厂处理后达标排放。填埋场产生的少量生活污水直接排入附近的一小河。随着城市的发展，该市拟新建一座垃圾焚烧发电厂，涉及处理能力为1000t/d，建设内容包括两座焚烧炉，2×22t/h余热锅炉和2×6MW发电机组。设垃圾卸料、输送、分选、储存、焚烧发电、飞灰固化和危险废物暂存等单元，配套建设垃圾渗滤液收集池、处理系统和事故收集池。垃圾焚烧产生的炉渣、焚烧飞灰固化均送现有的垃圾填埋场。垃圾焚烧发电厂距现有垃圾填埋场2.5km，不在城市规划区范围内。厂址及其附近无村庄和其他工矿企业。

问题

1. 简要说明现有垃圾填埋场存在的环境问题。
2. 列出垃圾焚烧发电厂主要恶臭因子。
3. 除了垃圾储存池和垃圾输送系统外，本工程产生恶臭的环节还有哪些？
4. 给出垃圾储存池和输送系统控制恶臭的措施。
5. 简要分析焚烧炉渣、焚烧飞灰固化体处置方式的可行性。

参考答案

1. 简要说明现有垃圾填埋场存在的环境问题。

（1）敞开式调节池容易使恶臭气体挥发，影响场外环境空气质量；

（2）填埋场产生的生活污水直接排入附近一小河，不符合环保要求（应经处理后回用或达标排放）。

（3）渗滤液未经处理，直接由密闭罐送入城市二级污水处理厂不符合规范要求（应在填埋场设置渗滤液处理系统，处理达标后回用、排放，或满足条件后再经污水处理厂处理）。

2. 列出垃圾焚烧发电厂主要恶臭因子。

硫化氢（H_2S）、甲硫醇（CH_3SH）、氨（NH_3）、三甲胺（CH_3）3N、甲硫醚（CH_3）3S、臭气浓度等。

3. 除了垃圾储存池和垃圾输送系统外，本工程产生恶臭的环节还有哪些？

垃圾卸料、分选、焚烧、渗滤液收集池及处理系统，甚至事故池等均可产生恶臭。

4. 给出垃圾储存池和输送系统控制恶臭的措施。

（1）尽可能缩短垃圾在储存池的时间，尽快进入焚烧或填埋系统；

（2）垃圾储存池采用封闭式，恶臭气体集中收集，采取活性炭吸附、液体吸收或焚烧等处理方式；

（3）输送系统采用封闭式输送；

（4）输送系统的恶臭集中收集吸附或返回焚烧炉处理；

（5）加强生产车间的通风。

5. 简要分析焚烧炉渣、焚烧飞灰固化体处置方式的可行性。

垃圾焚烧产生的炉渣、焚烧飞灰固化均送现有的垃圾填埋场的处理方式并不可行。

（1）焚烧炉渣需根据情况分类处理。生活垃圾焚烧炉渣可以直接进入垃圾填埋场；其他危险废物焚烧后的炉渣须经处理，并经检验满足含水率、二噁英及浸出液毒性指标要求后，方可进入生活垃圾填埋场。

（2）焚烧飞灰属危险废物，须经处理（包括固化），并经检验满足含水率、二噁英及浸出液毒性指标要求后，方可进入生活垃圾填埋场。

案例十八　城市危险废物处置中心项目（2010年考题）

某城市拟建一危险废物处置中心，拟接纳固体危险废物、工业废液、电镀污泥、医疗废物以及生活垃圾焚烧厂的炉渣和飞灰。填埋处置能力约 $4\times10^4 m^3/a$，服务年限20年。主要内容包括：

1. 危险废物收运系统、公用工程系统。

2. 危险废物预处理站。

3. 总容积 $46\times10^4 m^3$ 的填埋场，包括边坡工程、拦渣坝、防渗系统，防排洪系统、雨水集排水系统、场区道路、渗滤液收排系统。

4. 污水处理车间，包括渗滤液处理装置，一般生产废水和生活污水处理装置。

建设项目所在城区为微山丘陵区，地下水以第四系分水层为主，下伏花岗岩，包气带厚度为1.5～6.5m。区域为年降水量1200mm，降水主要集中在夏季，地表植物覆盖率较高。

经踏勘、调查，提出2个拟选场址备选，备选场址情况见表6-18-1。

备选场址基本情况表　　　　表6-18-1

项目	A场址	B场址
地形地貌	丘陵山谷	丘陵山谷
植被	山坡地分布人工马尾松林	山坡地分布灌木林
土地类型	林地	林地
工程地质	符合建场条件	符合建场条件
水文地质	不详	不详
地表水	地表水主要为大气降水，区域灌木面积 $2\times10^6 m^2$。暴雨径流经河谷流入沟口1.5km处的河流，最终汇入河流下游5km一座水库中	地表水主要为大气降水，区域汇水面积 $2\times10^6 m^2$。暴雨径流经河谷流入沟口1.5km处的河流

续表

项目	A场址	B场址
运输	场外运输公路路况较好，沿途有3个村庄，经过一座桥梁，需修建进场公路1200m	场外运输公路路况较好，沿途有2个村庄，需修建进场公路1100m
社会环境	厂区周围3.0km内有3个村庄，其中1个村庄在沟口附近与厂区边界距离大约1.2km，在4km内没有军事基地、飞机场	厂区周围3.0km内有2个村庄，其中1个村庄在沟口附近与厂区边界距离大约1.0km，在4km内没有军事基地、飞机场
自然景观	场区外方圆4.0km范围内"需特殊保护区域"	场区外方圆4.0km范围内"需特殊保护区域"
供电、供水	条件具备	条件具备

问题

1. 为判断A、B厂址优劣，简要说明表6-18-1哪些项目还要做进一步调查。

2. 简要说明项目运行期是否将对沟口附近村庄居民生活用水产生不利影响。

3. 说明本项目是否需要配套其他环保设施。

4. 进一步优化本项目拟接纳的危险废物种类。

参考答案

1. 为判断A、B厂址优劣，简要说明表6-18-1哪些项目还要做进一步调查。

(1) 水文地质。

(2) 地表水，特别是沟口1.5km处的河流，以及A场址所涉及的水库。

(3) 运输方面，A场址运输道路所经桥梁的河流，包括其功能与保护目标，运输道路沿线的环境保护目标。

(4) 社会环境，周边3km范围各村庄的基本情况，特别是饮用水井。

(5) 自然景观。

2. 简要说明项目运行期是否将对沟口附近村庄居民生活用水产生不利影响。

(1) 若村民生活用水为地下水，虽然设置了危险废物渗滤液收排系统和处理系统，但运行期仍不能完全或绝对避免渗滤液在非正常情况下的渗漏，包括防渗层受损、渗滤液收排系统故障、渗滤液处理系统故障等而使渗滤液污染村民生活用水；另外，本地区降水丰沛，雨水集排系统出现故障时，也可以携带危险废物或渗滤液而污染沟口村庄水井。

(2) 若村民生活用水取于沟口1.5km处的河流或水库，则地表河流或水库也存在受到来自填埋场非正常情况下雨水裹携了填埋场污染物的径流污染的可能性。

(3) 总之，沟口附近村庄居民生活用水将会受到不利影响。

3. 说明本项目是否需要配套其他环保设施。

(1) 焚烧设施；

(2) 集排气系统；

(3) 分区隔离设施；

(4) 绿化隔离带、防护栏；

(5) 遮雨设备；

(6) 环境监测系统，特别是地下水监测井；

(7) 人工防渗材料及天然防渗材料，如充足的黏土。

4. 进一步优化本项目拟接纳的危险废物种类。

(1) 生活垃圾焚烧厂的炉渣按一般固废处理，不必按危险废物填埋处置；飞灰则应按危险废物处理；

(2) 医疗废物禁止填埋；

(3) 危险固体废物应经浸出试验检测符合要求的可直接入场填埋；不符合的应经预处理后填埋；

(4) 工业废液分类后用容器盛放或固化后填埋；

(5) 电镀污泥需经预处理（包括提取有用金属，降低污染物浓度）后方能填埋。

案例十九　城区改造项目（2011年考题）

某市拟结合旧城改造建设占地面积1000m×300m经济适用房住宅小区项目，总建筑面积$6.34\times10^5m^2$（含50栋18层居民楼）。居民楼按后退用地红线15m布置。西、北面临街。居民楼通过两层裙楼连接，西、北面临街居民楼的一层、二层及裙楼拟作商业用房和物业管理处。部分裙楼出租作小型餐饮店。市政供水、天然气管道接入小区供居民使用，小区生活污水接入市政污水管网，小区设置生活垃圾收集箱和一座垃圾中转站。

项目用地范围内现有简易平房，小型机械加工厂，小型印刷厂等。有一纳污河由东北向南流经本地块，接纳生活污水和工业废水。小区地块东边界60m，南边界100m外是现有的绕城高速公路，绕城高速公路走向与小区东、南边界基本平行，小区的西边界和北边界外是规划的城市次干道。

小区南边界、东边界与绕城高速公路之间为平坦的空旷地带，小区最南侧的居民楼与绕城高速公路之间设置乔灌结合绿化带。对1～3层住户降噪1.0dB（A），查阅已批复的《绕城高速公路环境影响报告书》评价结论，2类区夜间受绕城高速公路的噪声超标影响范围为道路红线外230m。

问题

1. 该小区的小型餐饮店应采取哪些环保措施。

2. 分析小区最东侧、最南侧居民楼的噪声能否满足2类区标准。

3. 对该项目最东侧声环境可能超标的居民楼，提出适宜防治措施。

4. 拟结合城市景观规划对纳污河进行改造，列出对该河环境整治应采取的措施。

5. 对于小区垃圾中转站，应考虑哪些污染防治问题。

参考答案

1. 该小区的小型餐饮店应采取哪些环保措施。

(1) 对含油污水需采取隔油后进行生化处理；

(2) 油烟废气需进行净化处理，达标排放；

(3) 垃圾进行分类，能回收的进行回收或由物业管理部门回收处理，不能回收的及时送往垃圾转运站；

(4) 控制噪声污染，对于产生噪声的设施或设备采取选择低噪声设备、隔声等措施，并严格控制其为招揽顾客进行户外播放高噪声宣传等。

2. 分析小区最东侧、最南侧居民楼的噪声能否满足2类区标准。

(1) 不能满足。

（2）根据题意，“绕城高速”环评结论认为2类区夜间影响超标范围为道路红线外230m，而小区最东侧距离公路60m、最南侧距离公路100m，即使居民楼按后退红线15m布置，2类区夜间仍在绕城高速公路夜间超标影响范围内。

3. 对该项目最东侧声环境可能超标的居民楼，提出适宜防治措施。

（1）首选绕城高速在该段设置声屏障。

（2）根据超标情况可以考虑以下综合措施：

① 临路居民楼安置隔声窗；

② 对公路经过的该路段安装夜间禁鸣标志；

③ 进一步加强绿化，设置更宽的乔灌草隔声林带。

4. 拟结合城市景观规划对纳污河进行改造，列出对该河环境整治应采取的措施。

（1）拆迁并禁止在该区域建设污水排放到该河的小型机械加工、小型印刷厂等企业；

（2）建设污水处理厂，市政污水管网的水应排入污水处理厂而不应排入该河道中；

（3）对河道进行疏浚，清理底泥污染；

（4）划定滨河绿化带实施绿化措施；

（5）防止生活垃圾倾入河道。

5. 对于小区垃圾中转站，应考虑哪些污染防治问题。

（1）恶臭污染问题；

（2）蚊蝇及其他病源微生物污染防治；

（3）垃圾渗沥液污染防治；

（4）垃圾转运中的遗散与车辆噪声污染问题。

七、采 掘 类

案例一　中国石油大港油田公司王官屯油田产能建设滚动开发项目

中国石油大港油田公司王官屯油田产能建设滚动开发项目，大港油田1964年投入开发建设以来，已有16个油田、25个区块投入开发，配套建成了北大港、王官屯等油田。王官屯油田位于河北仓县境内东南部。自1975年起王官屯油田陆续投入开发，到目前为止，已建成采油井678口，注水井283口，日产油3613t。根据《大港油田开发计划和2015年远景规划》，王官屯油田将在现有生产规模的基础上，以滚动开发方式进行建设，包括官109－1、官197、王102×1等新区块的产能建设和老区块的进一步开发。

问题

1. 油气田勘探开发建设期和运营期主要有哪些工艺过程？油气田勘探开发的特点有哪些？

2. 各工艺过程中主要污染源和污染物及主要环境影响有哪些？

3. 在油气田勘探开发过程中，对生态环境影响比较大的有哪些工艺过程？应采取哪些减缓措施？

4. 油气田勘探开发过程中主要有哪些风险事故对环境影响较大？应采取哪些预防措施，对可能的风险事故应采取哪些应急措施和事故减缓措施？

5. 随着油气田勘探开发工艺技术的提高，在钻井、采油、井下作业、油气集输处理和储运过程中，可采取哪些清洁生产工艺和措施以减少污染物的产生和排放？

参考答案

1. 油气田勘探开发建设期和运营期主要有哪些工艺过程？油气田勘探开发的特点有哪些？

油气田勘探开发建设期和运营期主要有钻井、管线敷设、道路建设、采油、油品集输及处理、注水等工艺。油气田勘探开发具有区域广、污染源分散的特点。

2. 各工艺过程中主要污染源和污染物及主要环境影响有哪些？

建设期钻井时产生的发电机废气、扬尘、钻井废水、废弃泥浆、钻井岩屑和落地油等污染物，分别会对环境空气、地表水、地下水和土壤产生不利影响。其中，钻井废水、废弃泥浆和落地油，因产生量大且含有多种污染物，若处置不当，会产生较大的环境影响。

运营期在正常工况下，抽取地下水，采出含油污水，回注水，集油、掺水、注水管线，生活污水等将会污染地下水和地表水，破坏土壤理化性质，影响农业产量等。开采地下水可导致地表下沉、海水倒灌、影响地下水文情势。

油田开采期存在较大的环境风险，主要来自于钻井（井下作业）、原油集输管线以及站场等工艺环节，潜在危险因素主要有腐蚀、误操作、设备缺陷、设计问题。主要的事故类型为井喷事故和管线破裂导致的泄漏。事故条件下原油泄漏，其中的烃组分挥发进入大气造成大气环境污染，原油泄漏污染水体和土壤，危及人群健康和生命，若引发火灾事故，将对大气环境、周围人群、生态环境造成严重的危害。

3. 在油气田勘探开发过程中，对生态环境影响比较大的有哪些工艺过程？应采取哪些减缓措施？

油气田勘探开发过程包括开发建设期（钻井、完井及地面站场建设）和运营期两个阶段，建设期对生态环境的影响较大，而运营期影响较小。其对生态环境的影响主要表现为占用土地、改变土地利用性质、扰动土层、破坏植被。

（1）建设期生态环境保护措施

① 地面建设活动应尽可能避开农田、林地、地表水体等，尽量利用未使用的土地进行建设，增加地面建设与居民区的距离。

② 施工过程中应尽量保护好地表层土，施工还应尽量避开农作物生长季节，将工期安排在冬季进行。

③ 在钻井、井下作业、管线敷设、道路建设等过程中，运送设备、物料的车辆应严格在设计的道路上行驶，严格控制施工车辆、机械和施工人员活动范围，以减少对地表的碾压，同时不得随意砍伐、破坏树木和植被，减少对生态环境的影响。

④ 在管线等建设施工过程中对地貌进行恢复，挖掘管沟时将表层耕作土与底层土分开堆放，尽量恢复原来的土层，保护农业生态环境。回填后多余的土方应平铺在田间或作为田埂、渠埂、修路用土，不得随便丢弃。

⑤ 对于钻井污水，废弃泥浆进泥浆池，污油回收利用。

⑥ 做好泥浆池的防漏防渗处理，防止污染土壤和地下水环境。

⑦ 对受到施工车辆、机械破坏的地方要及时修整、恢复原貌，植被破坏应在施工结束后的当年或来年予以恢复。

⑧ 加强施工期的管理，妥善处理处置施工期间产生的各类污染物，防止其对生态环境造成污染影响。

⑨ 减少夜间施工，避免噪声对居民的干扰。

（2）运营期生态环境保护措施

① 在管线上方设置各种标志，防止附近的各类施工活动对管线的破坏。

② 如果进行管道维修二次开挖回填，应尽量按原有土壤层次进行回填，特别对农田更应注意这个问题，以使植被得到有效恢复或减轻以后对农作物生长的影响。

③ 对事故风险严加防范和控制，加强日常生产监督管理和安全运行检查工作，制定安全生产操作规程，加强职工安全意识教育和安全生产技术培训。一旦发现事故应及时采取相应的补救措施，尽量减少影响和损失。

④ 生产过程中产生的各类废物和落地油及时进行妥善的处置和处理，不得长期在环境中堆存，避免对景观环境、土壤和水体造成影响。

⑤ 对各种设备、管线、阀门定期进行检查，防止跑、冒、滴、漏，及时巡检管线，消除事故隐患。

4. 油气田勘探开发过程中主要有哪些风险事故对环境影响较大？应采取哪些预防措施，对可能的风险事故应采取哪些应急措施和事故减缓措施？

油气田勘探开发的建设和营运均存在一定的事故风险，因此应当做好风险防范的分析和相应的措施。

事故风险主要来自钻井，即井下作业过程中，另外还包括原油集输管线以及站场等工艺环节，引起事故的主要原因可能包括自然灾害，腐蚀环境，误操作，设备缺陷，设计、施工及人为破坏问题。主要的事故类型可以分为管线破裂导致的泄漏、井喷事故等，而导致事故发生的主要原因则是腐蚀。

对于管线泄漏，可能导致大量的原油外泄，对周边的环境、地下水等造成一定的污染，甚至可能产生重大的火灾；对于井喷事故的发生，应当立即疏散井口周边一定范围内的施工人员，避免造成不必要的伤害，同时井喷可能殃及周边的储油罐和建筑物等，如果发生火灾事故，产生大量的未充分燃烧的浓烟，会对大气环境造成严重污染。原油泄漏到土壤中，会对土地的性状造成破坏，对地下水环境质量造成破坏，还可能使得周边的植被受到影响等。

油气田勘探开发的环境影响很大程度上决定于环境管理的有效性。为了防范风险，应严格按规程操作，以减少事故发生的可能性，应急措施的重点是防止安全事故转化为环境事故。因此，在应急计划中应包含防范、处理环境污染的制度（如及时通知环保部门）和措施。

5. 随着油气田勘探开发工艺技术的提高，在钻井、采油、井下作业、油气集输处理和储运过程中，可采取哪些清洁生产工艺和措施以减少污染物的产生和排放？

（1）采用清洁的原辅材料（如新型甲酸盐泥浆）代替甲盐泥浆；

（2）采用先进的清洁生产工艺和技术（如定向井、丛式井）；

（3）对生产过程中的废弃物综合利用（如钻井岩屑、处理后的污水、污泥等）；

（4）采用能达到国家、地方污染物排放标准和总量控制指标的污染防治技术；

（5）提高相关的清洁生产技术指标的水平，包括：钻井及井下作用（钻井井场占地面积、钻井废水、钻井废弃泥浆、洗井废水产生量、钻井泥浆循环率、落地油产生量、落地油回收率）；油气处理过程（油气生产耗新水量、水的重复利用率、油气处理综合能耗等）。

案例二　扩建金矿采选项目

拟扩建金矿采选项目，现在矿石开采规模约 3600t/d，采矿大量抽排矿井涌水，目前没有明显影响该区域内 4 个村庄地下水的取用。评价区内有地表沉陷发生，采矿中的废石堆置于甲废石场，废石场堆存量已接近设计容积，生产中产生的氰化矿渣，装入草编织袋内，先堆置于铺设普通水泥地面的堆棚内，堆棚有渗滤液收集池，然后由有处理资质的公司运走处置。选矿废水回用不外排，尾矿浆含有 Pb、Cu、Ag、Cr 等离子，排入尾矿库，尾矿库的上清液回用。扩建主体工程为扩大井下采场，扩建后矿石开采能力将达到 7200t/d，在山岭型冲沟新建乙废石场，占地 2.3hm^2，该冲沟植被现状以草灌为主，采矿石为Ⅰ类一般工业废物排入乙废石场，生产中产生的氰化矿渣仍临时堆置于现有堆棚，再适时运往某化工厂由环保行政主管部门批准使用的填埋场填埋，扩建后工程尾矿仍排至现尾矿库，生产废水亦回用不外排。

问题

1. 本项目环境质量现状监测中除环境空气和地表水外，还应对哪些环境要素进行监测并简述理由。

2. 说明氰化矿渣处理方式是否符合现行危废贮存和填埋要求，简述理由。

3. 指出扩建工程对评价区域生态环境影响较大的生产活动，简述理由。

4. 针对甲、乙两个废石场，分别说明环评需要关注的主要问题。

5. 新建废石场应采取地防治水土流失的措施。

参考答案

1. 本项目环境质量现状监测中除环境空气和地表水外，还应对哪些环境要素进行监测并简述理由。

(1) 地下水，包括矿井涌水、尾矿库下游地下水、村庄地下水；堆棚渗滤液收集池及下游地下水。氰化厂、尾矿浆中含有重金属，存在对地下水污染的可能性。

(2) 噪声，选厂噪声、运输道路沿线噪声。破碎、选矿噪声源强大，会对周边居民区产生不利影响。

(3) 地表沉陷情况，包括沉陷范围、深度等。井下开采容易导致地表沉陷，引发生态问题和社会问题，有必要进行监测。

(4) 生态。废石场占地区土地利用及植被情况。此类工程对生态影响比较明显，工程占地及植被破坏有一定的持续性，有必要进行监测。

2. 说明氰化矿渣处理方式是否符合现行危废贮存和填埋要求，简述理由。

(1) 氰化渣属于危险废物，本工程的贮存与填埋要求不符合《危险废物贮存污染控制标准》的要求。

(2) 草袋没有防渗功能，不能装在草袋内，也不能堆放在不符合安全要求、不能防风、防盗、防晒、防雨能力差“堆棚”内，普通水泥做的地面，容易产生裂缝，防渗功能差。即本工程目前所采取的措施不能保证氰化废渣临时贮存的安全。适时运往由环保部门批准的另一化工厂填埋也不符合要求，要弄清该化工厂所设填埋场的类型，不能将与氰化废渣与其不相容的固废填埋在一起。

3. 指出扩建工程对评价区域生态环境影响较大的生产活动，简述理由。

(1) 地下开采导致的地表沉陷将进一步加剧。

(2) 乙废石场占地对植被的破坏及其可能存在的水土流失与地质灾害问题。

(3) 尾矿库因扩建而增大了库区占地对生态的破坏。

(4) 尾矿库溃坝风险对生态的不利影响。

(5) 扩建时地面相关工程建设对植被的破坏。

4. 针对甲、乙两个废石场，分别说明环评需要关注的主要环保问题。

(1) 甲废石场关注服役期满后的生态恢复，对地下水的污染，会不会在洪水情况下发生崩塌等问题。

(2) 乙废石场需关注在废石堆放过程中对植被的破坏、水土流失影响、扬尘影响、能否保障泄洪的畅通，是否会发生滑坡、泥石流等地质灾害、对周边景观造成的影响。

5. 新建废石场应采取地防治水土流失的措施。

(1) 拦渣工程：设置拦渣堤、挡渣墙、拦渣坝等。

(2) 护坡工程：削坡开级、砌石护坡、喷浆护坡、铅丝笼防护等。

(3) 土地整治：场地平整、覆土恢复植被等。

(4) 防洪排水，设置防洪坝、排洪沟、排洪涵洞等。

（5）绿化措施：在废石堆放过程中对稳定边坡覆土绿化。

案例三　某煤矿建设项目

某煤矿规模为90万t/a，服务年限为156.8年，开采范围为27.5km^2，最终土地塌陷范围小于27.5km^2。矿区土地为干旱黄土丘陵地貌，地下水位较深，塌陷后95%地表不会出现积水；绝大多数塌陷地的生物量没有明显降低，旱地农作物的单产减少量也在10%～30%之间，本工程影响范围内无自然历史遗产、自然保护区、风景名胜区和水源保护区，不属于敏感地区，环境影响评价等级确定为二级。本地区的主要植物类型为自然植被和农田作物，自然植被主要生长在陡坡、路旁、地边及非耕地上，农田植被占评价面积50%，自然植被占12.4%，其他为人工培植的果树。

问题

1. 本项目的生态环境评价对象包括哪些？

2. 生态环境评价方法有哪些？

3. 生态环境现状调查的主要内容包括什么？

4. 地表塌陷对环境的影响预测包括哪些内容？地表塌陷可能带来什么后果？

5. 营运期对水环境有哪些影响？

6. 地表待塌陷处水土保持可采取哪些措施？

7. 恢复施工时被破坏的水利工程时，需要哪些步骤？

参考答案

1. 本项目的生态环境评价对象包括哪些？

煤矿开采项目的工厂建设，根据其特点应当以土地地表塌陷为中心，评价其水土流失、水资源损耗、生态植被等。

2. 生态环境评价方法有哪些？

本项目可以采用的评价方法包括：采用实地调查、类比分析、图形测量、专家咨询、模式预测等相结合的方法。

3. 生态环境现状调查的主要内容包括什么？

本项目主要考虑的环境影响为对生态环境的影响，其现状调查主要包括的内容如下：

（1）植被类型的调查与分析

主要调查：农作物的种类、产量，土地类型，成熟周期等；自然植被的种类、分布、数量、植被覆盖率等；人工栽培的果树的种类、数量、产量等。

（2）水土流失现状调查与分析

对土壤的成分、土质、土地的类型、地势地貌等地理因素进行调查；同时调查当地的气候条件，如降雨量等；调查当地植被的覆盖率。

（3）土地利用现状调查与分析

对于矿井的面积、土地利用情况、包括周边耕地、园地、林地、牧草地、居民点及独立工况用地、交通用地、水域、未利用土地等情况的调查。

4. 地表塌陷对环境的影响预测包括哪些内容？地表塌陷可能带来什么后果？

地表塌陷的影响预测包括以下内容：

（1）对地面建筑物的影响

影响的建筑物主要是矿井工业场地内各种建筑物及村庄民房，必须采取保护措施。

(2) 对土地、农田及植被的影响

对土地、农田造成破坏原因是地表移动变形产生的裂缝，塌方或小滑坡。地表裂缝主要使土地、农田被分割而破碎，影响耕种，裂缝可造成少量农田毁坏。塌方或小滑坡，主要发生在地形较陡峭、黄土层较厚的地方，造成地表土层滑移、松动，岩石裸露，庄稼、树木、植被不能正常生长。

这几种情况均加剧了水土流失的强度，加速水、土、肥的流失，使土地、农田变得贫瘠。

地表塌陷带来的后果如下：

(1) 水土流失及地质灾害

地面出现不同程度的变形下沉和坡度增加，在变形下沉的边缘必然开裂产生裂缝。塌陷地边缘坡度变陡、裂缝较多，开始逐渐向下沉形成的盆地中央倾斜，这样就导致了水土流失，增加了滑坡、泥石流等地质灾害的概率。

(2) 土壤沙化

地表塌陷后，在局部的坡度变陡和裂缝密集地块，由于水土流失，表层土壤中的黏粒下移，使表层土壤沙化。

(3) 土壤土质变化

地表塌陷后，在局部的坡度变陡和裂缝密集地块，由于地表径流加剧，土壤有机质、全氮、速效磷养分含量会减少，使得土壤土质成分发生变化，从而影响到作物的产量。

(4) 生态植物减少

地表塌陷后，引起土壤沙化或者土质变化，直接导致生态植物的生存条件变化，很有可能影响植被群落的生长，使其数量减少。

5. 营运期对水环境有哪些影响?

营运期对水环境的影响主要有以下几个方面：

(1) 矿坑排水量是影响水环境的最主要的因素。煤矿开采不同时期，矿井排水量变化很大。煤矿开采初期，各含水层处于自然饱和状态，含水性就强，随着巷道的进展，开采面积的增大，就会逐步发生顶板冒落，裂隙导水带，煤系顶部含水层中地下水就会直接渗入矿坑。矿井开采进入中期以后矿井排水量就不再增加，处于补、径、排平衡状态。矿井开采进入后期，部分被疏干；到达矿井末期，各含水层水位就会逐步得到恢复。因此，在初期矿井面积与排水有相互增长的规律，到达开采中期后，则排水与开采面积成相反方向发展，因为矿井排水量主要受水文地质条件决定。因此，矿坑排水在不同时期都可能对地下水的水质和水量有一定的影响。

(2) 随着地下水量减少，地表水渗入地下或矿坑，因而使地表水的水量也有所减少。

(3) 煤矿开采直接受影响的地下水是煤系裂隙水。开采排水局部破坏了煤系含水层补、径、排关系，在开采沉陷、冒落、裂隙导水带范围内，含水层要受到破坏，地下水直接涌入矿坑，改变了自然条件下补、径、排关系，使得采区水位下降，井泉流量减少。

(4) 煤矿开采对深层岩溶水也有一定的影响。

总体来说煤矿的建设改变了地址、地貌，对地表水和地下水都会带来不同程度的影响。

6. 地表待塌陷处水土保持可采取哪些措施？

（1）对道路进行布设和对地块划分。

（2）塌陷裂缝是水土流失的通道，是毁坏水平梯田的隐患，应当设法根除。

（3）对待塌陷地区进行推平施工。

（4）为保证填方有一定蓄水保肥性，梯田修成外高里低的田面。

（5）将整个地面深翻，达到耕种和蓄水的要求。

（6）对土地深翻的同时，进行深耕深施，培肥土壤。

7. 恢复施工时被破坏的水利工程时，需要哪些步骤？

（1）收集原工程资料、水文、地质、涉及工程的自然条件与社会经济情况等。

（2）在分析所收集资料的前提下，提出各种恢复方案。

（3）对各种方案进行全方位的比较，依据比较结果选出最终实施方案。

（4）依据选定方案进行设计，设计成果应当包括：设计图纸、施工方案、施工预算。

案例四　原油储运配套项目

某部门的乙烯炼化一体化原油储运配套工程，原油管线全长 230km，设计输油量 2000 万 t/a，储油罐 140 万 m^3。工程分 4 个站场工程和 6 条线路工程，在首站建 6 座 10 万 m^3 外浮顶油罐，在一个分输站建 8 座 10 万 m^3 外浮顶油罐，无组织排放废气主要是原油储罐呼吸排放的含烃气体，每个原油储罐大呼吸挥发的非甲烷总烃排放量为 140t/a。工业固体废物主要是油罐定期清洗过程中产生的罐底污泥，油罐平均 6 年清洗一次，每个原油储罐检修清洗过程中产生的罐底污泥为 12t。总投资 21.2 亿元，其中环保投资 1.7 亿元。该项目沿线穿跨大、中型河流 12 次，小型河流、沟渠共 45 次，穿跨河流总长 12.35km，其中定向穿越河流长度 10.30km。沿线穿经铁路 10 次，总长 1.34km，穿经一般公路 73 次，总长 3.20km。沿线有 3 处自然保护区。

问题

1. 该项目的生态环境影响分析与评价应包括哪些内容？

2. 根据输油管线项目建设的特点，应采取哪些方面的生态环境保护措施？

3. 该项目的环境风险主要表现在哪些方面？

4. 根据素材提供的数据，计算首站和分输站油罐无组织排放的非甲烷总烃的量。

5. 计算清洗首站和分输站油罐产生污泥的量平均值，以 t/a 为单位。并判断这些工业固体废物属于哪一类？应如何处置？

6. 从正面和负面两个方面对该项目进行定性的经济损益分析。

参考答案

1. 该项目的生态环境影响分析与评价应包括哪些内容？

施工期生态环境影响分析与评价的内容有：工程占地情况、土地利用影响分析、农业生态影响分析、林业、水产养殖影响分析、水土流失影响分析、景观生态环境影响分析、沿线动植物影响分析、对自然保护区影响分析、社会环境影响分析。

2. 根据输油管线项目建设的特点，应采取哪些方面的生态环境保护措施？

生态环境保护措施有：土地利用现有格局的保护和恢复措施、生物多样性的保护措施、植被保护及恢复措施、农业生态的保护措施、水土保持措施、生态景观环境影响减缓措施、道路交通影响防治措施。

3. 该项目的环境风险主要表现在哪些方面？

该项目的环境风险主要表现在以下两个方面：原油管泄漏事故和储罐区的风险。

4. 根据素材提供的数据，计算首站和分输站油罐无组织排放的非甲烷总烃的量。

每个原油储罐大呼吸挥发的非甲烷总烃排放量为140t/a，则首站6座10万t m^3外浮顶油罐非甲烷总烃排放量为840t/a，一个分输站8座10万t m^3外浮顶油罐非甲烷总烃排放量为1120t/a。

5. 计算清洗首站和分输站油罐产生污泥的量平均值，以t/a为单位。并判断这些工业固体废物属于哪一类？应如何处置？

首站建6座10万t m^3外浮顶油罐，油罐平均6年清洗一次，每个原油储罐检修清洗过程中产生的罐底污泥为12t，则首站油罐产生污泥的量的平均值为6×12/6=12t/a。

同样，一个分输站8座10万t m^3外浮顶油罐，油罐平均6年清洗一次，每个原油储罐检修清洗过程中产生的罐底污泥为12t，则首站油罐产生污泥的量的平均值为8×12/6=16t/a。

总体油罐清洗产生的污泥量为28t/a，这些污泥属于危险废物，应交给具有危险废物处理资质的单位进行处理，并应附有双方签订的处理协议。

6. 从正面和负面两个方面对该项目进行定性的经济损益分析。

(1) 正面影响

减少油品装卸过程中的损耗和烃类气体的挥发量，减少大气环境影响；节省因交通运输的污染及风险带来的投资；事故风险较低；降低因环境空气污染引起的疾病，减少人员及群众治疗疾病的费用。

(2) 负面影响

施工期对陆地生态的影响（土地利用状况变化、农业生态一次性损失和恢复性损失、林业损失、种植业损失、养殖业损失）；运营期陆地生态资源损失；加热炉和锅炉烟气对大气环境的影响；溢流对生态资源的影响。

案例五　某采石场工程建设项目

某采石场初期规模在$60\times10m^3/a$，采石区总面积为$40\times10m^2$；投资共2000万元，工程建设的主要内容包括：

(1) 采石场建设，即采石场在运营前需进行清理和剥离，即开辟出工作面，以保证钻孔爆破的进行；

(2) 石料加工厂建设，包括场地的平整、设备安装、办公及生活设施建设、供水、供电系统的安装等；

(3) 道路建设，包括采场与加工厂间的道路及加工厂至产品堆放处之间的道路。

生产工艺为把山体的岩石采下来加工成一定粒度的碎石产品，所涉及的生产设备主要有钻孔机、凿岩机、破碎机等，主要的工序包括：穿孔过程、爆破过程、集堆过程、铲装过程、运输过程、石料破碎过程、筛分过程和传送过程等。

问题

1. 营运期的主要污染工序有哪些？

2. 对于废气有哪些防治方法？

3. 简述营运期废水含有的主要污染物以及防治方法。

4. 固体废弃物防治有哪些措施？

5. 水土流失防治措施有哪些？

参考答案

1. 营运期的主要污染工序有哪些？

从整个工艺过程来看主要污染工序如下。

（1）粉尘

整个采石工艺基本上都伴有粉尘，比如穿孔过程、爆破过程、集堆过程、铲装过程、运输过程、石料破碎过程、筛分过程和传送过程等。

（2）噪声

噪声几乎也是整个工艺都存在，包括穿孔过程、爆破过程、集堆、铲装、运输过程、破碎过程、筛分过程等。

（3）固体废弃物

固体废弃物主要是渣石等，在剥离过程和破碎过程等均能产生。

（4）废水

废水主要是爆破等工序的时候为了抑制粉尘而喷洒的水。

2. 对于废气有哪些防治方法？

爆破过程中产生大量废气含有 NO_x 等，操作人员可通过防毒面具吸收或暂时撤离爆破现场的办法解决，另外选择大气扩散条件较好的时间进行爆破，爆破前可先在爆破现场洒水以减少粉尘污染，有助于废气尽快扩散。往来于采石场及碎石加工厂的运输车辆可以产生道路扬尘，也可采用洒水的方法减少粉尘污染。

3. 简述营运期废水含有的主要污染物以及防治方法。

废水主要可以分为生产废水和生活污水。

（1）生产废水

采石场及加工厂的生产废水主要用于钻机冷却和降尘，废水中污染物主要有 SS、pH 值、COD_{cr}、BOD_5。采石场由于开采位置不固定，使生产废水难以回收，而且渗漏、蒸发严重，这部分废水可通过水渠汇聚到沉降池，澄清后重复使用；碎石加工的废水及洗车用水也可以用沉降池收集，循环使用。

（2）生活污水

生活污水主要是工作人员日常生活产生的污水，水中污染物主要有 BOD_5、COD_{cr}、SS、pH 值，可以经化粪池处理或者简单的污水处理后，排入市政管网或者就近排入水体。

4. 固体废弃物防治有哪些措施？

采剥过程及破碎过程产生了大量废土岩，这些土岩往往不能及时运出，需要暂时存放在工地。大量废土岩的堆放会带来一系列问题，如不采取措施会对环境产生不利影响，现就其所产生的不利影响及防治措施分述如下。

（1）废土岩在堆放过程中，由于表面无植被覆盖，极易被风吹起造成扬尘，特别是在旱季，气候干燥，扬尘的机会就更多。为防止这一不利影响，可采用覆盖、遮挡或洒水的方法处理。

(2) 废土岩的堆放还可造成雨水冲刷，污染水环境。为防止这一不利影响的产生，可在废土岩周围建矮围墙，挡住流失路径；或用覆盖物将土岩覆盖。

(3) 如果将废土岩堆放在采场，受雨水侵蚀和爆破震动的影响，易产生塌方，崩塌的土石对山下的人员、畜禽及水库水质均可造成不利影响甚至危害，因此在土岩堆放时，注意堆放的坡度不要过大。

5. 水土流失防治措施有哪些？

在采石的过程中，山体的植被及表土被剥离后，极易造成水土流失，可以采取以下措施：剥离和采石紧密衔接，如果不进行采石的时候就不要进行剥离，以免表层土壤长时间暴露，增加水土流失的可能。

案例六　金属矿山开发建设项目

在矿产资源丰富的地区有一座金属矿山，占地 256hm²。拟在此地建设一生产规模为 200 万 t/a 的矿物的采选工程。拟采用地下开采方式，开采深度为－210～70m，采用斜坡道＋竖井的开拓方式。废石竖井提升汽车运至废石场，废石量 540 万 m³，废石场占地 50hm²。废石从斜坡道传送至选矿厂矿石仓，矿石经过粗碎、中碎、细碎、磨矿、浮选等工序，产品为该金属精矿，产量为 60 万 t/a。产出尾矿 11 万 t/a，有 5km 管路输送至尾矿库，输送浓度 30%，该尾矿库为山谷型，库容 600 万 m³，该尾矿库初期坝为堆石坝，坝高 10m，后期坝用尾矿砂堆筑而成，后期坝高 20m。尾矿库坝下游 800m 处有一座以养殖鱼类为主的湖泊。矿区坐落在比较茂密的次生林边缘地带，矿区开采区地表有一条国道和与道路平行的一条光缆穿过。

问题

1. 分析该项目的主要生态环境问题。
2. 金属矿山地下开采的主要环境影响有哪些？
3. 尾矿库的主要环境影响有哪些方面？指出尾矿库运行的阶段和相应的治理措施。
4. 分析该项目的主要环境风险因素及其减少环境风险的主要措施。
5. 该项目生态环境恢复的范围和主要治理措施有哪些？
6. 从保护生态环境角度对本矿山开发项目提出建议。

参考答案

1. 分析该项目的主要生态环境问题。

主要生态环境问题包括：地下开采区造成地表塌陷，破坏土地功能和地表植被，切断地下水分布，改变地形地貌，从而导致生态系统改变；尾矿库坝压占大量场地，需要砍伐树木、铲除地表植被，影响下游湖泊水质，坝体溃决使用自然灾害加剧；道路、生活区等的建设引起水土流失；固废（矿渣、尾矿、废石）等占压大量土地，引起景观变化，影响生态环境；土壤污染问题。

2. 金属矿山地下开采的主要环境影响有哪些？

金属矿山地下开采使地表产生错动影响区，在不同阶段出现地表塌陷，对国道和与道路平行的光缆造成切断、陷落、拉伸变形等直接影响。

3. 尾矿库的主要环境影响有哪些方面？指出尾矿库运行的阶段和相应的治理措施。

尾矿库的主要环境影响包括：在运行阶段，渗流外排、溢流携带尾砂外泄、汛期库水外排；尾矿库干滩风蚀、尾矿砂外溢形成扬尘污染，甚至沙尘暴；形成尾矿的后期坝边坡；在关闭阶段形成面积巨大的干滩，风蚀严重，形成沙尘暴尘源。

主要措施为：运行期确保回水率达到设计要求；渗流回用；汛前检查库、坝、水是否达到设计要求。后期对坝边坡及时覆盖；均匀放矿。关闭期覆盖全部干滩，建立植被；对尾矿库继续管理维护。

4. 分析该项目的主要环境风险因素及其减少环境风险的主要措施。

风险因素：生产中产生、使用有毒有害物。减少环境风险的主要措施：采取工程措施消除：正确贮存、使用。

风险因素：使用炸药。减少环境风险的主要措施：贮存在环境安全的场地。

风险因素：开采爆破。减少环境风险的主要措施：使用环境影响小的采矿方法。

风险因素：尾矿库溃坝风险。减少环境风险的主要措施：及时消除隐患，全过程管理。

5. 该项目生态环境恢复的范围和主要治理措施有哪些？

塌陷区——用地表废石、尾矿充填，场地恢复生态。

尾矿库——后期坝边坡及时覆盖；关闭期覆盖全部干滩，建立植被。

废石场——覆盖，建立植被。

其他废弃场——清除建筑垃圾，恢复植被。

6. 从保护生态环境角度对本矿山开发项目提出建议。

废石、尾矿全部充填井下；减少占地。

案例七　平原农业区煤田开采项目

拟建 150 万 t/a 煤矿。井田面积约 $46km^2$，处于平原农业区。煤层埋深 380～450m。井田范围有大、小村庄 16 个，约 3700 人，区域北部有白水河自西向东流过，地下水埋深为 2～3m，井田范围内有二级公路由东部通过，长约 2.1km，区内土地大部分为农田，并有少量果园和菜地。白水河下游距井田边界 3km 处为合庄水库（小型水库，农田用水）。区内西边界内 200m 有占地 $1hm^2$ 的宋朝古庙，为省级文物保护单位。工业场占地将搬迁 2 个自然村约 450 人，在井田外新建一个村庄集中安置居民。工程主要内容有采煤、选煤和储运等。煤矿预计开采 59 年，投产后的矿井最大涌水量为 $12216m^3/d$，水中主要污染物是 SS（煤粉和岩粉）。污水处理后回用，剩余部分排入白水河。矸石量约 $29.5\times10^4 t/a$，含硫率为 1.6%，属Ⅰ类一般固体废物。开采期煤矸石堆放场设在距工业场地西南侧约 400m 的空地上，堆场西方约 0.4km 有 A 村，东方约 0.6km 有 B 村，东南方约 0.4km 有 C 村，西南方约 0.71km 有 D 村。本区域年主导风向为 NW 风。

问题

1. 在本项目的工程分析中，主要应说明哪些内容？
2. 本项目处于平原农业区，农田保护可考虑采取哪些措施？
3. 针对影响范围内的居民区，影响评价时应关注哪些问题？
4. 为尽可能减免对村庄的不利影响，可考虑采取哪些措施？
5. 本工程进行公众参与调查时，可采取哪些方式？应该告诉公众哪些内容？

参考答案

1. 在本项目的工程分析中，主要应说明哪些内容？

(1) 工程组成及布局，给出工程布局图。

(2) 井场、工业场等地面设施布局的合理性；开采工艺及方式、开采规模；产生的主要污染物及来源，主要污染物源强，给出主要污染物产污环节图。

(3) 矿区开采境界，占地总面积，占用不同类型土地的面积；可能造成的地表沉陷范围、塌陷程度。

(4) 主要环境影响目标，包括居民区、河流、农田及植被、文物等，以及这些保护目标与工程的位置关系。

2. 本项目处于平原农业区，农田保护可考虑采取哪些措施？

地面各项目设施的建设应严格控制占地面积，尽最大可能避开农田区；施工建设期的各类临时占地选址尽可能避开农田区；确需占用农田的建设应尽量保护土壤层，项目建设时先将表层土壤剥离，堆放保存好，用于低产田的改造或破损生态系统的植被恢复或重建；保护水保设施，防止发生水土流失；保护农田水利设施。

3. 针对影响范围内的居民区，影响评价时应关注哪些问题？

(1) 塌陷对居民住宅安全与稳定的影响。

(2) 采空区及塌陷或煤矸石淋沥影响地下水水质与水量，进而对居民饮水的影响，包括水量的减少和水质的污染。

(3) 由于堆放煤矸石自燃或爆炸而影响居民的安全、污染居住区环境空气质量。

(4) 作业场或工业场地布置不合理而导致居民区噪声的污染。

4. 为尽可能减免对村庄的不利影响，可考虑采取哪些措施？

(1) 对开采境界内的居民实施搬迁。

(2) 对于处在开采边界处的居民区，可先划为禁采区。

(3) 设置维护带煤柱和防水煤柱。

(4) 铺设供水管线，提供自来水。

(5) 井场、工业场地、运输道路等远离居民区布设。

(6) 距离居民区较近并可能造成空气与噪声污染的，可采取洒水抑尘、控制车辆通行时间，井场、工业场地采用低噪声设备或采取隔声等措施。

5. 本工程进行公众参与调查时，可采取哪些方式？应该告诉公众哪些内容？

(1) 张贴公告，发放调查表，走访可能受到影响的民众、相关代表（人大代表、政协委员等），网上公示，召开讨论会、座谈会或听证会，发布简报。

(2) 公布工程建设方面的信息，包括开采境界、规模、开采工艺及方式、开采年限、相关建筑及运输道路等工程建设内容；公布各类环境污染因素，污染源类型，主要污染物及源强，影响的范围；生态影响范围、方式、程度；可能造成的地表塌陷范围及危害，或其他地质灾害；针对环境影响采取的相应措施及预期达到的效果。

案例八　油田开发项目（2006年考题）

北方某地拟开发一新油田，油田区地势平坦，中西部为农业区，有一条中型河流自北向南流过油田边界，滨河地带为宽阔的河滩，属“洪泛区”，每年夏秋两季洪水暴涨时有

$35km^2$以上区域称为水面，“洪泛区”内水生植物茂盛，有多种候鸟分布其中，其中有国家和省级保护鸟类12种，拟建油井分布在东西长18km，南北宽约8km的带状区域，按7个块区进行开采，规划在位于油田西北部的镇建设油田生产和生活基地，拟建设道路网将各油田块区连通。

问题

1. 按照自然生态系统类型划分的常用方法，说明该项目涉及哪几种生态系统类型？

2. 该油田建设项目环境影响评价应分几个时期？

3. 按自然生态系统类型划分，项目生态环境现状调查与评价的重点因子和要点是什么？

4. 说明油田道路修建的主要生态环境影响和应采取的环保措施？

5. 油田项目的最大生态环境影响是什么？应采取什么有效措施减轻这种影响？

参考答案

1. 按照自然生态系统类型划分的常用方法，说明该项目涉及哪几种生态系统类型？

陆生生态系统和水生生态系统。还可以细分为：农业生态系统、洪泛区湿地生态系统、河流水生生态系统。

2. 该油田建设项目环境影响评价应分为几个时期？

应分为建设期、运营期、封井后。生态影响评价应作后评价。

3. 按自然生态系统类型划分，项目生态环境现状调查与评价的重点因子和要点是什么？

项目生态环境现状调查与评价的重点因子包括：植被密度、生物量、鸟类数量、物种多样性和生物种群异质性等。

现状调查的要点：动植物资源，珍稀濒危动、植物的分布和生态习性，生境条件、繁殖、迁徙行为规律，历史演化情况及发展趋势；评价区人类活动历史对生态环境的干扰方式和强度，自然灾害及其对生境的干扰破坏情况，生态环境演变的基本特征等。生态系统与其他生态系统的关系及制约因素。

现状评价的要点：(1) 从生态完整性的角度评价现状环境质量，即注意区域环境的功能与稳定状况。(2) 用可持续发展观点评价自然资源现状、发展趋势和承受干扰的能力。(3) 植被破坏、珍稀濒危或保护动、植物物种消失等重大资源环境问题及其产生的历史、现状和发展趋势。

4. 说明油田道路修建的主要生态环境影响和应采取的环保措施？

油田道路修建主要的生态环境影响：

(1) 施工期：施工过程中因清理现场、减缓坡度或修筑包括路基填挖、植被破坏、农田林地占用、地表裸露、水土流失和干扰地表能流、物流和物种流等影响。

应采取的环保措施：制定实施水土保持方案；临时占地采取生态恢复措施；合理安排施工次序、季节和时间等。

(2) 营运期：线型廊道的阻隔和阻断作用是道路修建的主要生态影响，其次运营时交通噪声也会对洪泛区保护鸟类产生一定影响。

5. 油田项目的最大生态环境影响是什么？应采取什么有效措施减轻这种影响？

施工期：对中西部农业区农业生态环境的影响。

采取的主要措施：

各种地面建设活动尽可能避开农田、林地、地表水体等；

管线开挖将表层耕作土与底层土分开堆放，分层回填，耕作土回填在表面；

加强钻井过程产生的废泥浆、钻井污水、污油、药品的回收利用，以防污染农田土壤；

采取生态恢复措施，对临时占地、临时施工便道等进行复垦。

运营期：风险事故。

采取的主要措施：

管线设置标志；管线上部种植浅根植物，二次开挖按原有土壤分层回填，减轻对农作物的影响；加强日常监督管理，防范风险；对生产过程中产生的落地油及时回收处理；对各种设备、管线和阀门定期进行检修，防止跑、冒、滴、漏，消除事故隐患。

案例九　国家规划煤矿开采项目（2007年考题）

国家规划某矿区拟建原煤生产能力240万t/a的煤矿。井田面积55km^2，煤层埋深100～300m，储量丰，煤质优，平均含硫量1.6%。拟同步建一矸石电厂与矿井工业场地相距1km，公路可达，电厂用水拟采用地表水。煤矿位于风蚀为主的黄土高原，井田内耕地约占15%，其中基本农田约占耕地的1/3，井田内植被主要为灌丛和天然牧草，植被覆盖率约38%，属大陆性季风气候，年均降水量460mm，降水集中在6～8月，年蒸发量2880mm。井田内有7个村庄（360户1500人），西北部有明长城遗址（省级文物保护单位），有由西北向东的一级公路通过；一小河A（属Ⅲ类水体）从井田中部流过；矿井工业场地位于公路南侧，拟占用一部分耕地（已取得征地手续），煤矿原煤经筛分破碎分级出售；矿井水拟经一级沉淀处理后60%回用于井下，其余达标排入小河A；年产煤矸石（Ⅰ类固体废物，热值7.0MJ/kg）120万t。经可行性研究预测，矿井运行后地表沉陷深度约4～5m。

问题

1. 根据国家煤炭开采政策，本工程应配套建设的工程是什么？说明理由。
2. 列出地面主要环境保护敏感目标。
3. 针对明长城遗址，提出煤矿开采的保护措施。
4. 从节约水资源的角度，给出矿井水的回用途径。
5. 给出本工程矸石场选址的环境保护要求。

参考答案

1. 根据国家煤炭开采政策，本工程应配套建设的工程是什么？说明理由。

（1）还应配套建设瓦斯抽放站，用作发电、燃料或用于生产化工产品。

（2）根据“煤炭产业政策”、“国务院办公厅关于加快煤层气（煤矿瓦斯）抽采利用的若干意见”、“国家发改委煤层气开发利用‘十一五’规划”，要求加强煤矿瓦斯抽采利用和减少排放。鼓励煤层气（瓦斯）民用、发电、生产化工产品。

（国家在煤炭开采、利用方面的产业政策较多，更新也比较快，应关注其最新产业政策要求。）

2. 列出地面主要环境保护敏感目标。

耕地，特别是基本农田；灌丛及天然牧草植被，特别是黄土高原植被；7个村庄；明长城；小河 A。

3. 针对明长城遗址，提出煤矿开采的保护措施。

（1）地上做到不在遗址保护范围内打井及建设其他设施。

（2）井下留保护煤柱。

4. 从节约水资源的角度，给出矿井水的回用途径。

回用于电厂、洗煤厂等矿区用水单位、矿区绿化、井下洒水抑尘、黄泥灌浆等。

5. 给出本工程矸石场选址的环境保护要求。

矸石堆场 500m 范围内不应有居民区。矸石堆场宜布置在远离居民区、风景名胜区等敏感区，应布置在居民区等敏感区的下风向、以地下水作为水源的取水口的下游地区。

案例十　天然气田开采项目（2007 年考题）

某公司拟开发的天然气田面积约 1500km^2，设计井位 215 个，集气站 7 个，防冻液甲醇回收处理厂 1 座，天然气集气管线总长约 1700km。该区年降水量小于 200mm，属干旱气候区。主要植被类型为灌丛和沙生草地。在拟开发区块内的东北部有一面积为 14.5km^2 天然湖泊，为省级自然保护区。保护区总面积为 52.6km^2（含岸线以上部分陆地），没有划分核心区、缓冲区和实验区。拟开发区块内的东南部有一面积约 1km^2 的古墓葬群，属国家级文物保护单位，文物专家判定暂不宜发掘。

问题

1. 指出本项目涉及的环境敏感目标，给出其中某一类生态环境敏感目标现状调查应获取的资料。

2. 自然保护区内可否布设井位，说明理由。

3. 指出天然气集气管线建设期的生态环境影响。

4. 给出气田运行期环境风险源。

5. 确定气田开发对古墓葬群应采取的保护措施。

参考答案

1. 指出本项目涉及的环境敏感目标，给出其中某一类生态环境敏感目标现状调查应获取的资料。

（1）省级自然保护区——天然湖泊，国家级文物保护单位——古墓葬群，灌丛和沙生草地。

（2）调查自然保护区应收集保护区基本情况及有关科学研究的资料，包括保护区名称、地理位置、保护级别、保护范围；保护区自然环境特征，如湿地面积、水源、水文条件、水生生物、水质状况；保护区重点保护对象及价值，如本湿地保护区鸟类栖息、活动、食物、营巢等情况；保护区结构与功能；保护区管理机构及其能力建设情况；保护区现状环境问题与原因。识别工程经过保护区段的长度及其对保护区重点保护对象生态学过程的影响。

2. 自然保护区内可否布设井位，说明理由。

（1）自然保护区内不能布设井位。

（2）该保护区没有进行功能区划，按照《矿产资源法》及《自然保护区条例》，保护区需按核心区和缓冲区的要求严格管理，不能在保护区进行任何生产建设活动。

3. 指出天然气集气管线建设期的生态环境影响。

管道施工作业带清理、伴行道路建设、管道开挖以及工艺站场土地平整等活动中，机械挖掘作业、人员活动、车辆辗压等将对沿线本来脆弱的生态环境造成明显的不利影响，包括植被破坏、强烈的土壤扰动，并加剧土壤侵蚀。

4. 给出气田运行期环境风险源。

井场、集气站、输气管线、防冻液甲醇回收处理站，由于设备本身的缺陷或自然与人为因素，导致管线、贮气设施损坏、破裂，天然气泄漏、防冻液泄漏，特别是遇火引发的火灾与爆炸事故，伤害人群并伴生次生事故造成环境污染和生态影响。

5. 确定气田开发对古墓葬群应采取的保护措施。

(1) 划定文物保护范围。

(2) 避免在文物保护范围内进行打井、铺设管线等建设活动。

(3) 由于本工程涉及的古墓葬群为国家级文物保护单位，在文物保护范围内铺设管线，需征得国家文物管理部门同意，经省级人民政府批准。

(4) 如果文物分布范围内地下天然气储量丰富，经批准后，可以在文物保护范围以外采取丛式井或其他先进工艺将井打至文物分布层以下再改变方向抽取下层天然气，避免损毁文物。

(5) 施工中发现地下文物，应立即停止施工，并及时上报，保护现场，等候文物管理部门处置。

(6) 加强宣传教育，落实管理责任制，必要时签订责任状，杜绝盗墓现象的发生。

案例十一　新开发油田区块项目（2008 年考题）

某油田拟新开发一个 35km² 区块，年产原油 60×10^4t，采用注水开采，管道输送。该区块新建油井 800 口，大多数采用丛式井；钻井废弃泥浆，钻井岩屑、钻井废水在井场泥浆池中自然干化，就地处理；集输管线长约 110km，均采用埋地敷设方式。开发区块土地类型主要为林地、草地和耕地。区内有小水塘分布，小河甲流经区内，并在区块外 9km 处汇入中型河乙，在交汇口处下游 8km 处进入县城集中式饮用水源地二级保护区，区块内有一省级天然林自然保护区，面积约 600hm²，在自然保护区内不进行任何生产活动，井场和管线与自然保护区边缘的最近距离为 500m。集输管线穿越河流甲一次。开发区块内主要土地类型和工程永久占地类型见表 7-11-1：

开发区块主要土地类型和工程永久占地（单位：hm²）　　**表 7-11-1**

类　型	基本农田	草地	林地	河流水塘	合　计
区块现状	1210	900	1300	90	3500
工程占用	7.9	11.9	0.8	0.4	21.0

问题

1. 确定本项目的生态评价范围。

2. 指出本项目的生态环境保护目标。

3. 识别本项目环境风险事故源项，判断事故的主要环境影响。

4. 从环境保护角度判断完井后固体废物处理方式存在问题，简述理由。

5. 简述输油管道施工对生态的影响。

参考答案

1. 确定本项目的生态评价范围。

（1）根据该类项目特点，生态影响评价范围应为开采境界外延500m范围。

（2）井场及集输管线评价范围为工程占地区外围500m，但由于500m外涉及敏感保护目标——省级自然保护区，虽然在保护区内没有任何生产活动，井场、集输管理生态影响评价范围应将该保护区包括在内。

2. 指出本项目的生态环境保护目标。

省级天然林保护区、饮用水源保护区、基本农田、草地、林地、河流水塘。

3. 识别本项目环境风险事故源项，判断事故的主要环境影响。

（1）主要是钻井作业井喷事故、集输管线破裂、站场等储油设施破损油类外泄或遇火引发的环境风险事故。

（2）石油烃外泄造成环境空气、地表水、土壤、植被的污染。污染空气对人群及生态环境造成不利影响；落地油会造成土壤的污染，使土壤透气性下降，影响植物生长，严重时可导致植物死亡；随地表径流进入地表水，造成水体污染，影响水生生物正常生长与繁殖，影响地表水功能；石油烃类着火发生爆炸易酿成安全事故，同时对环境也有一定的污染危害；在灭火过程中大量的人员、机械活动对生态的破坏，还存在灭火剂对环境的污染。

（环境风险评价是环境影响评价的重要内容。在做任何一个项目时，均应考虑其是否有环境风险因素，如果有，就需要深入进行评价。不只是污染型项目需进行环境风险评价，交通运输项目也涉及环境风险评价，如公路、铁路、石油天然气输送管道等，采掘类项目也涉及环境风险评价，如石油开采、天然气开采、煤层气开采、煤矿开采等。）

4. 从环境保护角度判断完井后固体废物处理方式存在问题，简述理由。

（1）钻井废弃泥浆、钻井岩屑、钻井废水采取在井场泥浆池中自然干化，就地处理存在环境污染问题。

（2）这三类物质虽然均产生于井场钻井过程，但分别属于不同的污染物类型，其具体来源、成分均不同，不应混合在一起处理，且现状处理方式不符合固废处理的“减量化、资源化、无害化”原则。而应分别进行处理。

5. 简述输油管道施工对生态的影响。

本输油管道施工将会对地表植被、土壤、河流等沿线区域造成明显的破坏或不利的影响。由于其距离自然保护区较近，虽然不占用保护区，但施工时对自然保护区将产生间接的不利影响。一是临时用地的变更可能选择在距离保护区更近的区域；二是施工活动对林内野生动物的干扰；三是使保护区外围地带的生态环境变差。

案例十二　露天铁矿开采项目（2009年考题）

拟建生产规模8×10^{6}t/a露天铁矿位于山区，露天开采界内分布有大量灌木，四周也有耕地。露天采场北800m处有一村庄，生活用水取用浅层地下水，采矿前需清理地表，剥离大量岩石。生产工艺为采矿—选矿—精矿外运。露天采场平均地下溢水量为12500m^3/a，用泵疏干送选矿厂使用，选矿厂年排出尾矿$3.06\times10^{4}m^{3}$，属Ⅰ类一般工业固体废物。尾矿距离采场南 1000m 的沟谷内，该沟谷东西走向，纵深较长，汇水面积 $15km^2$，沟底纵坡较平缓，有少量耕地，沟谷两侧坡较陡，生长较茂密的灌木，有一由北向南的河流从沟口外 1000m 处经过，河流沿途主要为耕地。沟口附近有一个 20 户居民的村庄。尾矿现设在沟口，初期坝高为 55m 的堆石坝，后期利用尾矿分台阶逐级筑坝，最终坝高 140m，坝址下设置渗水收集池。尾矿坝渗水和澄清水回用于生产，一般不外排，尾矿库现有符合防洪标准的库内、外排洪设施。为保障尾矿筑坝安全，生产运行前需保持滩长大于 100m 的尾矿干滩。

问题

1. 应从哪些方面分析地表清理、岩石剥离引起的主要生态环境问题?

2. 采场运营期间主要水环境有哪些?

3. 给出尾矿库区植被现状调查的内容。

4. 简述运营期间尾矿库对环境的影响。

5. 尾矿库是否涉及居民搬迁，说明理由。

参考答案

1. 应从哪些方面分析地表清理、岩石剥离引起的主要生态环境问题?

(1) 地表清理、岩石剥离会导致植被面积、生物量的减少，尤其可能导致本地物种生物量的减少；

(2) 植被的剥离会造成水土流失，可能会引发泥石流和塌方；

(3) 地表清理、岩石剥离会占用周围农田，导致农田的减少，同时可能导致土地及农田沙化和异质化；

(4) 地表清理、剥离会影响野生动物的生境，并可能阻塞野生动物的通道。

2. 采场运营期间主要水环境有哪些?

(1) 运营期间疏干地下溢水会导致地下水水位下降，从而影响居民生活用水的水位和水质，也会影响周围植物的生长，导致周围农田作物的产量降低；

(2) 地表剥离、采矿作用会引起水土流失，从而导致下游地表水水质变差；

(3) 抽排地下水可能导致地表塌陷，形成“漏斗”。

3. 给出尾矿库区植被现状调查的内容。

(1) 调查库区及周围植被的生境特征、植被类型及分布、生物多样性情况；

(2) 有无国家及地方保护物种、珍稀濒危物种及本地特有物种；

(3) 重点调查只要植物的种类及优势种的生长情况；

(4) 设置样方，调查植被及主要植物覆盖率、密度、频度等基本情况，估算其生物量。

4. 简述运营期间尾矿库对环境的影响。

(1) 尾矿库的渗漏可能污染地下水，沟口外的河流及周围的耕地；生活垃圾处置不好可能污染地表水和地下水；

(2) 尾矿干滩及筑坝的尾矿可能引发扬尘，污染空气；

(3) 尾矿堆存的机械设备运行及人员活动产生的噪声污染；

(4) 尾矿堆矿面积的不断扩大，使得植被面积、生物量和耕地减少，动植物生境遭到破坏；占用 $15km^2$ 的汇水面积，导致沟口外河流水量减少；

(5) 尾矿库影响周围景观的整体性和美观；

(6) 尾矿库存在溃坝而危及下游居民、污染周围突然、地下水及下游河流的环境风险。

5. 尾矿库是否涉及居民搬迁，说明理由。

尾矿库涉及居民搬迁。

尾矿库谷口有20户居民，在尾矿库的下游，一旦发生溃坝，将对这20户居民的安全造成威胁，因此该处居民必须搬迁。

案例十三 煤田开采项目（2010年考题）

某矿区拟新建120万t/a的煤矿，井田以风沙地形为主。西高东低，相对高差20m，地表典型植被为沙生植物群落，植被覆盖率为25%；区域为半干旱温带高原大陆性气候，蒸发量远大于降水量。矿井服务年限35年，开采侏罗纪中期的9个煤层，总厚度平均约30m，开采方式为井工开采。矿井以三个水平分六个采区，逐次开拓全井田，开采煤层平均含硫量为0.05%，配套建设选煤厂，矸石产生量为60万t/a，属Ⅰ类一般工业固体废物，拟排放矿区现有排矸场。该排矸场位于井田南边界外一条东西走向的荒沟内，该荒沟附近有一个村庄，现在居民25户。井田内含水层主要为第四系砂砾层潜水，潜水位仅埋深2～5m，煤炭开采不会导通地表第四系砂砾层潜水。预计煤矿井开采地表沉陷稳定后下沉值平均为20m。项目建设期为26个月，建设期主要施工废水包括井下施工排出的少量井下涌水、砂石料系统冲洗废水、混凝土拌和系统冲洗废水、机械车辆维护冲洗废水。

问题

1. 列出沙生植被样方调查的主要内容。

2. 简要分析地表沉陷稳定后地貌的变化趋势，给出因地表沉陷导致的主要生态影响。

3. 排矸场现状调查时，应关注的主要环境问题有哪些？

4. 给出建设期主要施工废水处理措施。

参考答案

1. 列出沙生植被样方调查的主要内容。

(1) 调查样方周边植被生境，主要包括海拔高度、坡度、土壤类型与结构等；

(2) 样方中植物情况，包括植物种类（包括优势种和建群种）及其拉丁学名、盖度、密度、频率、植株高度、生物量、优势度等。

(3) 调查是否有国家或地方保护物种。如有保护物种，需对其生境及其生存状况进行深入调查，包括种类、数量、分布范围、生存状态与生境条件等。

2. 简要分析地表沉陷稳定后地貌的变化趋势，给出因地表沉陷导致的主要生态影响。

(1) 地貌变化趋势：

① 由于地表移动，井田内（包括井田周边）会留下较多的裂缝，甚至形成季节性冲沟。

② 由于井田下沉20m，原井田内西高东低相对高差20m的岗丘地形将消失，下沉区将形成外围西高东低的盆地。

③ 形成盆地会产生积水现象，特别是浅层地下水会补给入渗，形成水塘；水塘周边会生长非地带性的湿生植被而替代原来的地带性沙生植被。

④ 总体来看，地表下沉稳定后，井田西高东低的岗丘地形将变为平地与盆地，且井田局地将由原来的风沙地貌演变为局地（水侵）湿地地貌。

(2) 深陷导致的主要生态影响：

① 下沉盆地边坡会产生一定的水土流失；

② 下沉盆地区域植物群落将发生变化，地带性的沙生植被将被非地带性的水生或湿生植被替代，生态系统类型将发生变化；

③ 下沉盆地外围沙生植被由于地下水位的下降，生存环境更为严酷，甚至面临死亡；

④ 如果盆地区原为牧场，则该牧场将受到破坏。

3. 排矸场现状调查时，应关注的主要环境问题有哪些？

(1) 既有排矸场是否存在扬尘污染问题，特别对附近居民区空气污染影响问题；

(2) 排矸场是否影响了荒沟附近居民饮水；

(3) 矸石山是否存在塌方及溃坝问题；是否会对附近居民的安全造成威胁；是否需要搬迁。

(4) 防止矸石山自燃与爆炸的措施是否落实，是否采取防止矸石山自燃的分层堆放、分层垫铺黏土或石灰措施。

(5) 对荒沟内及周边区域植被的破坏，是否采取了一定的生态恢复措施，效果如何。

(6) 排矸场所造成的水土流失问题，是否采取了相应的水土保持措施；

(7) 对荒沟季节性排洪是否采取了相应的防洪排水措施；

(8) 既有运输道路及两侧生态保护目标影响情况调查。

4. 给出建设期主要施工废水处理措施。

对施工废水根据类别及其处理后的用途，分类分别处理：

(1) 井下施工排出的少量井下涌水根据使用情况，采取设置过滤、中和、沉淀、生化处理或消毒等深度处理工艺；

(2) 砂石料系统冲洗废水、混凝土拌和系统冲洗废水主要通过沉淀池处理，降低 SS 的含量，重复利用；

(3) 机械车辆维护冲洗废水，应先设置隔油处理，然后再进入生化处理设施进行深度处理。

案例十四　大型金属矿山续建项目（2011 年考题）

某大型金属矿山所在区域为南方丘陵区，多年平均降水量 1670mm，属泥石流多发区，矿山上部为褐铁矿床，下部为铜、铅、锌、镉、硫铁矿床。矿床上部露天铁矿采选规模为 1.5×10^6 t/a，现已接近闭矿。现状排土场位于采矿西侧一盲沟内，接纳剥离表土，采场剥离物，选矿废石，尚有约 8.0×10^4 m^3 可利用库容。排土场未建截排水设施，排土场下游设拦泥坝，拦泥坝出水进入 A 河，露天铁矿采场涌水直接排放 A 河，选矿废水处理后回用。

现在拟在露天铁矿开采基础上续建铜硫矿采选工程，设计采选规模为 3.0×10^6 t/a，采矿生产工艺流程为剥离、凿岩、爆破、铲装、运输，矿山采剥总量 2.6×10^7 t/a，采矿排土依托现有排场。新建废水处理站处理采场涌水，选矿生产工艺流程为破碎、磨矿、筛分、浮选、精矿脱水，选厂建设尾矿库并配套回用水、排水处理设施，其他公辅设施依托现有工程。尾矿库位于选厂东侧一盲沟内，设计使用年限30年，工程地质条件符合环境保护要求。

续建工程采、选矿排水均进入A河。采矿排水进入A河的位置不变，选矿排水口位于现有排放口下游3500m处进入A河。

在A河设有三个水质监测断面，1号断面位于现有工程排水口上游1000m，2号断面位于现有工程排水口下游1000m，3号断面位于现有工程排水口下游5000m，1号、3号断面水质监测因子全部达标。2号断面铅、铜、锌、镉均超标。土壤现在监测结果表明，铁矿采区周边表层土壤中铜、铅、镉超标。采场剥离物，铁矿选矿废石的浸出毒性试验结果表明：浸出液中危险物质浓度低于危险废物鉴别标准。

矿区周边有2个自然村庄，甲村位于A河1号断面上游，乙村位于A河3号断面下游附近。居民以种植水稻、果树、茶叶为主，生产生活用水均为地表水。

问题

1. 列出该工程还需配套的工程和环保措施。

2. 指出生产工艺过程中涉及的含重金属的污染源。

3. 指出该工程对甲、乙村庄居民饮水是否会产生影响？说明理由。

4. 说明该工程对农业生态影响的主要污染源和污染因子。

参考答案

1. 列出该工程还需配套的工程和环保措施。

（1）续建工程拟利用的原铁矿排土场，需建设截排水设施及拦泥坝出水回用设施；

（2）续建工程的尾矿库需建设截排水设施及坝后渗水池（或消力池），且尾矿库及渗水池需采取防渗措施；

（3）需配套建设续建工程选厂至尾矿库的输送设施；

（4）露天铁矿闭矿后，需对原铁矿选厂采取改造利用或进行处理；

（5）破碎、磨矿、筛分车间的粉尘治理设施；

（6）泥石流防护工程。

2. 指出生产工艺过程中涉及的含重金属的污染源。

（1）产生含重金属的扬尘或粉尘污染源：采矿中的凿岩、爆破、铲装、运输；选矿中的破碎、磨矿、筛分。

（2）排放（特别是非正常排放）的水体中含有重金属的污染源：选厂排水设施；尾矿及排水设施；采场涌水及处理站。

3. 指出该工程对甲、乙村庄居民饮水是否会产生影响？说明理由。

（1）对甲村饮水不会产生影响。因甲村位于现有工程排水口上游1000m的1号监测断面的上游，且所处河段的水质不超标，而甲村距离拟建工程选厂排水口较远（4500m以外）。因此，拟建工程选矿排水不会影响到甲村。

（2）对乙村饮水将产生影响。因为乙村位于本工程新建排水口下游1500m附近，虽然现状水质不超标，但根据现有采选规模较小的铁矿排水口下游1000m的2号断面重金属超标的情况来看，续建规模较大的本工程营运后排水可能会导致乙村所处河段出现重金属超标。

4. 说明该工程对农业生态影响的主要污染源和污染因子。

农业生态影响的主要污染源为：

（1）采场及采矿中的凿岩、爆破、铲装、运输；

（2）选矿厂的破碎车间、磨矿车间和筛分车间；

（4）采场涌水处理站及选矿厂排水设施；

（5）尾矿库及其渗水池。

以上污染源产生的扬尘会污染农田，排水（特别是事故排放）进入农灌水体亦会污染农田，污染因子主要是：粉尘、铜、铅、锌、镉。

八、交通运输类

案例一　济宁—徐州高速公路（江苏段）工程

拟建济宁—徐州高速公路（江苏段）位于江苏西北部，徐州市丰县、沛县和铜山县境内，拟建公路所在区域基本为平原区，地形地貌平坦开阔，水土流失微度侵蚀为主，沿线农业植被丰富，陆域生态系统类型主要为农业生态系统，耕作历史悠久，农业经济较为发达。项目区无大型哺乳类野生动物存在，野生动物很少。评价范围内没有国家级重点保护野生动物及保护类植物分布。推荐线路总长度约 79km，设计为四车道高速公路，设计行车速度 120km/h，路基宽度为 28m。全线预测平均交通量中期（2016 年）15615 辆/d（折合小客车）。推荐方案沿线设有大桥、特大桥 4559.5m/15 座，中小桥 1332m/22 座，互通立交 22 处。全线在大沙河和敬安设服务区 2 处，设主线收费站 1 处、匝道收费站 4 处。本项目全线共征地 570.35hm^2（包括基本农田 441.38hm^2），临时占地约 532.45hm^2，工程拆迁各类建筑物约 13.8 万 m^2，路基土石方约 1034 万 m^2。

问题

1. 列举高速公路建设工程的生态环境现状评价调查方法?

2. 项目施工期的主要环境影响有哪些?

3. 取、弃土场一般应如何恢复?

4. 噪声超标治理的措施一般有哪几种?

5. 如果声环境评价等级为一级，其工作基本要求有哪些?

参考答案

1. 列举高速公路建设项目的生态环境现状评价调查方法?

生态环境现状调查与评价的主要内容：

现状调查方法采用了收集资料、现场调查、类比分析法，还应考虑收集遥感资料、建立地理信息系统，并进行野外定位验证。通过咨询专家，解决调查和评价中高度专业化的问题和疑难问题。采用定位或半定位观测，判断对动物的影响以及为其预留动物通道等。

2. 项目施工期的主要环境影响有哪些?

答：本项目施工期的主要环境影响：

（1）生态环境影响：施工可能导致沿途生物量减少，改变地形地貌，并造成景观影响。

（2）水土流失：取土点、弃土点、桥梁基础作业、路基建设、房屋拆迁等容易发生水土流失并对环境造成恶劣影响。

（3）水环境影响：施工人员产生的施工废水、桥梁施工、水土流失等可能对水质造成负面影响，在途经水源保护区路段施工时需特别注意。

（4）声环境影响：建筑拆迁等施工噪声会对施工区周围居民区等声敏感点造成影响。

（5）施工扬尘和固体废物也会对施工区周围的大气环境、水环境等造成影响。

3. 取、弃土场一般应如何恢复？

(1) 弃土场的表层土在土石方开挖前加以保存，恢复时用于绿化工程和土地复耕土；

(2) 荒地型取、弃土场可考虑恢复为耕地、林地、鱼塘、蘑菇养殖基地等综合利用项目；

(3) 荒坡型取、弃土场可考虑适当平整（取平）后覆土还耕、植树绿化等；

(4) 弃渣场考虑围护设施、挡渣墙、雨水导排、覆土植树绿化等。

取土场：首先在取土时应该分层进行，开挖前先将表土剥离，集中堆放，并保存好(遮挡，草帘、聚乙烯布覆盖)，用于覆土复耕或植被恢复，在取土完成后，进行边坡整修(一般应修成缓坡，以利于雨水汇入)，最后将原来的表土填回摊平，这样取土坑内就有了土壤层，加上从边坡汇来的雨水，就产生一种洼地效应。当然取土场也可恢复为农田、鱼塘，也可以植树种草，但应结合当地的自然环境条件，特别是降水等气象情况。干旱区与湿润区就有不同。

4. 噪声超标治理的措施一般有哪几种？

答：包括线位调整、声源上降低、传播途径上降低、受声敏感目标自身防噪。

从声源上：调整线路、远离居民等噪声敏感点，高速公路路基选用低噪声材料，降低行车噪声。

从传播途径上，路两侧加强绿化，在主要通过敏感地段，安装隔声墙。

对受声敏感目标周围采取一些防噪措施。

5. 如果声环境评价等级为一级，其工作基本要求有哪些？

如果声环境评价等级为一级，其工作基本要求：

(1) 环境噪声现状全部实测。

(2) 范围要覆盖全部环境敏感点和保护目标。

(3) 做噪声等值线并说明各声级下的人口分布。

(4) 对超标区域应该重点说明。

(5) 提出噪声防治对策方案，内容具体实用，能反馈指导环保工程设计。

案例二　北京地铁四号线工程

北京地铁四号线工程是北京轨道交通线网中的骨干型线路，是一条纵贯北京城区南北的交通大动脉，线路起于南四环路以北的马家堡西路，止于龙背村。穿越丰台、宣武、西城和海淀区四个行政区，线路全长 28.14km。全线设车站 24 座，车辆段和停车场各一处。项目总投资为 145.6 亿元。

问题

1. 城轨建设分不同期建设时应注意哪些问题？

2. 列车运行噪声源强类比时应注意哪些类比条件？

3. 位于城区的站场开发噪声达标应使用哪个标准判断，措施有哪些？

4. 分别简述施工期环境空气、地表水、地下水和社会生态环境影响评价的主要内容以及相应的环保措施？

参考答案

1. 城轨建设分不同期建设时应注意哪些问题？

报告书应按里程桩号明确各段的施工方法。城轨建设一般分几期建设，如报告书涵盖了不同建设期的内容，则应明确两点：(1) 项目环评文件批准后如第二期或以后建设期的建设时间超过批复时间5年，则建设单位应按有关规定重新报批环评文件；(2) 项目竣工验收应分期分阶段进行。

2. 列车运行噪声源强类比时应注意哪些类比条件?

应注意类比条件和类比数据的时效性。主要根据工程的性质、规模，选择边界条件近似的既有噪声源进行类比监测和调查。再结合所在区域的环境噪声现状背景值和设计作业量，采用模式法计算。

(1) 项目类型、建设规模相同或相似；

(2) 线路架设方式、施工作业方式相同或相似；

(3) 噪声源设备类型、运行方式相同或相似；

(4) 周围环境、地形地质条件、气候条件相同或相似的项目；

(5) 可选择北京地铁其他线路中近似的项目作为类比对象。

3. 位于城区的站场开发噪声达标应使用哪个标准判断，措施有哪些?

站场开挖应执行《施工场界噪声标准限值》，评价范围应为厂界外1m，遇到敏感点时不应适当扩大。厂界达标即可。

减缓措施：一是合理布局施工场地、合理安排作业时间，必要时改变施工方式。二是安装必要的声屏障或罩。

4. 分别简述施工期环境空气、地表水、地下水和社会生态环境影响评价的主要内容以及相应的环保措施?

(1) 环境空气

环境空气影响评价的主要内容包括施工期的废气对空气的影响，施工期的废气主要是施工机械产生的废气及施工场地作业和运输过程产生的扬尘。但是如果不采取有效的防止扬尘扩散，在从洞口向填埋场运输的过程中，撒在路上的土如果不及时清扫，会对沿途产生较大的扬尘污染，对周围产生较大的影响。

主要的环保措施：

① 对施工工地进行有效隔挡，减少弃土的临时堆放，及时清运，避免风干后清运，对于干燥弃土，必要时定时喷水。

② 尽量采用袋装水泥，避免露天堆放。

③ 混凝土尽量避免在施工现场露天场合搅拌，可采用预拌混凝土或在隧道内搅拌。

④ 尽量避免在繁华区和居民区行驶，可以减少市区交通压力，对施工车辆的运行路线和时间做好计划，根据实际情况选择在夜间运输，在填埋场和作业区设置维护栏。

⑤ 填埋场作业时进行喷水加湿。

⑥ 运输时进行压实和封闭。

⑦ 运土卡车要求完好无泄漏，装载时不宜过满，保证运输过程不撒落，如果发生撒落事件，及时清扫和回收运输撒落的土石，经常清洗运土汽车及底盘泥土，出施工场界时应对车轮进行冲洗，减少车轮带土上路，减少粉尘对人体健康的影响。

(2) 地表水

地表水环境影响评价主要考察施工期间污水，包括：生产废水、施工作业面渗漏水、场地及设备冲洗水。疏干抽取的地下水较为清洁，直接排入路边雨水管道，这部分水排放对地表水不会产生影响。地下挖掘工作面的疏干水、弃土清运产生的泥浆废水，含有大量悬浮物。这些废水应作沉淀处理，达三级排放标准后，就近排入城市污水管网，对地表水不会产生显著影响。施工期生活污水可以通过城市污水管网排至污水处理厂，不会对地表水产生直接影响。

相应的环保措施有：施工产生的废水按施工段集中收集，经沉淀池沉淀处理后，直接排入城市雨水管道。车辆段和每个车站设置一个集水池、沉淀池，其规模依各地段地下水补给量而定，要求达到相关标准。

（3）地下水

地下水环境影响评价的主要内容包括：施工过程中需要对地下水疏干降水，会造成周围地下水位的暂时下降。如果不注意防渗措施，施工污染物可能回渗透至地下，影响地下水水质。

相应的环保措施：

① 施工期地下水疏干会对地下水造成一系列环境问题，因此要求对施工方案作认真选择，关键问题是如何减少疏干量时间或做到不疏干；

② 对每个疏水钻孔应采用合理的过滤器，过滤器的空隙率应按含水层物质的最小粒径确定，避免细砂粒大量进入钻孔，使含水层大量物质流失而引起地表沉降；

③ 在地铁车站降水施工过程中，在疏水降落漏斗影响范围内应设立观测点，定期观测地表下沉量，当下沉量超过允许范围时，要停止疏水或调整疏水的降深值以及其他避免措施；

④ 在车站开挖施工中，应保持作业地段的清洁，避免污水进入基坑和施工污物遗留在基坑内，防止降水停止后地下水回升造成地下水水质恶化。

（4）社会生态环境

社会生态环境影响评价主要是施工拆迁和对人们出行的交通带来影响。城市道路的局部开挖、弃土的堆放，会给交通和城市景观带来不可避免的影响；工程施工中，如果操作不当，可能会造成地面下沉，影响跨河大桥、道路立交桥以及高层建筑的稳定性。

相应的环保措施包括：

① 因车辆段及车站工地直接挖掘而导致民房、商店拆迁影响居民生活及工作、营业，需落实搬迁地点及补偿措施；

② 施工前应充分做好各种准备工作，对地铁路段所涉及的道路、供电、通信、给水排水及其他有关地下各种不同管线应进行详细调查了解，避免对单位、居民产生停水、停电、管道淤塞等事故发生；

③ 施工场地的占用要合理规划，注意占用的地点及时间，特别是对道路的占用时间要尽量短，非占不可时，应报交通管理部门制定施工期分流疏散方案，并通过媒体提前通告，减缓对交通和市民出行的影响；

④ 合理安排施工进度，一旦工程结束，尽快清理施工现场，撤出场地，恢复原有道路；

⑤ 泥土装卸搬运注意保持道路的清洁，防止尘土飞扬，影响市容、景观；

⑥ 工地深坑要支护与顶托，横梁需牢固，避免附近楼房产生变形、出现裂隙。

案例三　新建铁路遂渝线

成渝线是新中国成立后修建的第一条铁路，标准低，能力小，线路较长（成都至重庆铁路长 504km，成渝公路 340km），长期超负荷运行。从成都和重庆至广州则需绕行川黔铁路和湘黔铁路，长距离和低速度运输制约了川渝地区的社会经济良性发展，迫切需要开辟新的铁路通道。

铁道勘察设计部门开展遂渝的可行性研究工作，同时进行了工程的环境影响评价工作。提出了三大方案——经合川取直方案、两跨嘉陵江方案、经铜梁璧山取直方案。

主要技术指标见表 8-3-1。

主要技术指标　　**表 8-3-1**

项　目	合川取直方案	两跨嘉陵江方案	璧山取直方案
工程建筑长度（km）	174	188	165
工程运营长度（km）	141	145	149
桥隧总长（km）	48	50	46
桥隧占线长度比（%）	33.7	34.7	30.6
车站个数	10	11	10
铁路用地（亩）	8609	9106	9215
投资总额（亿）	32.3	33.6	31.5

工程主要包括线路工程、路基工程、桥涵工程、隧道工程、站场、机务等部分。

问题

1. 铁路线路长，穿越生态敏感区较多，因此铁路环评的方案比选显得尤为重要，方案比选时应注意哪些问题？

2. 铁路环评中，隧道评价应注意哪些问题？

3. 铁路环评中，取土场、弃土场环境合理性分析应注意哪些问题？

4. 铁路大型临时工程的恢复措施有哪些？

参考答案

1. 铁路线路长，穿越生态敏感区较多，因此铁路环评的方案比选显得尤为重要，方案比选时应注意哪些问题？

答：铁路项目穿越敏感区较多，从规划相容性、土地利用、噪声影响、投资等方面进行综合比选非常重要。比选时应注意：① 涉及重大敏感问题，比选方案和推荐方案进行同等深度评价。② 比选指标应量化。③ 比选方案应尽量避开城区；穿越生态敏感区时应提出完全绕避方案。

2. 铁路环评中，隧道评价应注意哪些问题？

答：应在明确隧道长度、辅助坑道、地质条件、顶部水资源及利用情况、隧道排水的基础上，分析隧道弃渣的环境合理性：位于沿河隧道是否侵占河滩、河床；位于城市附近或生态敏感区时，应分析洞口与当地规划的相容性，穿越岩层放射性异常时，应明确辐射剂量及对周围敏感点的影响。弃渣场总数，占地类型、数量，挡护工程类型及工程量，地表恢复及复耕情况，隧道排水对附近水体和洞顶居民的影响等。

3. 铁路环评中，取土场、弃土场环境合理性分析应注意哪些问题？

答：① 在明确隧道岩性的基础上，加大弃渣自身消纳量，取土场应尽量利用当地的弃方或河道取土。② 取、弃土场不能占用基本农田，尽量少占耕地，不得设置在水源、名胜、自然保护区内。

4. 铁路大型临时工程的恢复措施有哪些？

教材中只提到施工便道的相关措施：施工结束后，可继续使用的交由地方部门管护，对不再继续使用的施工便道，进行土地整治，为复耕或种草植树创造条件。

大型临时工程中其他内容：如便桥、临时码头、大型施工营地、砂石料场、轨排基地等，在施工结束后清理场地，恢复原有用途。如原来是农田，则需要翻松土壤，恢复为耕地；原来为草地，则需要撒草籽恢复草地植被。

案例四　日照—仪征原油管道及配套工程 30 万 t 油码头及航道工程

本工程位于日照港岚山港区北侧，紧邻现有的童海码头，其设计范围为童海码头以北，拟建 100000t 级油码头以东水域。工程组成见表 8-4-1。

工 程 组 成　　表 8-4-1

组　成	工程名称	工 程 内 容
主体工程	码头	建设 30 万 t 级原油接卸泊位一个（码头长度 500m），设计通过能力 2000 万 t/a，架管桥长度 234.6m，引桥长度 945.3m
	航道疏通	航道长度 15.3km，有效宽度 290m，设计水深为 24.49m（现平均水深为 16m），港池航道疏浚量 3967.5 万 m^3（疏浚物需外抛到海洋局批准的倾废区）
公用工程	给水排水	① 水源：船舶用水及码头生活、生产用水由陆上供给，最大日船舶用水量为 $500m^3/d$；码头消防用水来自后方罐区泵房供水，其水源来自库区，设计流量为 540L/s。为满足规范中消防用水 5min 内到达着火点要求，消防管平时保持充水状态，所充的水为生活用水。 ② 生活污水：码头值班室内设移动式厕所，粪便污水定期运至后方港区污水处理厂
	供热	码头办公楼采用电散热器采暖的供暖方式。蒸汽来自为油伴热的蒸汽管道。管线的热源为后方罐区的燃煤锅炉（锅炉属于库区，不属于本工程评价范围）
	供电照明	在靠近码头平台附近新建变电所一座，为 30 万 t 级泊位平台上的配电所及引桥、路灯提供电源，并预留 2 个万 t 级油码头泊位的用电量，同时包括 30 万 t 平台配电所至各装卸工艺设备，引桥区域内的供电线路的敷设和室内照明等供配电设计
辅助工程	消防	设置消防炮塔架（约 20m 高）两个，每个塔架上设固定式水炮、泡沫炮各一门，液压驱动，登船梯上设水炮一门；码头面上消火栓箱两个，每个箱内装有水枪、泡沫枪及消防水龙带各一套；在码头上设置水枪和泡沫枪用消火栓各四个；设置移动式水炮、泡沫炮各一门
	土建工程	根据生产、生活的需要，结合港区总平面设计，港区建筑主要为变电所及办公楼。生产、生活辅助建筑物 $750m^2$

续表

组　成	工程名称	工　程　内　容
依托工程		本工程电话通信将依托岚山港区的电话通信系统。本工程部分卸船管线的铺设将依托10万t级原油码头的引堤，营运期产生的各种污水排入罐区拟建污水处理厂

问题

1. 本工程概况应包括哪些内容？
2. 码头工程施工期的环境影响主要因素包括哪些？
3. 码头工程海洋生态现状调查应关注哪些问题？
4. 码头工程的水环境影响主要考虑哪些问题？
5. 简述本工程的主要环境风险类型及应采取的措施。

参考答案

1. 本工程概况应包括哪些内容？

港区基本情况、港口总体规划、本工程与规划的关系，并附港区规划图。

描述工程地理位置，阐明项目所在省市、地理坐标，并附位置图。

阐明项目建设内容、规模、施工工艺、建设内容。与环保工程相关的工程指标：疏浚量、新形成陆域面积、设计年吞吐量、海洋动植物破坏情况等。

总体工程工期、投资、环保投资及所占的比例。

2. 码头工程施工期的环境影响主要因素包括哪些？

施工期主要包括：港池航道疏浚、码头主体施工、辅助工程等，主要影响：

（1）疏浚对水环境及海洋生态的影响：疏浚工程引起的悬浮疏浚物大量增加，影响水质；疏浚各环节对海洋生物环境的影响，包括底栖生物、鱼卵、仔幼鱼。

（2）对大气环境的影响：船舶废气。

（3）噪声，施工期的机械噪声。

（4）施工船舶生活污水、含油废水、固体废物等。

3. 码头工程海洋生态现状调查应关注哪些问题？

关注影响海洋生态的浮游生物、底栖生物、鱼卵、仔幼鱼的生物量、密度、多样性。调查海洋动植物的种类、分布，涉及鱼类“三场”、洄游通道情况。涉及名胜区的明确位置关系，说明保护范围、对象。

4. 码头工程的水环境影响主要考虑哪些问题？

答：主要船舶含有污水、生活污水。

5. 简述本工程的主要环境风险类型及应采取的措施。

主要是原油泄漏事故风险。应分别提出环境风险的防范措施和应急预案。应急预案应重点考虑应急组织机构、应急响应程序、应急报告程序、应急设施及设备、应急监测等内容，并与港区、海区的应急计划相衔接，以提高应急预案的可操作性。

案例五　陕京二线输气管道工程

陕京二线输气管道工程是继西气东输之后，又一条连接我国东西部、将西部资源优势转化为经济优势的输气管道工程。本工程管道全长约 860km。设计输量 $120\times10^8 m^3/a$，管径 ϕ1016mm，设计压力为 10MPa。该工程建设的项目组成详见表 8-5-1。

陕京二线主要工程建设项目组成 **表 8-5-1**

序号	项目名称	数量	备注
1	输气管线	860km	管径 ϕ1016mm
	工艺站场	9 座	其中首站 1 座（加压）、末站 1 座、中间压气站 1 座、分输清管站 2 座、清管站 1 座、分输站 3 座
2	穿跨越大型河流	18.4km/12 次	其中黄河采用隧道穿越
	穿跨越中、小型河流	15km/140 次	
	穿越干线公路	34 处	其中 4 处为高速公路
	穿越铁路	6 处	顶管
	穿越隧道	1 处	1787m
	大型黄土冲沟穿越	8 处	
3	新修道路	18km	参照四级路
	整修道路	74km	参照四级路，包括引线道路
4	房屋拆迁	6 处	含房基地

问题

1. 简述营运期的环境影响分析。

2. 施工期和营运期评价的重点内容分别是什么？

3. 在线路选取过程中怎样进行环境保护？

4. 本项目的环境保护措施可能包括哪些？

5. 风险防范有哪些措施？

参考答案

1. 简述营运期的环境影响分析。

营运期的环境影响分为正常和事故两种情况。

（1）正常情况下的环境影响

① 压气站燃气轮机燃气排放的废气、压缩机组产生的噪声；

② 各清管站清管作业将排放一定量的天然气，检修还将产生少量废水和固体废物；

③ 各站场分离器、阀门、放空管和管线运行产生的噪声；

④ 站场检修时将排放一定量的天然气，检修时还将产生少量废水和固体废物；

⑤ 工作人员产生少量生活污水和垃圾；

⑥ 站场的机械设备产生噪声等。

（2）事故状态下对环境影响

① 自然因素造成的灾害，包括洪水、地震及地质方面灾害；

② 人类活动造成的灾害，如建造水库、水坝、劈山修路、开矿，山体或河床开采建

筑材料，毁林开荒，误操作等。

③ 人为破坏，偷气、偷盗设备材料；设备老化，管道腐蚀穿孔等。

2. 施工期和营运期评价的重点内容分别是什么？

（1）施工期

主要评价内容包括生态环境的影响评价、水环境影响评价以及相应的环保措施等。生态环境影响评价主要在于工程可能带来的水土流失、植被破坏以及对周边环境的影响；水环境影响评价主要在于河流的穿越可能带来的水体的污染；环保措施应当结合相应的评价进行。

（2）营运期

主要应当对环境风险进行评价，由于自然或者人为因素引起的天然气泄漏、爆炸等事故是重点考察对象。

3. 在线路选取过程中怎样进行环境保护？

主要在于线路选择的原则，具体包括：

① 尽量避绕自然保护区、风景名胜区、水源保护区、人口密集区等环境敏感区域；

② 尽量避绕城市规划区、多年生经济作物区；

③ 尽量减少与河流、沟渠交叉，合理选择大型河流跨越位置；

④ 山丘丘陵区选择较宽阔、纵坡较少的河谷、沟谷地段通过；

⑤ 避开大面积的林区，尽量减少对森林植被的破坏。

4. 本项目的环境保护措施可能包括哪些？

（1）生态环境保护

① 合理选择渣场，避免因弃渣的堆放引起水土流失、地表植被破坏等情况的发生。

② 对于征用农田和土地的情况，要严格上报，与当地有关部门沟通，结合当地规划进行土地的选取。

③ 最大限度地缩小施工带宽，减少施工波及的影响范围，施工机械、车辆及人员走固定线路，不得随意开辟道路。

④ 对沿线要进行植被和生物多样性补偿，采用必要措施，防止水土流失。

（2）水环境保护

① 在穿越河流的施工过程中，尽量减少作业面积，以免带来更大的污染。

② 各类建材的堆放应当远离水体，同时对于粉末状材料应当加盖布篷，防止被风吹散。

③ 弃土应当统一清理并且统一堆放。

④ 禁止向沿线水体投放任何弃土、弃渣，避免引起河道堵塞。

⑤ 对于工作人员产生的固体废弃物及时清理。

（3）声环境保护

采用低噪声设备，在敏感地段避免夜间施工，设置防噪声屏蔽等尽量减少噪声给周围居民带来的影响。

5. 风险防范有哪些措施？

（1）施工期

① 应当加强监理，确保管线的接口焊接质量。

② 加强施工检验员和施工人员的培训，提高施工水平。

③ 制定严格的规章制度，对出现的问题及时处理、及时解决。

（2）营运期

① 严格控制天然气的质量，定期清管，及时排除管内的积水和污物。

② 及时维修和更换出现管壁变薄的管段。

③ 保证定期对管道进行检查。

④ 在铁路、公路、河流穿越处要设置明显标志，提醒来往行人车辆。

⑤ 对事故易发地段，要加强巡视，对管道安全有影响的行为应及时制止或采取相应措施。

案例六 山区公路建设项目

某山岭重丘区公路工程，全长 62.05km，其中山岭区长 18.9km，设计行车速度 60km/h，路基宽 22.5m；重丘区 43.15km，设计行车速度 80km/h，路基宽 24.5m。主要工程数量如下：土方 $287.5\times10^4m^3$，石方 $320.4\times10^4m^3$，特大桥 5 座，大桥 20 座，隧道 5 座，长 4740m，立体交叉 9 处，永久占地 $291.79hm^2$，拆迁建筑物 $10300m^2$，拆迁户数 58 户，210 人。沿途永久占用土地 $120hm^2$，临时占用土地 $130hm^2$。该项目选线横跨南盘江，在项目起点 K3.0—K4.5 处，经过作为当地水源地的丰收水库集水范围。

问题

1. 给出 1 级项目生态调查需要提供的成果。
2. 如何进行该项目的水土流失预测？
3. 生态影响评价的主要内容包括哪些？
4. 项目主要环境风险有哪些？如何评价？
5. 主要环境要素的评价等级如何确定？
6. 该公路竣工通车前具备哪些条件方可进行环保验收？应提交什么文件？

参考答案

1. 给出 1 级项目生态调查需要提供的成果。

3 级项目提交土地利用现状图、项目位置图、工程平面布置图和关键评价因子评价成果图，2 级项目增加植被类型分布图、资源分布图和主要评价因子评价成果图；1 级项目除完成上述图件外，要充分应用 3S 一体化、多媒体等高新信息技术手段进行生态影响评价，并提交相应成果。

2. 如何进行该项目的水土流失预测？

项目的水土流失预测时段为施工期，结合公路设计、实施调查以及当地水文资料，采用美国通用土壤流失方程（USLE）确定不同施工阶段土壤侵蚀模数和受侵蚀面积，计算得到水土流失量；或者根据当地的实际水土流失观测资料对不同坡度和路段的水土流失进行预测。

3. 生态影响评价的主要内容包括哪些？

本项目生态影响评价的主要内容如下：

（1）对农业（耕地、果园）的影响。

（2）对沿线植被、动物影响。

(3) 水土流失的影响。

(4) 搬迁、占地等是否影响当地生态系统稳定性和完整性。

(5) 调查确定沿线是否有风景区或者文物保护区等敏感区域以及是否造成影响。

4. 项目主要环境风险有哪些？如何评价？

项目主要环境风险：

(1) 施工过程中环保措施没有落实导致施工场地周围生态环境、水环境严重恶化。

(2) 危险品运输风险：公路投入使用后，存在由于交通事故、储罐老化破裂、桥梁坍塌等导致车运危险品泄漏入河流或水库从而影响水质的风险。

(3) 隧道施工期爆破作业的环境风险。

环境风险评价：依据技术导则规定的风险评价原则，进行风险值计算，风险可接受分析采用最大可信灾害事故风险值 R_{max} 与同行业可接受风险水平 R_L 比较：

$R_{max} \leqslant R_L$ 则认为本项目的建设风险水平是可以接受的。

$R_{max} > R_L$ 则认为本项目需要采取降低事故风险的措施，以达到可接受水平，否则项目的建设是不可接受的。

5. 主要环境要素的评价等级如何确定？

主要环境要素的评价等级根据国家环保局《环境影响评价技术导则》中的分级依据确定。

大气、地表水、噪声的评价等级均分三等：

(1) 大气环境影响评价等级根据主要污染物排放量，周围地形的复杂程度以及当地应执行的环境质量标准等因素进行划分。

(2) 地表水环境影响评价的等级根据污水排放量，污水水质的复杂程度，各种受纳污水的地面水域的规模以及对它的水质要求进行划分。

(3) 噪声环境影响评价的等级根据按投资额划分的建设项目规模，噪声源种类及数量、项目建设前后噪声级的变化程度，建设项目噪声有影响范围内的环境保护目标、环境噪声标准和人口分布进行划分。

6. 该公路竣工通车前具备哪些条件方可进行环保验收？应提交什么文件？

该公路竣工通车前环保验收的主要内容如下：

(1) 建设前期环境保护审查、审批手续完备，技术资料与环境保护档案资料齐全。

(2) 水土保持措施、敏感区的道路两侧噪声防护措施及其他环境保护措施已按要求建成或者落实，安装符合标准，经负荷试车检测合格，其防治污染能力适应主体工程的需要。

(3) 建成水库段的地表径流截排措施、水库段危险车辆禁行标识。

(4) 具备环境保护设施正常运转的条件，包括：经培训合格的操作人员，健全的岗位操作规程及相应的规章制度，原料、动力供应落实，符合交付使用的其他要求。

(5) 污染物排放符合环境影响报告书（表）或者环境影响登记表和设计文件中提出的标准及核定的污染物排放总量控制指标的要求。

(6) 各项生态保护措施按环境影响报告书（表）规定的要求落实，建设项目建设过程中受到破坏并可恢复的环境已按规定采取了恢复措施。

(7) 环境监测项目、点位、机构设置及人员配备，符合环境影响报告书（表）和有关要求。

(8) 环境影响报告书（表）提出需对环境保护敏感点进行环境影响验证，对清洁生产进行指标考核，对施工期环境保护措施落实情况进行工程环境监理的，已按规定要求完成。

(9) 环境影响报告书（表）要求建设单位采取措施削减其他设施污染物排放，或要求建设项目所在地地方政府或者有关部门采取“区域削减”措施满足污染物排放总量控制要求的，其相应措施得到落实。

应提交以下验收材料：(1) 对编制环境影响报告书的建设项目，为建设项目竣工环境保护验收申请报告，并附环境保护验收监测报告或调查报告；(2) 对编制环境影响报告表的建设项目，为建设项目竣工环境保护验收申请表，并附环境保护验收监测表或调查表；(3) 填报环境影响登记表的建设项目，为建设项目竣工环境保护验收登记卡。

案例七 电气化铁路建设项目

在北方地区甲、乙两城之间拟修建 300km 的电气化铁路，中间还将经过三个无集中供暖的中、小城镇，设三个中间站，但甲、乙两城市的车站单独列项，不在本工程建设之内。沿线经过两条河流，其中一条河流为某城的饮用水源保护区，以 1600m 的隧道穿越一处山体，山上植被为次生林；沿线有较多的农田（其中有较多的基本农田保护区）及灌渠、林地、果园。除施工营地租用民房外，其他临时用地均需新征。工程土石方量总量约 700 万 m^3，其中取土场 30 处，弃土场 12 处，大型石料场 3 处。

问题

1. 预测列车噪声影响需哪些资料?
2. 给出临近铁路的居民住宅噪声影响防治措施。
3. 工程水污染物来源及特征污染物。
4. 根据水土保持法的规定，本工程应采取哪些水土保持措施?
5. 本工程的大临工程有哪些? 对于三处大型石料场如何进行生态恢复?

参考答案

1. 预测列车噪声影响需哪些资料?

(1) 依据可行性研究报告或初步设计分段给出线路条件，其中包括路基、桥梁、道床、轨枕、钢轨类型等。

(2) 分段给出列车昼间和夜间的对数、编组及运行速度。

(3) 给出列车类型、牵引类型。

2. 给出临近铁路的居民住宅噪声影响防治措施。

(1) 工程措施：选用无缝钢轨，无碴轨道，设置声屏障、隔声窗。

(2) 生物防护措施：种植乔灌草有机结合的绿化隔离带。

(3) 管理措施：环保搬迁、控制鸣笛

3. 工程水污染物来源及特征污染物。

(1) 施工期，水污染物主要来自施工场地的生产废水和施工人员的生活污水，主要污染物为悬浮物、COD、BOD、氨氮。

(2) 营运期，水污染物主要来自机务段列车清洗废水，其特征污染物为 COD、油类；

车站清洗和生活污水，其特征污染物为COD、BOD、氨氮。

4. 根据水土保持法的规定，本工程应采取哪些水土保持措施？

（1）应当尽量减少破坏植被；

（2）废弃的砂、石、土必须运至规定的专门存放地堆放，不得向江河、湖泊、水库和专门存放地以外的沟渠倾倒；

（3）在铁路两侧地界以内的山坡地，必须修建护坡或者采取其他土地整治措施；

（4）工程竣工后，取土场、开挖面和废弃的砂、石、土存放地的裸露土地必须植树种草，防止水土流失。

5. 本工程的大临工程有哪些？对于三处大型石料场如何进行生态恢复？

（1）取土场、弃土场、石料场、大型加工厂、施工车辆与机械集中停放场、轨排基地等。

（2）首先要保护好原石料场被剥离的地表土壤层。采石结束后，整修采坑内的陡坡，根据情况，采取喷浆护坡、喷混植生陡坡绿化技术等恢复生态。如果当地其他工程仍需利用本采石场，则需办理转用手续，明确生态恢复责任。也可将采坑蓄水作水产养殖等。

案例八　大型现代化机场建设项目

某大城市有人口500万人，面积8320km^2。随着社会经济的增长，对于航空港的需要越来越迫切，其距离最近的机场在300km以外。现在拟在其东北30km处建设一能够起降波音747机型的大型现代化机场。项目运营后的年旅客流量为5000万人次，货物吞吐量为400万t，年飞机起降架次为534000次，高峰期飞机起降架次为180次/h。机场工程内容包括：飞行场区跑道工程、站场和导航助航工程几大部分，其中两条跑道3800m×60m，道肩宽度4.5m；两条平行滑道、4条快速出口滑道，滑道宽度17.5～25m，采用水泥混凝土道面；土方工程：场区填方180万m^3，挖方260万m^3；排水工程包括雨水排出系统，各类排水沟总长35km；场区总占地面积4.5km^2。站场工程包括：航站楼、空管楼、货运仓库、公安安检用房等；总占地面积62530m^2。机场所在地内包括一个自然村，有50户148人。在机场跑道延长线10km内有村庄4个，居民5400人，中心学校2所，在机场跑道延长线5km内有村庄2个，居民2100人，学校一所，机场东侧1.5km还有一处高品位的有色金属矿藏。

问题

1. 本机场项目环境影响评价的重点是什么？
2. 飞机噪声评价的评价量是什么？
3. 如何进行噪声现状评价？
4. 若要开发机场东侧的有色金属矿藏需要什么部门批准？
5. 机场噪声控制的对策有哪些？
6. 如何开展本项目环境影响评价中的公众参与工作？

参考答案

1. 本机场项目环境影响评价的重点是什么？

本机场项目施工期的评价重点是水土流失和扬尘环境影响，如土方工程中的挖方、物料运输等造成的影响，工程引起的一定程度的区域沙化等。运营期的评价重点是声环境的影响，尤其是机场噪声对于周围居民点及学校的影响。

2. 飞机噪声评价的评价量是什么？

飞机噪声评价量是计权有效连续感觉噪声级（WECPNL）。

3. 如何进行噪声现状评价？

本项目环境噪声的现状评价主要考虑各监测点昼间和夜间的等效连续A声级，超标状况及主要声源。噪声现状评价步骤与方法：确定主要噪声源—确定主要噪声敏感点—布设监测点—现场监测—选取评价标准—进行现状评价。

（1）确定主要噪声源：跑道。

（2）确定主要噪声敏感点：文中述及的村庄。

（3）布设与监测：采用网格布点法，按照国家颁布的标准测量方法进行测量。

（4）评价：根据机场所在地的噪声功能区划，选取合适的标准进行声环境现状评价。

4. 若要开发机场东侧的有色金属矿藏需要什么部门批准？

开发机场东侧的有色金属矿藏需要经国务院授权的有关部门同意。

5. 机场噪声控制的对策有哪些？

机场噪声控制的对策：

（1）减低声源强度：使用低噪声水泥；科学建设机场的位置或跑道的方向；合理制订机场飞行班次、起降程序，引进低噪声飞机，从而减少对敏感点的影响。

（2）加强受声体的防护：为机场周边的住宅加装隔声窗、减振器等，合理规划周边土地的使用，避免新增住宅、学校等噪声敏感点。有必要时也可采用部分敏感点的搬迁。

（3）增加传播途径上的损耗：机场周边种植一定宽度的绿化隔离带，利用多余的土方在机场周围修筑坡地，起到降低噪声的作用。

（4）限制机场周围土地利用，机场噪声影响区内的噪声敏感目标应该采取搬迁等手段，并在当地土地利用规划中将机场周围一定范围内设定为限制发展区。

6. 如何开展本项目环境影响评价中的公众参与工作？

（1）时间：在项目可研阶段，开展公众参与。

（2）主办方：项目建设单位；协调方：环境保护行政主管部门，环境影响评价单位。

（3）参与内容：机场选址、建设方案、环境影响等。

（4）工作内容：公开规定的环评文件信息，减轻居民顾虑，可采用问卷调查、座谈会、听证会等形式，公开征求公众意见，并组织专家进行意见审核。召集受影响居民代表、当地政府官员和有关管理人员开座谈会，听取他们对工程方案和环境保护要求等方面的意见和建议。还可设立咨询、投诉电话，使居民能随时了解污染情况，投诉违法行为。

案例九　某磁浮交通工程建设项目

某磁浮交通工程全长约177.351km，涉及70个敏感保护目标，主要位于2类声功能区和4类声功能区，主要背景噪声来源为道路交通和铁路，其中，13个村庄敏感点，5个学校敏感点，2个卫生院敏感点，1个敬老院敏感点。

地表水现状调查数据显示，沿线地表水水质除pH值达标外，其余指标均未达到相对应的水环境功能区划的要求，主要超标的污染因子有总磷、氨氮，其次是BOD_5、DO、石油类。拟建工程区域的环境空气质量尚好，可达到国家二级标准，但部分点位 TSP 超标。沿线静磁场、工频（50Hz）电场、磁场、无线电干扰、电视信号均符合环境标准。

根据项目初步计划，预计施工期持续时间将为 2 年左右。工程需要架设桥梁，涉及动迁、征地、征用鱼塘、占用水源涵养林等问题，但征地比例较小，同时已经就沿线的文物古迹与当地有关部门取得联系。

问题

1. 简述施工期噪声及振动防护的主要措施。

2. 本项目对社会环境的影响是什么？

3. 本项目对生态环境的影响有哪些？

4. 水土保持的措施有哪些？

参考答案

1. 简述施工期噪声及振动防护的主要措施。

施工期间，应当严格执行国家有关噪声控制的标准要求，采取积极有效的措施，合理安排施工场地，尽量远离居民区等敏感点；施工场界内合理安排施工机械，噪声、振动大的施工机械布置在远离居民区等敏感点的一侧。

采取加防振垫、包覆和隔声罩等有效措施减轻噪声污染；合理安排各项施工作业的时段，保证夜间场界噪声达标。如需夜间超标作业，必须向施工场地所在区环保局提出申请，获准后方可在指定日期内实施，并提前告示所在区域居民、单位等。

针对筑路机械施工的噪声具有突发、无规则、不连续、高强度等特点，可采取合理安排施工工序等措施加以缓解。如噪声源强大的作业可放在昼间进行，尽可能减少对周边居民的生活影响。

施工振动主要来自于土地挖掘、打桩及施工运输等，影响较噪声小得多。一般在施工工地边界外 30m 处基本不受影响。

2. 本项目对社会环境的影响是什么？

（1）征地影响

各路段征用的土地占沿线各区土地总面积的比例较小，从总体上看，由于工程建设征地导致的区域土地利用性质变化极微。

（2）动迁影响

工程建设将需拆除工程范围内部分居民用房，对当地居民的生产生活会产生一定的影响。

（3）土地利用的影响

工程建设所征用的部分土地，其利用性质会有所改变，但不会改变沿途乡镇街道原有功能性质。

（4）对现有交通的影响

工程建设时将会对部分道路交通、航道运行、农民生产、水利灌溉等造成一定影响，但这些影响是暂时的，随着工程完成而结束。

（5）对文物遗址的影响

沿线涉及一些文物古迹，已与相关政府部门取得联系，按有关文物法律、法规办理报批手续，按文物法要求进行相关活动，不会产生较大影响。

3. 本项目对生态环境的影响有哪些?

(1) 对动植物生态环境的影响

工程对该区域的植物生态的影响主要体现在工程占地和道路阻隔引起局部区域农作物和林地布局发生变化。

(2) 对水生生物的影响

工程的建设需要征用部分鱼塘，使区域内的水产养殖面积减少。桥梁的施工过程中钻孔打桩，产生的泥浆水以及打桩钻孔的振动对水产养殖有一定的影响。

(3) 对水土保持的影响

项目建设占用水源涵养林，为使涵养林能继续充分发挥固土护堤、涵养水源的功能，施工时须注意避免破坏原有植被，并注意做好施工设计和组织，合理调配土石方，选取合理的取弃土场。线路外围遭破坏的植被应在施工完毕后尽快全面恢复，并对因工程建设而损失的涵养林进行适当的生态补偿。

4. 水土保持的措施有哪些?

临时设施区的水土流失预防包括施工场地、施工便道、施工管理区及临时堆渣场等临时施工占地。该区的防治措施应以施工期的临时防护和施工临时占地结束后的土地整治措施为主。路堤坡面以植物防护措施为主，沿河、浸水地段路堤采用浆砌片石护坡。路基土石方尽量移挖作填；对于不能移挖作填地段采用集中取、弃土的原则，取、弃土场尽量选择在荒地，少占良田。取土场及弃土场采用回填复耕种植土等方法，对场地进行复耕处理，还地于民。

案例十　穿过国家自然保护区思小高速公路项目

拟建思小高速公路是我国西南通往南亚大陆的国际通道的主要路段，有一段线路必须经过西双版纳国家自然保护区勐养片区，在自然保护区内的里程为 18.522km，其中有 4.722km 的路段所在区域经调整后由核心区划为实验区。路域环境中发育着热带雨林等珍贵植被类型，生长着山白兰等重点保护的野生植物，栖息有亚洲象等重点保护的野生动物。

本项目线路总长 97.8km，设计行车速度 60km/h，路基宽度 22.5m，全程有互通式立交 6 处，分离式立交 3 处，跨河大桥 57 座（11602.88m），中桥 143 座（9752.5m），小桥 38 座（1149m），单洞长隧道 16 道（10080m），涵洞 132 道（1149m），服务区 3 处，收费站 8 处。该公路征用土地 8.1 万亩，土石方数量 10861.258km^3，项目总投资 38 亿元。

该项目穿越多个村庄，K40+150 经过普文河。

问题

1. 本项目的环境影响是什么?
2. 本项目的主要环境保护目标有哪些?
3. 本项目生态环境现状调查的主要内容与方法?
4. 本项目评价工作重点和评价中应注意的问题是什么?
5. 确定本项目生态环境敏感目标。
6. 简要说明生态环境保护应采取的措施。
7. 请你设置本项目的评价专题。

参考答案

1. 本项目的环境影响是什么？

施工期的环境影响

① 噪声：公路地基处理、路基填筑、桥梁施工、路面施工等机械运行噪声。

② 环境空气：路基施工、道路施工引起的扬尘；路面施工产生的沥青烟。

③ 水环境：施工机械的含油污水；施工营地的生活污水、生活垃圾以及桥梁施工对水体的污染；雨水对建筑材料堆放的冲刷对水体的污染。

④ 生态环境：路基施工使植被遭到破坏，农田、林地被占用，地表裸露，增加水土流失，工程占地将减少当地的耕地、林地、园地等面积；施工对自然保护区、植被及野生动植物的不利影响。

⑤ 社会环境：居民搬迁；交通不便。

运营期的环境影响

① 噪声：汽车运行产生的噪声。

② 空气环境：汽车尾气；路面扬尘。

③ 水环境：路面的含油污水；生活污水；危险品运输泄漏事故对水体的污染。

④ 生态环境：植被未完全恢复，水土流失依然存在，公路阻隔影响动物栖息环境。

⑤ 社会环境。

2. 本项目的主要环境保护目标有哪些？

按生态环境：西双版纳国家自然保护区勐养片区、植被、珍稀植物、珍稀动物、野生动物通道等；

水环境：重点为 K40+50 普文河水质，服务区、收费站污水排放；

社会环境：受拆迁影响的居民生活质量、土地利用、城镇规划；

声环境、环境空气：居民点、学校等。

3. 本项目生态环境现状调查的主要内容与方法？

(1) 生态环境现状调查的主要内容

① 自然环境调查：地形地貌、水文、土壤等。

② 生态系统调查：自然保护区及沿途评价范围内动、植物（特别是珍稀物种）的种类、数量、分布、生活习性、生境条件、繁殖和迁徙行为的规律；生态系统的整体性、特点、结构及环境服务功能；与其他生态系统关系及生态限制因素等。

③ 区域社会经济状况调查：土地利用现状、资源利用现状等。

④ 敏感保护目标调查。

⑤ 区域可持续发展规划、环境规划调查。

⑥ 区域生态环境历史变迁情况、主要生态环境问题及自然灾害等。

(2) 生态环境现状调查方法

根据《环境影响评价技术导则——非污染生态影响》，生态环境现状调查的方法包括：

① 收集现有资料。

② 收集各级政府部门有关土地利用、自然资源、自然保护区、珍稀和濒危物种保护的规划或规定、环境保护规划、环境功能规划、生态功能规划及国内国际确认的有特殊意义的栖息地和珍稀、濒危物种等资料，并熟悉国际有关规定等资料。

③ 野外调查。

④ 收集遥感资料，建立地理信息系统，并进行野外定位验证。

⑤ 访问专家，解决调查和评价中高度专业化的问题和疑难问题。

⑥ 采取定位或半定位观测。如候鸟迁徙等。

生态环境现状调查的内容包括自然环境、生态系统、区域资源和社会经济状况调查，区域敏感保护目标，区域土地利用规划、发展规划和环境规划，区域生态环境历史变迁情况，主要生态环境问题及自然灾害等。

4. 本项目评价工作重点和评价中应注意的问题是什么？

评价重点：

① 为生态环境影响评价，详细调查沿线生态现状。

② 本项目实验对生态环境的影响。

③ 提出有针对性，切实可行的生态保护与恢复措施。

本项目需经过国家级自然保护区核心区界内，与现行法律法规的有关规定相冲突。环境影响评价时，为了执行相关法律，在路线布设确实无法避开的前提条件下，由公路建设的业主单位提出申请，经国家级自然保护区主管部门同意，对其功能区划分调整为实验区并同意建设后，该公路项目方可穿越。因此，该项目在评价期间是认真执行相关法律法规和相关政策的。

5. 确定本项目生态环境敏感目标。

(1) 西双版纳国家级自然保护区勐养片区，所在区域是由原来的核心区划归为实验区的，发育着热带雨林等珍贵植被类型，生长着山白兰等重点保护的野生植物，栖息有亚洲象等重点保护的野生动物。

(2) 天然植被保存较好的区域。

(3) 珍稀植物（含区域特有种）。

(4) 珍稀动物，如亚洲象等。

6. 简要说明生态环境保护应采取的措施。

对减少环境影响的措施分别从设计期、施工期和营运期三个时段提出。

(1) 在设计期贯彻“环保选线”理念，进行路线方案优化，经过论证最终选择对自然保护区影响小的方案。同时对公路沿线陆域范围内的野生保护植物进行调查，记录受保护植物的名称、保护级别、类别、分布地理位置、分布数量。对受保护动物亚洲象应调查活动栖息场所，特别是活动或饮水路线等，为保护措施提供依据。

(2) 施工期，依据现场调查结果，提出生态监理制度。对受保护植物提出移栽保护或保护遗传因子的措施，使被保护的野生植物在施工期的影响减低到最低限度。增设动物通道或增加桥隧比例的措施，从而减少对动物的阻隔。

(3) 营运期，在自然保护区路段设禁鸣措施，对公路路侧坡面、中央分隔带、互通立交区、服务与管理区、取弃土场等处的绿化或植被恢复措施，并强调在植被恢复时只能选用当地植物，以保证生态安全。

7. 请你设置本项目的评价专题。

专题（13 个）

① 工程分析

② 施工期环境影响分析

③ 环境现状调查与评价

④ 生态环境

⑤ 水环境

⑥ 声环境

⑦ 环境空气

⑧ 水土保持

⑨ 社会环境

⑩ 交通运输污染风险

⑪ 环境经济损益分析

⑫ 环境保护管理和监测计划

⑬ 公众参与

⑭ 选址、选线的方案比选

从减少对国家自然保护区的影响出发，对其影响范围、影响里程、影响面积、影响受保护动植物的数量进行分析论证后，提出合理选线方案。

案例十一　某机场二期工程建设项目

某机场二期工程位于城市西北郊区，地处农村区域，距市区的直线距离为26km，性质为民用航空运输4E级干线机场及国内地区枢纽机场。机场现有3000m×60m跑道1条，跑道设有与其等长的平行滑行道。停机坪面积10.6万m^2，可停放12架飞机。机场现有两个航站楼，总建筑面积9.5万m^2，站坪总面积34万m^2，共有32个机位。站前广场的停车场面积4.5万m^2。货运库面积1.4万m^2。机场现有东、西两条进场道路。

机场二期工程新建17万m^2的3号航站楼，站坪道面面积49.95万m^2，扩建停车场面积10.9万m^2；同时新建2台35t/h燃煤的锅炉，废水排入就近水体。机场二期工程占用土地8000亩，其中征用土地6000亩，其中包括农田2900亩，果园1300亩，其他为居住和厂矿建设用地。机场周边有村庄、学校、医院、政府办公楼以及一些工矿企业。

问题

1. 试设计公众意见调查问卷所包含的问题。
2. 本工程的重点环境影响是什么？
3. 机场建设对生态环境的影响是什么？
4. 为了降低水环境污染，应当考虑哪些问题？
5. 简述主要的环境污染防治对策。

参考答案

1. 试设计公众意见调查问卷所包含的问题。

公众问卷可能包含的问题如下。

（1）你对机场二期工程的态度如何？（支持、反对或无所谓）

（2）机场二期工程征地拆迁对你是否有影响？（影响较大、影响不大或者无影响）

（3）你认为机场二期工程建设对哪些方面的环境影响较大？（飞机噪声、水污染、飞机尾气和锅炉烟气污染、垃圾等固体废物、水土流失）

（4）机场飞机噪声对你是否有影响？（影响很大、有影响但能承受、没有影响）

（5）你对机场二期工程环境报告书的看法如何？

（6）你对机场二期工程有关环境保护方面有哪些意见和建议？

2. 本工程的重点环境影响是什么？

本工程的重点环境影响应该是噪声污染，机场二期工程投入营运后，飞机噪声对机场周围村庄、学校、医院、政府办公楼以及工矿企业的影响程度增加。

3. 机场建设对生态环境的影响是什么？

机场二期工程征用大量土地，占地引起土地利用现状变更，导致部分农田、果园消失，对种植业产生局部影响。征用农田果园，可能导致粮食、鲜果总产量降低。

征用居住和厂矿用地可能导致部分居民需要拆迁，部分厂矿关闭可能影响当地人们就业，因此对于这部分居民应当妥善安置。

4. 为了降低水环境污染，应当考虑哪些问题？

机场的废水直接排入就近水体，而不经过市政管网排入污水处理厂进行处理，因此，在机场建设过程中应当考虑建立污水处理厂或者污水处理设施，机场废水经生化处理后排入水体。另外，机场的建设还应当考虑与当地城市规划和水体功能区域划分相结合，避免因为机场建设引起城市部分水体水质恶化，带来负面影响。

5. 简述主要的环境污染防治对策。

（1）噪声

对于机场产生的噪声可以采取如下措施：在住宅、学校、医院、办公楼等地采取隔声措施，比如采用隔声门窗等；通过机场的管理，合理地控制飞机的起落也可以大幅度降低噪声的影响；合理地利用土地，对于噪声影响大的区域，由市政府考虑重新规划，避免在该区域设立学校等敏感场所，而安排一些对噪声不很敏感的利用方案。

（2）废气

机场内建有燃煤锅炉，会产生二氧化硫之类的污染物，因此可以采用高效除尘和脱硫设施，严格控制气体的污染物浓度和成分，然后再排放。烟囱不应安排在居民区或者学校医院的上风向，同时要保证烟囱的高度达到国家标准。

（3）废水

由于机场未配套污水处理设施，因此必须新建污水处理厂以使机场产生的废水可以经过处理达标后排放，否则容易导致就近水体的水质恶化。对于部分生活污水还可以充分利用，比如洗车、浇灌绿地等。

（4）生态环境

项目征地较多，而相当一部分是农田和果园，因此在建设前应当积极与当地有关部门进行沟通和规划，避免土地不合理的规划导致浪费土地资源，机场应当保证一定的植被覆盖率，做好绿化工作，避免出现裸露的地表。同时在航站区、办公区和生活区可以种植观赏性树冠矮的乔木、灌木和藤本植物等。

（5）征地拆迁

在征地拆迁过程中一定要妥善处置拆迁居民的安置和补偿工作，同时对于拆迁过程中产生的土石方等需要及时清理，将土地平整，避免水土流失。

案例十二　近海混合码头建设项目

某地拟在近海建一混合码头，设计油品泊位 3 个，煤炭泊位 2 个，散杂货泊位 3 个。码头所在近海一带现状以水产养殖业为主。拟建工程占用陆域面积 270hm^2，同时，需填海造地 10hm^2。征地无拆迁，但防护距离范围内是否有居民尚需调查。除港池疏浚约 600 万 m^2 外，陆地工程挖方量 60 万 m^2，填方量 157 万 m^2。距码头占地区 8km 有一省级自然保护区、距码头 10km 的海域有一岛礁旅游度假风景区。

问题

1. 在工程分析中，除交代主体工程基本情况外，还需说明哪些问题?

2. 工程建设生态影响应考虑哪些方面?

3. 在环境现状调查与评价中，环境保护目标除自然保护区、风景名胜区外，还应关注哪些?

4. 简述工程施工期可能对近岸海域造成的影响。

5. 简要分析营运期的环境风险因素。

参考答案

1. 在工程分析中，除交代主体工程基本情况外，还需说明哪些问题?

还需交代辅助工程、附属工程、配套工程、环保工程或依托工程，包括陆地运输道路、岸上储罐、供水、供电、通讯、生活办公场所、污水处理、垃圾处理等。

工程分析中应说明生产营运方式与过程，各类污染物的产生环节、主要污染物产生量与排放量，拟采取的环境保护措施等。

2. 工程建设生态影响应考虑哪些方面?

生态影响需考虑陆地生态影响与近岸海域生态影响。

陆地生态影响保护工程占地及土石方填挖作业造成的土地利用格局的改变、植被损失、水土流失，对周边敏感生态保护目标——省级自然保护区、岛礁旅游度假区等的不利影响。

近岸海域生态影响主要是对海洋生物的影响，包括港池疏浚及产生的悬浮物质、船舶运输及其排放的噪声等污染物对海洋生物的不利影响；运输油品的船舶发生溢油事故产生的环境风险或污染影响。

3. 在环境现状调查与评价中，环境保护目标除自然保护区、风景名胜区外，还应关注哪些?

关注工程占地区自然植被、野生动物、有无保护物种，重要群落或生态系统；关注近岸海域环境功能、海水水质现状、海洋保护动物、重要经济鱼类等海洋生物资源现状、海水养殖等。

4. 简述工程施工期可能对近岸海域造成的影响。

主要是码头工程填海造地施工及港池疏浚作业影响，包括施工期产生的施工污水、生活污水排放的影响，港池疏浚产生的悬浮物、噪声、含油污水对近岸海域水质及海洋生物将造成不良影响。其次，施工期扬尘、固体废物对海域的影响等。

5. 简要分析营运期的环境风险因素。

主要是陆地油罐及运输油品的船舶发生油品泄漏、着火，不仅会造成安全事故，也将破坏、污染环境，特别是海洋生态环境。

此外，国际运输船舶需关注外来物种引进的生态风险问题，特别是由国外而来的船舶，其压舱水在码头排放过程中外来有害物种侵入我国海域，破坏海域生态环境。

案例十三　某大桥建设项目

某大桥工程全长1860m，其中桥梁长度945m，西端引道长332.5m，东端引道长582.5m。桥宽30m，引道宽40m。本工程桥梁红线宽度按30m控制（道路部分红线宽度按40m控制），双向六车道。为城市Ⅰ级主干道，设计车速为60km/h。总投资估算17063万元，预计工期15个月。考虑桥位设计与城市规划相协调，大桥陆域部分采取避让村镇、庙宇、名木古树等，做到近村不进村，以减少拆迁量，连接线应尽量利用现有公路；尽量借助自然景观进行路景设计，维持自然地貌生态等措施。施工单位将就工程的设计规划征求广大市民的意见和建议。

问题

1. 阐述施工期大气污染源有哪些。
2. 本工程自然因素调查的主要内容是什么？
3. 简述声环境影响预测与评价主要包含的内容。
4. 试进行社会环境影响预测与分析。
5. 营运期的主要环境保护措施有哪些？
6. 公众参与调查的目的、方式、对象分别是什么？

参考答案

1. 阐述施工期大气污染源有哪些。

施工期大气污染主要为扬尘污染。筑桥及修堤材料的运输、装卸、拌合过程中有大量的粉尘散落到周围大气中；筑桥及修堤材料堆放期间由于风吹会引起扬尘污染，尤其是在风速较大或汽车行驶速度较快的情况下，粉尘的污染更为严重。

2. 本工程自然因素调查的主要内容是什么？

（1）气候。气候因素主要是降水。雨季大雨和暴雨降水量大、强度大，雨水溅击表土作用强烈，使饱和状态的土壤受雨水溅蚀和径流冲刷造成水土流失。

（2）地形地貌。地形地貌是产生水土流失的潜在条件，地面坡度的大小、坡面的长短、坡形的不同等都对水土流失有很大的影响。

（3）土壤地质。土壤的抗蚀能力也是水土流失的主要因素，土壤抗蚀、抗冲的能力与成土母质有很大关系。

（4）植被。植被是自然因素中影响水土流失的决定性因素，植被覆盖率越大，水土流失越多。一旦植被破坏，不易恢复，地表裸露，便会造成严重的水土流失。

3. 简述声环境影响预测与评价主要包含的内容。

施工期主要噪声源有施工机械如运输车辆、筑路机械、搅拌机等，以及钻孔等施工行为。桥梁和堤防工程建设施工工作量大，机械化程度高，由此而产生的噪声对周围区域环境有一定的影响。相对营运期而言，建设期施工噪声影响是短期的，暂时的，而且具有局部路段特性。施工机械噪声夜间影响严重，施工场地300m范围内有居民区的地方禁止夜间使用高噪声的施工机械，尽可能避免夜间施工。固定地点施工机械操作场地，应设在

300m 范围内无较大居民区的地方。在无法避开的情况下，采取临时降噪措施，如安置临时声屏障。

4. 试进行社会环境影响预测与分析。

工程的建设，会带动整个地区行业的发展和整个地区的经济发展、运输能力、旅游事业的发展等，包括区域内的商业、饮食业、旅游业、运输业、加工业、养殖业及特色农业等迅速发展。拆迁和征地后人员的安置应结合城市建设规划进行设计。安置方式有如下形式：原区域范围内就地安置；作价补偿；购置商品房进城务工经商等。还有对基础设施的影响，主要由于项目建设对沿线现有水利设施可能产生破坏。对航运的影响，来自于河道水位的抬高等。

5. 营运期的主要环境保护措施有哪些？

（1）噪声防护措施。建议桥梁两侧区域规划时，在距道路 50m 内不要修建学校、医院等对声环境要求高的建筑，20m 内不建居民住宅区。加强公安交通、公路运输管理，禁止噪声超标车辆行驶，并在集中居民区路段设禁止鸣笛标志。对于敏感点声环境采取必要的保护措施，同时加强噪声监测，根据监测结果确定是否采取隔声措施或给予一定的经济补偿。

（2）大气污染防治措施。设计中充分考虑引桥坡度对车辆尾气排放的影响，尽可能减小路面坡度。在道路两侧实施绿化工程，有利于吸附道路扬尘，保护沿线环境空气质量，达到美化环境和改善桥梁周围景观，执行汽车排放尾气车检制度，控制尾气排放超标车辆上路。执行环境空气监测计划，根据监测结果确定采取补充的环保措施。

（3）水环境污染防治措施。营运期的排水系统会因路基边坡或道路上尘砂受雨水冲刷等原因产生沉积、堵塞，因此维护单位应定期清理排水系统及全线的边沟，从而保证排水系统疏通。

（4）生态环保措施。及时恢复破坏的植被和生态环境，在引道两侧设置一定宽度的道路控制绿化带，对防护工程和绿化工程进行养护。

（5）水土流失防治。按设计要求进一步完善水土保持的各项工程措施、植物措施和土地复垦措施。科学合理地实行草与植被相结合的立体绿化格局，特别是对土质边坡，在施工后期及时进行绿化，以保护路基和堤坝边坡稳定，减少水土流失。

6. 公众参与调查的目的、方式、对象分别是什么？

公众调查的目的在于了解沿线居民的生活水平、公众对工程的基本态度和公众对为减轻环境影响而采取的措施的意见。调查方式可以采取问卷调查、登门走访等。调查对象为全市居民，重点为工程所涉及的范围内，尤其是工程周围的居民群体。由调查工作人员将印好的调查表通过机关、工厂、学校、居委会，选择不同职业、年龄代表随机发到被调查人员手中，当场填写，同时对公众反映的问卷以外的问题做好记录。

案例十四　高速公路建设项目（2007 年考题）

拟建 210km 双向 4 车道高速，使城 A 与现有高速路相连，沿线有低山丘陵、山岭重丘区、山间盆地、河流。设计车速 100km/h，路基宽 26m，平均高 4.5m；跨越 X、Y、Z 三条河建 3 座大桥；山岭重丘区凿 6 条隧道总长 5km；公路在出城 A 后沿 X 河左岸逆流敷设路段长 20km，X 河为城 A 饮用水源，公路通过水土流失重点监督区、重点治理区和重点预防区分别为 30、15、50km。土石方 1900 万 m^3，设取土场 26 处，弃渣场 36 处。征地 $1540hm^2$，其中耕地 $724hm^2$，林地 $690hm^2$，其他 $126hm^2$。评价范围内有二级保护植物，跨越少许的大型桥梁与下游某县城地块 15km。该河流为县城主要水源。评价范围内有村庄、学校 8 处敏感点，其中 1 处中学处于公路东侧。临路两栋平房敏感点距公路中心线约 90m。

问题

1. 简要说明二级保护植物调查应给出的结果。

2. 简要说明水土流失现状调查应给出的结果。

3. 简要说明线路选线应从哪几方面考虑减轻公路对环境的不利影响。

4. 给出对学校教室声环境现状监测布点方案。

5. 指出公路运营期的水环境风险。

参考答案

1. 简要说明二级保护植物调查应给出的结果。

(1) 应给出此二级植物的名称（含拉丁名）、分布格局、生境条件（海拔高度、土壤）；

(2) 调查样方设置，包括样方设置点土壤、坡度、朝向等自然环境特征，样方的地理坐标、样方数量等；

(3) 调查植物盖度、频率、植株高度、在群落中的成层与排序情况、覆盖率、密度、单位面积生物量、优势度等指标；

(4) 给出植物分布及覆盖度图、生物量图。

2. 简要说明水土流失现状调查应给出的结果。

根据水土流失原因分析及流失量计算的需要，应给出地形、坡度、坡长、降雨、风力、植被覆盖率、土壤、既有水保设施等基本情况，通过调查与计算给出土壤侵蚀类型、原因（风力、水力、重力等）、侵蚀模数、侵蚀强度、土壤流失量、工程可能损失的水保设施等。

3. 简要说明线路选线应从哪几方面考虑减轻公路对环境的不利影响。

选线方案分析应主要针对占地、植被损失、施工期水土流失、地表水、声环境、环境空气等方面影响的比较，经过敏感区域时，还需从规划相容性、土地利用、噪声影响、投资等方面进行比选，并提出绕避敏感区域的替代方案。尽可能量化比选。

4. 给出对学校教室声环境现状监测布点方案。

根据题意，应选择具有代表性的学校进行监测，其中靠近公路最近的、教室窗户面向拟建公路的学校必须进行监测。

(1) 应在学校教室四周距离教室大于 1m 处设置至少 4 个监测点，根据教室布局及走向，可在教室窗前增加监测点。

(2) 若教室周边有其他噪声源，需在噪声源边界外 1m 处对其排放噪声进行监测。

(3) 监测高度为 1.2m。

(4) 测点距离任一反射面距离不小于 1m。

5. 指出公路运营期的水环境风险。

运输危险品车辆在跨河桥梁处（X、Y、Z 河）发生事故，化学品泄漏造成水环境污染的风险。特别是X河为饮用水源，在跨越X河及伴行X河段风险影响更明显，须采取工程措施和风险管理措施，包括风险应急预案。

案例十五　公路改扩建项目（2010年考题）

拟对某连接A、B市的二级公路改扩建。该公路2002年通车，两侧主要为农业区，沿线多处村庄、学校，公路跨X河、Y河。跨X河桥梁下游3km处为A市集中式饮用水水源地。Y河为Ⅲ类水，改扩建主线采用高速公路标准建设，充分利用现有公路，部分路段废弃。仍在相同位置跨X河、Y河，水中设桥墩。新建1处服务区和2条三级公路标准的连接线。沿线无自然保护区、风景名胜区。

问题

1. 列出本工程主要环境保护目标。

2. 现有二级公路环境影响回顾性调查重点关注哪些内容？

3. 为减少对河流水环境的影响，改扩建工程施工期应采取哪些污染防治措施？

4. 为确保运营期饮用水源安全，对跨X河的桥梁需采取哪些工程措施？

5. 结合本工程特点，提出保护耕地的措施。

参考答案

1. 列出本工程主要环境保护目标。

主线及连接线沿线的村庄、学校、河流（X河、Y河、特别是饮用水源地）、农田（特别是基本农田）。

2. 现有二级公路环境影响回顾性调查重点关注哪些内容？

（1）回顾评价原二级公路环境影响评价及建设过程，原环评所预测的环境影响是否确有发生，原环评提出采取的环保措施是否有效。

（2）回顾评价原二级公路竣工环保验收情况及有关建议，特别是整改建议的落实情况。

（3）通过公众参与调查及必要的现场监测，说明原二级公路运行期间所产生的主要环境问题，所产生的实际环境影响，分析产生这些环境问题的原因，实际采取的措施及效果等情况。

（4）经回顾调查，确定本次改建需解决的既有二级公路的环境问题。

3. 为减少对河流水环境的影响，改扩建工程施工期应采取哪些污染防治措施？

（1）桥墩施工要严格采取围堰技术，提倡采用双钢围堰。

（2）采用先进技术，如采用成型的预制构件等，缩短现场施工作业时间。

（3）尽可能选择在枯水季节施工。

（4）施工产生的各类固体废物及时清理，防止进入河道。

（5）施工结束后及时将钻渣运出河道外进行处理。

（6）加强施工环境管理。

4. 为确保运营期饮用水源安全，对跨X河的桥梁需采取哪些工程措施？

（1）提高桥梁等级，确保工程质量。

（2）桥梁设置防撞护栏。

（3）桥位处设置拦水带或导水槽，防止进入河道。

(4) 在桥位外围路基设急流槽，在河道外设置集水池（应急事故池），接纳运输危险品车辆事故时泄漏物及桥面经流污染物。

(5) 设置警示标志。

5. 结合本工程特点，提出保护耕地的措施。

(1) 在充分利用原有公路的同时，对废弃路段可将其路基挖除，用作本次扩建工程的路基填方，以减少从取土场取用土方。

(2) 尽最大可能绕避农田，特别是基本农田。

(3) 占用农田应做到占补平衡，补偿或开垦与所占农田数量的质量相当地农田。

(4) 对占用的农田，应注意保护上层土壤层，用于新开垦农田或者劣质地改良。

(5) 取弃土场尽可能选择在征地范围内，确需在农田取土，则应严格控制取土面积与深度，工程结束后尽快恢复农用。

(6) 扩建中尽可能采取低路基方案，或以桥梁代路基，减少工程土石方量。

(7) 适当收缩边坡，减少工程占用农田的面积。

案例十六　省道改扩建项目（2011年考题）

拟对某一现有省道进行改扩建，其中拓宽路段长16km，新建路段长8km，新建、改建中型桥梁各1座，改造后全线为二级干线公路，设计车速80km/h，路基宽24m，采用沥青路面，改扩建工程需拆迁建筑物6200m^2。

该项目沿线两侧分布有大量农田，还有一定数量的果树和路旁绿化带，改建中型桥梁桥址，位于X河集中式饮用水源二级保护区外边缘，其下游4km处为该集中式饮用水源保护区取水口。新建桥梁跨越的Y河为宽浅型河流，水环境功能类别为Ⅱ类，桥梁设计中有3个桥墩位于河床，桥址下游0.5km处为某鱼类自然保护区的边界。公路沿线分布有村庄、学校等，其中A村庄、B小学和某城镇规划住宅区的概况及公路营运中期的噪声预测结果见表8-16-1：

表8-16-1

敏感点	距红线距离	敏感点概况	营运中期预测结果	路段
A村庄	4m	8户	超标8dB（A）	拓宽
城镇规划住宅区	12m	约200户	超标5dB（A）	新建
B小学生	围城高3m 教学楼距红线120m	学生1000人、教师100人 夜间无人住宿	教学楼昼间达标， 夜间超标2dB（A）	拓宽

问题

1. 给出A村庄的声环境现状监测时段及评价量。

2. 针对表中所列敏感点，提出噪声防治措施并说明理由。

3. 为保护饮用水源地水质，应对跨X河桥梁采取哪些配套环保措施。

4. 列出Y河环境现状调查应关注的重点。

5. 可否通过优化桥墩设置和施工工期安排减缓新建桥梁施工对鱼类自然保护区的影响，说明理由。

参考答案

1. 给出A村庄的声环境现状监测时段及评价量。

(1) 声环境现状监测时段为昼间和夜间。

(2) 评价量分别为昼间和夜间的等效声级［L_{eq}，dB (A)］L_d 和 L_n。

2. 针对表中所列敏感点，提出噪声防治措施并说明理由。

(1) A村应搬迁。因为该村超标较高，且处于4a类区，采取声屏障降噪也不一定能取得很好效果，宜搬迁。

(2) 城镇规划的住宅区，可采取以下措施：

a. 调整线路方案；

b. 设置声屏障、安装隔声窗以及绿化；

c. 优化规划的建筑物布局或改变前排建筑的功能。

因为该段为新建路段，可以通过优化线路方案，使线路远离规划的住宅区；也可以设置声屏障并安装隔声窗、建设绿化带的措施达到有效的降噪效果；当然作为规划住宅区，也可以调整或优化规划建筑布局或改变建筑功能。

(3) B小学。不必采取噪声防治措施。因为营运中期昼间达标，夜间虽然超标，但超标量较小，且夜间学校无人住宿。

3. 为保护饮用水源地水质，应对跨X河桥梁采取哪些配套环保措施。

建设防撞护栏、桥面径流导排系统及事故池。

4. 列出Y河环境现状调查应关注的重点。

(1) 关注拟建桥位下游是否有饮用水源地及取水口；

(2) 关注桥位下游鱼类保护区的级别、功能区划，主要保护鱼类及其保护级别、生态特性、产卵场分布，自然保护区的规划及保护要求等；

(3) 调查河流的水文情势，包括不同水期的流量、流速、水位、水温、泥沙含量的变化情况；

(4) 调查水环境质量是否满足Ⅱ类水体水质；

(5) 沿河是否存在工业污染源，是否有排污口入河。

5. 可否通过优化桥墩设置和施工工期安排减缓新建桥梁施工对鱼类自然保护区的影响，说明理由。

(1) 可以。

(2) 减少桥墩数量（甚至可以考虑不设水中墩），这样就减少了对河道的扰动，降低对水质的污染，可以减缓新建桥梁施工对保护区的影响；施工工期安排时，避开鱼类繁殖或洄游季节施工，避免对水文情势的改变，也可以减缓对保护区鱼类的影响。

九、农林水利类

案例一　四川大渡河大岗山水电站

大岗山水电站坝址位于大渡河中游上段的石棉县挖角乡境内，坝址控制流域面积 $62727km^2$，占大渡河流域面积的 81%。坝址处多年平均流量 $1010m^3/s$，年径流量 315 亿 m^3。电站装机容量 260 万 kW，多年平均发电量 114.5 亿 kW·h。正常蓄水位时库容为 7.42 亿 m^3。

工程土石方开挖总量 2025 万 m^3（自然方），最终弃渣总量为 1968 万 m^3（松方）。工程拟设石料场 2 个、弃渣场 3 个。施工期建设征地面积共计 $690.48hm^2$，工程永久占地和水库淹没及影响面积共 $1444.15hm^2$，不涉及基本农田。工程总工期为 97 个月，施工高峰人数 9108 人。

工程总投资 1744784.5 万元，其中环保投资 28413.6 万元。约占 1.6%。

工程占地和水库淹没设计两个县五乡，共需生产安置 4366 人，搬迁安置 5214 人。

问题

1. 水电工程的工期组成分几个阶段?
2. 简述开展引水式电站的环评工作应重点关注的问题?
3. 水电工程生态现状调查哪些内容?
4. 水电工程水环境影响评价应考虑哪些问题?
5. 该环评报告书介绍的工程概括时，应反映哪些问题?

参考答案

1. 水电工程的工期组成分几个阶段?

准备期、筹建期、主体工程建设期、完建期。

2. 简述开展引水式电站的环评工作应重点关注的问题?

引水式电站环境影响对于河道生态影响较大，主要是会造成河道的减水脱水、乃至河道断流，最终生态功能完全丧失、发生不可逆转的生态风险。因此，应明确减脱水河段的长度、评价对该河段生态、用水单位、景观的影响。大坝及其他构筑物阻隔河道对生态环境造成的影响。

3. 水电工程生态现状调查哪些内容?

调查动植物物种，生态系统完整性、稳定性、生产力等；生态系统与其他系统的连贯性和制约问题；水土流失问题。具体讲：

（1）森林调查：类型、面积、覆盖率、生物量、组成的物种等；评价生物损失量、物种影响、有无重点保护物种、有无重要功能要求。

（2）陆生和水生动物：种群、分布、数量；评价生物损失、物种影响、有无重点保护物种。

（3）农业生态调查与评价：占地类型、面积、占用基本农田数量、农业土地生产力、农业土地质量。

(4) 水体流失情况调查：侵蚀模数、程度、侵蚀量及损失，发展趋势及造成的生态问题，工程与水土流失的关系。

(5) 景观资源调查与评价：水库周边景观敏感点段、主要景观保护目标及保护要求，水库建设与重点景观点的关系。

植被调查、野生动物调查，水生生物调查、有无国家重点保护鱼类、"三场"（产卵场、越冬场、索饵场)。

4. 水电工程水环境影响评价应考虑哪些问题?

(1) 对水文情势的影响：库区水文情势（水文变幅、水库内流速减缓)；减水河段内流量变化的；厂房下游水文情势分析。

(2) 对泥沙的影响。

(3) 对水温的影响。

(4) 对水质的影响：重点减水河段的影响，流速、流量减少，自净力下降，生活污水的影响。

5. 该环评报告书介绍的工程概括时，应反映哪些问题?

(1) 地理位置，开发任务、背景及建设规模，项目组成及施工规划，库区淹没及移民安置方案，工程工期组成、总投资及环保投资等。

(2) 如何考虑鱼类的保护

根据保护对象生态习性、分布状况、结合工程特点提出增殖放流、过鱼设施、栖息地保护、设立保护区、跟踪监测、加强渔政等措施。对措施的实施效果、并对其经济合理性、技术可行性进行分析论证，推荐最优方案。

(3) 如何考虑对名木的保护

征求文物、林业等部门的意见，对名木采取工程防护、移栽、引种繁殖栽培、种质库保存及挂牌保存。

(4) 移民安置工程环境影响评价主要内容：

主要内容一般包括对移民生活、就业和经济状况的影响，移民安置区土地开发利用对环境的影响。具体本案例：一是从安置区土地承载力、环境容量等生态保护角度进行农村生产移民的土地适宜性评价；新建、迁建城镇对环境的影响；迁建工矿企业对环境的影响，复建专项设施（配套水利工程、公路）对环境的影响。

(5) 移民安置工程中所提出环保措施的重点

重点考虑安置区、安置点的生活污水、生活垃圾处理设施及生活配套基础设施建设、迁建企业、复建工程等过程中"三废"治理、生态保护（水土流失）等措施。迁建企业是否符合国家产业政策。

(6) 生态环境影响评价的重点。

一般包括工程施工对地形地貌的影响、对水土流失的影响，大坝阻隔和水环境改变对水生生态及鱼类的影响。

水生生态包括：生境变化、浮游动植物、底栖植物、高等水生植物，鱼类三场、洄游通道。

陆生生态包括：水库淹没、工程占地、施工期及移民安置过程中对植物类型、分布、及演替趋势的影响，对陆生动物分布与栖息地的影响，对生态完整性、稳定性、景观的影响。

案例二　日元贷款（JBIC）内蒙古风沙区生态环境整治工程

日元贷款（JBIC）内蒙古风沙区生态环境整治工程，在项目区内造林种草建设规模 183106km^2。项目区设备设施建设包括：灌溉设备 2922 套，打组合井 2362 眼，打机电井 560 眼，扬水站一座，干渠 7500m，斗渠 20800m，农渠 5200m，育苗设备 29 套，农用机械 124 套，变压器 194 套，低压输电线路 312.6km，高压输电线路 162.9km，工程机械 37 套，牧草采收加工设备 154 套，办公设备 154 套，作业道路工程 466.4km，土建工程 2400m^2。

项目总投资为 132801 万元人民币。其中日本政府贷款（JBIC）99600 万元人民币，占总投资 75％；地方资金配套 19920 万元人民币，占总投资 15％；劳务折资 13281 万元人民币，占总投资 10％。

问题

1. 简述生态环境影响评价包括内容。

2. 项目土壤影响评价的内容包括哪些？

3. 生态环境保护措施有哪些？

4. 简述土壤植被保护的措施。

5. 对于灌溉造成的土壤次生盐渍化的情况可以采取什么措施？

6. 简述外来物种引入的预防措施。

参考答案

1. 简述生态环境影响评价包括内容。

（1）对植被的影响

项目在施工建设期对植被的破坏，主要是施工场地和运输路线对植被的破坏，以及对当地植物种群的种类和构成的影响。营运期应考察植被的恢复和生长情况，重点考察植物种群的多样性和生长环境的变化。

（2）对动物的影响

施工期时项目的建设对区域内野生动物种群、分布、数量等产生的影响。重点考察区域内是否存在国家保护的物种。营运期应考察林木建好后会有部分动物的数量上升，因此会给当地的生态环境带来一定的影响。

2. 项目土壤影响评价的内容包括哪些？

项目的建设必将对当地的土壤造成一定的影响，这些影响主要是由土地的开挖、施工、运输等造成的，这些施工活动可以使土壤变得疏松，产生一定面积的裸露地面，施工结束后此类影响基本消除，同时随着种草植树的进行，对土壤侵蚀得到缓解。

营运期，由于防护林的林木需要经过 5～10 年的生长才能形成防护能力，以固定流沙，减少风沙的危害。改善气候条件，因此在短时间内可能还会出现风沙情况，起风的时候将对地表的沙土有侵蚀作用，但从长远来看，这种情况会慢慢变缓，最后彻底消失。因此，从总体上来看，大面积的植被恢复后，将会提高区域植被覆盖率，降低区域土壤风蚀沙化面积，彻底地改善区域的土壤状况。

3. 生态环境保护措施有哪些？

（1）对种植防风固沙林木的地区严禁开垦和放牧；

(2) 对于林木的幼苗所在区域要采取围封的做法；

(3) 对于放牧区，应当严格控制牲畜的数量、严禁过度放牧；

(4) 对于区域内的野生动植物应当积极的保护，尤其是国家保护动物和濒危动物，严禁破坏它们生存栖息的环境；

(5) 在物种的选取上应当尽量选用当地原有的物种。

4. 简述土壤植被保护的措施。

(1) 设计阶段应尽量避免占用林地、灌丛和基本农田等植被较好的地段，同时尽量不要破坏现有的农田水利设施和水土保持设施，应当采取尽量少占地、少破坏植被的原则，并尽可能地减少临时占地面积，避免造成土壤与植被的大面积破坏。

(2) 施工期应当尽量在植被差的地方取土，减少对地表土壤和植被的破坏和产生新的土壤侵蚀。尽量缩小施工范围，施工活动严格控制在施工区域内，尽可能地不破坏原有的地表植被和土壤。

(3) 施工过程中在开挖地表土壤时，应将表土堆在一边，等待施工完成后，整理现场恢复植被。

(4) 临时占地产生破坏区要在项目竣工后进行土地复垦和植被重建，采取平整土地、种植牧草和树木等措施给予恢复。

(5) 对于施工中破坏的树木和灌丛给予补偿。

(6) 营运期应当加强对种植区土壤的防护与土壤改良，减少化肥、农药等对土壤和植物的污染。

(7) 施工结束后对生产生活区周围进行绿化。

5. 对于灌溉造成的土壤次生盐渍化的情况可以采取什么措施？

(1) 采用节水的灌溉方式，减低盐渍化的可能性。

(2) 平整土地以防止地表局部不平造成积盐。

(3) 合理进行灌溉，控制好地下水的水位。

(4) 灌溉时采取浅浇的做法。

6. 简述外来物种引入的预防措施。

一方面要考虑所引入的新种携带或易患病虫害情况，另一方面还要所考虑引入的新种生长蔓延情况及对当地土著种的影响。对于外来物种的影响应强调预防为主的原则，完善对引入物种的检疫手段和方法，加强对外来物种输入的监控和管理，建立外来物种信息库与预警系统。

案例三　抽水蓄能电站项目

华中某市西南郊距离市区 3km 处拟建一座总装机 600MW 抽水蓄能电站，主要用于调峰填谷和事故备用发电。工程枢纽由下水库、输水系统、电站厂房、上水库和辅助设施组成。工程下水库利用现有水库、输水系统、电站厂房和上水库需要新建，上水库库容 218 万 m^3。工程总占地面积 $236hm^2$，永久占地 $205hm^2$，临时占地 $31hm^2$。水库淹没林地 $4.3hm^2$，草地 $8.5hm^2$。下水库为 1986 年修建的已有水库，是当地居民生活用水的主要水源。该水库目前已经受到流域内一乳品厂废水的污染，水质不能达到功能要求；水库内有养鱼网箱近 300 个，每箱养鱼 1300 尾。电站上游 2.5km 为一国家重点风景名胜区。

施工区分为上水库区、厂洞区和管理设备区三部分，各区通过公路相连接。整个抽水蓄能电站工程施工预计需要 3 年时间。现在要对此进行环境影响评价。

问题

1. 本项目工程分析的重点是什么？

2. 本项目开展环评时生态环境影响和预测的内容和方法有哪些？

3. 列出本项目可能的主要环境保护措施。

4. 水环境现状评价如何进行水质监测？

5. 是否需要进行施工期环境影响预测？如需要，预测的主要内容是什么？

参考答案

1. 本项目工程分析的重点是什么？

(1) 施工期的施工活动：造成的直接影响，如占用土地、破坏植被等问题，间接影响如施工各区通过公路相接，这在一定程度上会造成区域的生态结构的改变。

(2) 工程运营永久占用土地对生态的影响：如淹没林地等造成的生物多样性损失，对风景名胜区的影响等。

(3) 水库移民问题：项目永久占地是否涉及移民问题。

(4) 功能协调问题：项目下水库作为电站、当地居民主要水源及养殖方面功能的协调问题。

2. 本项目开展环评时生态环境影响和预测的内容和方法有哪些？

(1) 项目带来新的生态变化方面：对水库及整改地区的生态系统的影响，是否会造成土地盐渍化，加重水土流失等，新建水库对整个地区陆生和水生生态系统的影响，改变的植物种群和土地利用状况。

(2) 项目对已经存在的生态影响严重化：是否会加重水源地的水质污染状况，造成水体的营养化等。

(3) 本项目的实施项目是否会使区域生态问题发生时间和空间上的变更。

(4) 项目是否使某些原来存在的生态问题朝有利的方向发展。

预测的方法可以采用类比分析、生态机理分析、景观生态学等方法。比如可以利用 GIS 和遥感的方法确定评价范围内的土地利用及植被类型的变化情况，利用实地观测结合 GIS 方法确定工程临时和永久造成的陆地植物的生物量损失以及生产力的改变量。

3. 列出本项目可能的主要环境保护措施。

首先考虑项目的主要环境影响：

(1) 施工期：水土流失、施工噪声、施工扬尘、人群健康影响，工程占地及水库淹没的影响，对陆生生物及水生生物的影响，对景观及文物的影响。

(2) 营运期：对项目区水文、水质的影响，对生物多样性的影响，对人群健康的影响，对社会经济和土地利用的影响。

相应的环保措施有：

(1) 施工期：水土流失防治措施，施工噪声可以选用低噪声的施工机械或工艺，加强设备的维护和保养等方面防治施工噪声，施工扬尘可以通过优化施工工艺等方面来降低施工扬尘，生态等方面则可以从生态恢复措施等方面进行考虑。

(2) 营运期：为避免库区水质遭受进一步破坏，建议在库区周边严格限制新建污染型企业及污染项目；为减小项目运行后对生态环境及生物多样性的影响，水库运行后，在不发电时，应保持一定的生态下泄流量，以削减对下游河道生态环境及生物多样性的影响。

4. 水环境现状评价如何进行水质监测？

水环境现状监测可以考虑在现有的水库和其上游、下游河段进行布点监测地表水，在上水库所在地布点监测地下水。监测周期：地表水监测周期为一个水文年，包括丰水期、平水期、枯水期；每期连续监测 5～7d。监测项目：包括水温、pH 值、DO、COD_{Mn}、SS、NH_3-N、As、Pb、Cd、挥发酚等。

5. 是否需要进行施工期环境影响预测？如需要，预测的主要内容是什么？

项目施工期周期较长，同时主要的生态破坏和污染影响又发生在施工期，因此必须对施工期环境影响进行预测。

需要预测的主要内容有：

（1）施工过程造成的水土流失及植被破坏。

（2）施工期场地扬尘和施工机械运输造成的大气污染。

（3）施工机械和爆破产生的噪声和振动影响。

（4）施工场地废水造成的水环境影响预测。

案例四　水电站扩建项目

某水电站项目，于 2001 年验收。现有 3 台 600MW 发电机组。安排移民 3 万人，水库淹没面积 $100km^2$，由于移民安置不太妥当，造成开垦陡坡、毁林开荒等现象严重。

改、扩建工程拟新增一台 600MW 发电机组，以增加调峰能力，库容、运行场所等工程不变。职工人员不变、新增机组只在用电高峰时使用。在山体上开河，引水进入电站。工程所需得砂石料购买商品料，距项目 20km 处由汽车运输，路边 500m，有一村庄。原有工程弃渣堆放在水电站下游 200m 的滩地上，有防护措施。

问题

1. 项目现有主要环境问题，确定项目主要环境保护目标及影响因素。

2. 生态环境调查除一般需调查的外，重点需注意哪些问题的调查？

3. 水电站运行期对环境的主要影响因素。除一般生态调查项目外，还应该调查什么？

4. 弃渣场位置是否合理及拟采取的措施（现有电站整改措施）。

5. 营运期对水环境的主要影响是什么？

6. 生态环境影响包括哪些？

参考答案

1. 项目现有主要环境问题，确定项目主要环境保护目标及影响因素。

项目现有主要环境问题：移民安置不当引起开垦陡坡、毁林开荒等；造成植被破坏和水土流失；下游滩地上弃渣对行洪安全有潜在威胁。

项目的主要环境保护目标：流域内的植被保护和水土保持；施工区的水土保持、附近的大气环境和声环境；物料运输道路附近的村庄的大气环境和声环境；河道行洪安全。

主要的影响因素：移民开垦陡坡、毁林开荒造成的植被破坏和水土流失；开河施工产生的扬尘、噪声和水土流失；物料运输产生烟尘和噪声；弃渣场的水土流失；河滩原有弃渣造成的行洪威胁。

2. 生态环境调查除一般需调查的外，重点需注意哪些问题的调查？

除了一般的自然地理概况外，重点应关注以下问题：本地区土地利用和土地覆盖情况，集水区植被类型；区域社会经济，移民的安置及移民问题的调查，主要包括迁移规模、迁移方式、预计的产业情况，住区情况调查以及潜在的生态问题和敏感因素的分析；河道水生生态系统及行洪条件等。

3. 水电站运行期对环境的主要影响因素。除一般生态调查项目外，还应该调查什么？

水电站运行期对环境的主要影响是对库区、取水河道、下游河道水生生态系统的影响；除一般生态调查项目外，还应调查取水河道下游、库区、泄水河道下游的水生生物的种类、特性和生活习性等。

4. 弃渣场位置是否合理及拟采取的措施（现有电站整改措施）。

弃渣场位置不合理，应考虑下游滩地的行洪问题。应采取搬迁。弃渣场不能设在水库下游的滩地上，发电下泄的水量大，易阻塞河道、行水等问题。

5. 营运期对水环境的主要影响是什么？

（1）营运期的主要环境影响在于库区河段的水文情势变化使上游和下游水位发生变化。

（2）水库水位变化，同时库水交换频繁可能对下游河道水温造成一定的影响。

（3）水库蓄水量大，且电站属清洁能源，基本无生产废水排放，只是工作人员产生的生活污水和固体垃圾等会对水质产生影响，但影响基本较小。

6. 生态环境影响包括哪些？

（1）项目的建设和建成后主要对库区河段内的野生动物的数量和种群等产生一定的影响，主要是鱼类，在水库水位下泻时，对下游鱼类的生存产生威胁。

（2）工程施工对周边地区的地表植被覆盖构成破坏，同时淹没陆生生物的栖息场所。

（3）临时和永久性占地可能使当地农业、林业等受到影响。

（4）水电站属非污染生态建设项目，运行期无开挖、弃渣等建设活动，工程兴建可能造成的新增水土流失主要集中在工程施工期。移民安置不妥造成开垦陡坡、毁林开荒等现象严重，对水土流失造成不良后果。

（5）移民搬迁建房过程中，对原有地貌造成破坏和损害，改变原有土地利用方式。

案例五　新建西部水电站项目

某新建西部水电站项目的流域情况如下：河流全长 200km，落差 2486m，集水面积 3463km^2；总装机容量 150MW，平均年发电量 10 亿千瓦时。水电站水库正常蓄水位 905m，最大闸高 124m，水库工程永久占地 1.8hm^2，淹没林地面积 1.8hm^2。地处高原山区，地势陡峭，险滩、跌水连续不断，工程区地震烈度 7 度，上游人口较少，无大型工矿企业分布，无工业废水排放。工程河段有鱼类 12 种，浮游生物 21 种，陆生脊椎动物 375 种，6 种珍稀植物，无文物古迹分布。

问题

1. 项目与法律法规及相关规划性分析。

2. 施工期和营运期的评价重点分别是什么？

3. 施工期的主要环境影响污染源是什么？

4. 环境现状调查与评价?

5. 施工期的环境保护措施有哪些?

参考答案

1. 项目与法律法规及相关规划性分析。

该项目符合西部大开发战略，符合国家西电东输产业政策。

2. 施工期和营运期的评价重点分别是什么?

(1) 施工期

评价重点是施工人员的进驻和水文改变引起的珍稀濒危动物、植物资源的迁移或者灭绝，同时由于施工地区环境中的植被、绿地等随着工程的进行而改变，对自然资源、人文遗迹和周边地区人们的正常生产生活带来一定的影响。

(2) 营运期

评价重点是项目的建成对当地生态的改变，移民安置问题，河流上下游的动植物种类、数量、空间分布的变化，对人文遗迹的影响，开垦陡坡和毁林开荒造成的生态环境的改变等。

3. 施工期的主要环境影响污染源是什么?

(1) 水环境

施工过程中混凝土拌和系统冲洗废水，施工机械设备产生的油污，施工人员的生活污水等是水环境污染的主要来源，须经过处理后排入水体，以免污染水质。

(2) 空气环境

施工期大气污染物主要来源于炸药爆破、施工场地和运输途中产生的扬尘和施工机械燃油废气排放，产生的污染物主要为 TSP、NO_2 等。

(3) 声环境

工程施工产生的噪声源主要有工程爆破、砂石骨料加工系统噪声、施工机械噪声，另外还有交通噪声。

(4) 固体废弃物

施工人员施工中产生的固体垃圾，爆破、运输等过程中产生的施工垃圾是固体废弃物产生的主要源头。

4. 环境现状调查与评价?

区域内的自然环境质量现状调查（主要为水和噪声）应详细调查水生生物多样性、陆生生物多样性、水土流失状况，通过调查确定生态敏感保护目标，明确主要的生态环境问题。

5. 施工期的环境保护措施有哪些?

(1) 对于施工产生的废水要经过处理后才可排放；对含油污水先进行油水分离；配备处理生活污水的成套设备。

(2) 对于施工期的固体垃圾进行分类收集清理，在施工区建立垃圾处理填埋场或者使用垃圾清运车及时清理。

(3) 对于粉尘污染，可以配备一台洒水车，在开挖、爆破集中的地方进行洒水，以减少扬尘，缩短粉尘污染的影响时段，缩小污染范围。

(4) 对于噪声污染，应严格控制爆破时间，尽量定时爆破，在夜间 22:00 至次日凌晨

7:00禁止爆破；敏感路段采取交通管制措施；砂石加工厂禁止在夜间作业等。

案例六　引水式发电站建设项目

拟在西南某河流上开发建设引水式发电站，该工程属于该河流多梯级水能电站开发利用规划的末级水电站。该河流所在流域已有多个规模相当的引水电站建成运营。该项目工程规模为：装机容量150MW，年发电量7.32亿kWh流域面积3183km²，其中闸坝以上集水面积2215m²。闸坝处多年平均悬移质年输沙量265万吨。形成水库面积8.82hm²，正常蓄水位1305m，为日调节电站。工程占地总面积62.71hm²，其中耕地33.85hm²、林地12.86hm²、荒草地8.05hm²、其他7.95hm²。水库淹没线以下林地1.87hm²，回水长度1km。工程建设需要搬迁移民126人。工程引水隧洞长10802m。工程建设可形成约13km的减水河段。工程总土石方量约170万m³，设计3个弃渣场。工程所地处高山区，山高坡陡，相对落差大。植被类型主要为森林包括天然林和人工林、灌木草丛、农田等。植被覆盖率30%～50%左右。工程区域有6种珍稀植物，涉及兽类40多种，其中国家级保护动物1种。当地水生经济鱼类2种，经济植物5种。由于当地降雨丰沛且多暴雨，农耕发达，属水土流失重点治理区。工程所在地无自然保护区和风景名胜区。

问题

1. 确定生态环境影响评价等级和评价范围。

2. 应分几个时段开展生态环境影响评价？简述各个时段的生态影响评价重点。

3. 本项目工程分析的主要内容有哪些？并简述生态影响工程分析应重点说明的内容。

4. 说明生态环境现状调查与评价的主要内容以及本工程可采用的生态环境现状调查的方法。

5. 本项目评价的重点有哪些？简要说明本项目生态环境评价中需要注意的问题。

6. 应主要采用什么方法对本项目进行生态环境影响预测评价？

7. 本项目生态环境影响评价应提交哪些主要成果图件？

8. 本项目应从哪个方面实施生态保护？简述之。

参考答案

1. 确定生态环境影响评价等级和评价范围。

该项目建设区涉及工程区域有6种珍稀植物，涉及兽类40多种，其中国家级保护动物1种。当地水生经济鱼类2种，经济植物5种。由于当地降雨丰沛且多暴雨，农耕发达，属水土流失重点治理区，且项目开挖土方量也较大，因此，该项目不能仅仅用影响面积确定评价等，最低应该是二级。评价范围是在受影响主要因子方向扩展2～8km。

2. 应分几个时段开展生态环境影响评价？简述各个时段的生态影响评价重点。

应该分三个时段开展生态环境影响评价：设计期、建设期、运行期。设计期：主要是方案比选，选择生态影响最小的方案。施工期：生态影响评价（植被破坏、水土流失、对珍稀濒危动植物的影响和移民安置）。运行期：水文情势的变化及产生的生态影响，特别是项目运行形成的减水河段及库区水生生物的影响。

3. 本项目工程分析的主要内容有哪些？并简述生态影响工程分析应重点说明的内容。

工程分析应重点说明的内容：

① 工程概况：地理位置、名称、规模、河流名称、开发方式、投资等。选址选线、工程组成：主体工程（枢纽工程、引水系统、地下厂房）、辅助工程、环保工程、公用工程等，水库淹没等水文、水库、下泄洪量、大坝、工程占地、施工规划、原料来源、工程运行、水库淹没、移民安置等。

② 生态影响工程分析应重点说明内容。A. 工程概况：名称、地理位置、性质、规模和工程的特性等。B. 施工规划：明确主辅工程施工方式，施工安排，相应的支持性工程。C. 生态环境影响源分析。D. 主要污染源与源强分析。E. 替代方案分析。

4. 说明生态环境现状调查与评价的主要内容以及本工程可采用的生态环境现状调查的方法。

生态环境现状调查的主要内容：自然环境调查与评价、社会经济与资源评价、生态系统与生态景观调查评价、环境敏感目标调查与评价。调查方法：资料收集、文献调研、专家访谈、现场调查法等。

5. 本项目评价的重点有哪些？简要说明本项目生态环境评价中需要注意的问题。

① 评价重点。施工期：生态影响评价（植被破坏、水土流失、对珍稀濒危动植物的影响和移民安置）。运行期：水文情势的变化及产生的生态影响，特别是项目运行形成的减水河段及库区水生生物的影响。

② 需要注意的问题有以下几方面：

A. 生态环境的森林植被的破坏可能对重要物种造成影响；

B. 森林生态系统的切割与阻隔导致野生动物的影响；

C. 对土地资源的影响，特别是占用基本农田的问题；

D. 弃渣场等非永久性占地的复垦与生态恢复；

E. 对河流生态环境的影响；

F. 对水土流失的影响，编制水土保持方案；

G. 对景观的影响；

H. 施工噪声对敏感目标的影响；

I. 水环境保护问题、特别是水源保护；

J. 大坝建设对源流廊道的阻隔作用；

K. 水资源重新分配所带来的生态环境问题；

L. 移民安置，引发的社会问题；

M. 文物古迹的保护。

6. 应主要采用什么方法对本项目进行生态环境影响预测评价？

应主要采用类比法方法对本项目进行生态环境影响预测评价。

7. 本项目生态环境影响评价应提交哪些主要成果图件？

项目地理位置图、土地利用图、工程平面布置图和关键因子成果图、植被类型布图、资源分布图、珍稀动植物分布图、荒漠化或土壤侵蚀分布图、景观生态质量图等，并要完成全区域生境变化成果图。

8. 本项目应从哪个方面实施生态保护？简述之。

（1）施工期

① 废水治理措施：采取生化法处理，达到《污水综合排放标准》的要求，废水回用

或排放。

② 废气治理措施：主要是控制扬尘，定时洒水、建筑物固定堆放，棚布覆盖等措施。

③ 噪声保护措施：严格爆破时间，在敏感路段实行交通管制等，禁止夜间施工。

（2）运行期

① 库底清理：为防止淹没于电站水库的树木、杂物等对水库安全运行的影响。

② 生态环境管理措施：保护机构健全、人员环保教育、规范行为等。

③ 生态影响恢复措施：下放生态流量，鱼类增殖措施、水土流失保持及景观恢复。

④ 社会环境影响减免措施：人群健康、下游河段警示措施等。

案例七　梯级开发河道引水式电站建设项目

拟在已规划进行梯级开发的河道上建一引水式电站，运行方式为日调节。坝高48m，库容约1.9亿m^3。工程建设需移民10万人，采取就近后靠安置。淹没区现状有采砂采矿作业。在坝址与发电厂之间临河有一工厂，需取用河水生产，取水量较大。拟建坝址下游50km处一侧有一处面积较大的洪泛区，另一侧有较多的农田，且下游20km还有一旅游胜地。经初步调查，在拟建坝址下游可能有一处经济鱼类的产卵场。工程土方量约900万m^3，所需石料为商品料。

问题

1. 指出工程可能影响的主要敏感目标？指出对其中一种保护目标现状调查时应弄清的问题？

2. 本工程建设主要生态不利影响有哪些？

3. 若淹没区原本有较多的采砂、采矿作业，环境影响评价除关注一般影响外，还应关注什么问题？应从哪几个方面提出保护措施？

4. 若淹没区有国家保护植物，调查时应弄清哪些问题？对珍稀植物保护应提出哪些措施与建议？

参考答案

1. 指出工程可能影响的主要敏感目标？指出对其中一种保护目标现状调查时应弄清的问题？

（1）洪泛区、坝下临河工厂、农田、旅游胜地、鱼类产卵场。

（2）洪泛区：应调查洪泛区与坝址的距离、洪泛区形成的河流水文条件、洪泛区面积、水面面积、洪泛区内的植物、动物情况，特别是鸟类情况，有无国家保护动物。（本题如果将农田、旅游胜地、产卵场作为保护目标来解答。农田：农田类型，其中是否有基本农田；农田分布；土壤类型及肥沃程度；灌渠分布、取水口及灌溉定额；主要农作物及产量。旅游胜地：收集资料，弄清其建设历史、性质、级别、功能分区、保护范围、重要景点分布、交通及旅游路线、景区规划及保护要求。产卵场：位置、范围、鱼类名称、产卵所需的水位、水温、流量、流速、含沙量等水文水环境条件。）

2. 本工程建设主要生态不利影响有哪些？

（1）水库淹没生态损失与库岸稳定性影响；

（2）大坝阻隔影响，特别是对洄游性鱼类的影响；

（3）减脱水段的生态系统改变的影响；

（4）移民安置生态破坏影响；

（5）对下游洪泛区湿地萎缩、农田灌溉用水量及低水温灌溉造成的减产影响、旅游胜地对水的需求影响、鱼类产卵场生境条件改变的影响。

3. 若淹没区原本有较多的采砂、采矿作业，环境影响评价除关注一般影响外，还应关注什么问题？应从哪几个方面提出保护措施？

（1）调查采砂、采矿作业造成的生态破坏情况，包括破坏面积、泥沙流入河道的量、地质破坏及库区稳定性、植被损失与生态恢复情况，从而确定是否会造成库区泥沙大量淤积及水库回水影响，进而确定坝址是否合理。

（2）如采砂、采矿生态影响突出，应关闭矿山；若造成泥沙大量入河或破坏库区稳定，应提出有效的治理方案，包括工程措施与生物措施；慎重考虑坝址选择的合理性，必要时重新选址。

4. 若淹没区有国家保护植物，调查时应弄清哪些问题？对珍稀植物保护应提出哪些措施与建议？

（1）调查保护植物的种类、名称、保护级别、种群数量、密度、盖度、覆盖率、分布范围、生境条件、生物量，群落结构与功能，演替趋势，现状问题。可能被淹没的面积、损失量。

（2）能就地保护的首先要就地保护，异地保护应注意生境条件的相似性与持续保存的可行性，一般就近移植；不能移植的应异地建立种质基地或保护区。

案例八　养猪场建设项目

某地拟建一常年存栏3000头的养猪场一处，选址处于A城西北方向的城郊，距城市中心区距离约20km。场址区大部分为农田、有少量的农田防护林及灌草丛，养猪场采取半封闭式养殖，冲洗猪舍的废水设置污水处理站就地处理后排入Q河，Q河为非饮用水源地，猪粪由附近农民拉走肥田。该地区常年主导风向为西北风。

第一组问题

1. 简述项目选址是否合理。

2. 确定本项目环境影响评价的重点。

3. 对环境空气影响的主要因子有哪些？计算卫生防护距离可选择哪些因子？

4. 本项目污染治理应关注哪些因素？

5. 给出卫生防护距离的计算公式，并指出主要参数的来源及意义。

参考答案

1. 简述项目选址是否合理。

本项目拟选场址处于城市主导风向的上风向，不合理。由于养猪场存在较为明显的水环境污染、空气污染，并容易孳生病源生物等，选址时应远离城市及居民集中居住区，并处于主导风向的下风向。

2. 确定本项目环境影响评价的重点。

（1）项目选址的环境合理性分析；

（2）施工期生态影响；

（3）水环境影响评价；

(4) 环境空气质量影响；

(5) 卫生防护距离等环境保护措施的有效性；

(6) 公众参与。

3. 对环境空气影响的主要因子有哪些？计算卫生防护距离可选择哪些因子？

(1) 主要是猪场粪便及尿液挥发的恶臭及恶臭气体，包括硫化氢、氨、粪臭素等。

(2) 计算卫生防护距离可选择硫化氢。

4. 本项目污染治理应关注哪些因素？

(1) 猪场粪便及尿液及其恶臭污染的治理及其综合利用。

(2) 冲洗猪舍废水的处理。

(3) 营运期切实做好卫生防疫。

(4) 做好公众参与，设置足够的卫生防护距离，防止造成群体性事件。

5. 给出卫生防护距离的计算公式，并指出主要参数的来源及意义。

卫生防护距离采用（GB/T 13201—91）《制定地方大气污染物排放标准的技术方法》中的有关规定进行计算。计算公式如下：

$$Q_c/C_m = [(BL^D + 0.25r^2)0.5L^D]/A$$

式中 C_m——标准浓度限值，mg/m^3；

L——工业企业所需卫生防护距离，m；

r——有害气体无组织排放源所在生产单元的等效半径，m。根据该生产单元占地面积 $S(m^2)$ 计算，$r=(S/\pi)0.5$；

A、B、C、D——卫生防护距离计算系数，无因次，根据工业企业所在地区近五年平均风速及工业企业大气污染源构成类别从《制定地方大气污染物排放标准的技术方法》的表中查取；

Q_c——工业企业有害气体无组织排放量可以达到的控制水平，kg/h。

第二组问题

1. 养猪场选址时应主要考虑哪些因素？

2. 本项目在项目概况及分析中应交代清楚哪些内容？

3. 给出营运期环境管理基本要求。

4. 在影响分析与评价中，除水环境影响、环境空气影响外，还应关注哪些方面？

5. 猪场粪便处理是否存在问题？

参考答案

1. 养猪场选址时应主要考虑哪些因素？

(1) 拟建场址周边是否有城镇、村庄等集中居民区，场址是否位于居民集中居住区的下风向，并有足够的卫生防护距离；

(2) 场址附近是否有风景名胜区、公园等居民旅游、观光、休闲、度假区等敏感保护目标，养猪场与这些敏感保护目标最好有山体或森林相隔；

(3) 猪场污水排放是否会影响到当地具有饮用功能或其他重要功能的水体，包括地表水体和地下水；

(4) 是否符合城市发展规划、环境功能区划的要求。

(固体废物选址有相应的标准或规范要求，考试时容易在选址方面出题，但任何一个项目的建设，其选址都很重要，需要慎重考虑。）

2. 本项目在项目概况及分析中应交代清楚哪些内容？

（1）交代项目基本情况，包括项目名称、建设性质、建设单位、建设规模等；

（2）交代项目地理位置（题目给出场址与城市中心区的距离，应说清养猪场与城市建成区边缘的实际距离），占地面积、类型，项目技术经济指标及工程量、工程平面布局及其合理性，工程总投资，环境保护投资及建设内容；

（3）养殖场配套及附属设施、饲料来源与加工情况；

（4）养殖场供水水源、水量及排水水量与去向，纳污水体功能等；

（5）猪场主要污染物产生环节、源强（如日产生量）、排放方式及工程设计中拟采取的污染防治措施。

3. 给出营运期环境管理基本要求。

（1）建立健全环境保护管理机构或组织，职责与制度健全、明确，管理程序科学；

（2）污水处理设施须稳定、有效运行，避免污水未经处理排入附近水体，同时，要加强环境监测，监测养猪场排水对Q河水体是否造成污染；

（3）监测养猪场空气污染情况，特别是定期监测下风向集中居民区空气质量；

（4）监督粪便及尿液及时处理、处置或综合利用，日清日洁，减少污染；

（5）消除产生病源生物及疫情的条件，发现隐患及时处置；

（6）自觉接受当地环境保护及卫生防疫等部门的监督管理与技术指导。

4. 在影响分析与评价中，除水环境影响、环境空气影响外，还应关注哪些方面？

（1）关注以粪便为主的固体废物处理不当的污染问题；

（2）关注可能发生疫情的问题，或疫情发生时的应急处理；

（3）关注蚊蝇孳生等公共卫生问题对环境及人体健康的影响；

（4）关注施工期的生态影响。

5. 猪场粪便处理是否存在问题？

（1）粪便由附近农民拉走肥田虽然是一种处置方案，但存在不能及时拉走或不能完全拉走而造成污染的问题。

（2）建设单位应采取措施彻底解决粪便污染，选择应急安全卫生填埋场或处置场所。

（我国全国各地均有养殖业，养猪、养牛、养鸡、养鸭或其他特种养殖等不断向规模化、集约化、现代化方向发展，造成的环境污染与影响越来越引起人们的关注，很多环评单位也经常做这样的项目，应该引起应试者的注意。）

案例九　养牛场建设项目

为发展经济，A市拟当地经济发展特点大力发展畜禽养殖业，拟投资500万元在A市西北方向的城郊建设一个养牛场，规划用地50亩，养殖规模为存栏2000头。养牛场采取半封闭式养殖，设置集中污水处理站将冲洗牛舍的废水就地处理后排入B河（该河流无饮用功能），牛粪由附近农民拉走肥田。已知该养牛场东南距城市中心区C镇居民集聚点约1.5km。选址区主要为农用地，非基本农田保护区，主要植被为柳树、杨树及灌草丛，该地区常年主导风向为西北风，降雨量充沛。

问题

1. 根据项目选址区附近的环境特征和项目特点，判断本项目选址是否合理？并说明理由。

2. 列举本项目对环境空气影响的主要污染因子。

3. 该项目运营期的环境保护措施应包括哪些？

4. 根据已知条件，按相关标准的规定，对该养牛场选址有制约作用的因素有哪几个？

5. 简述该项目牛舍粪便处理可行性论证的主要内容。

参考答案

1. 根据项目选址区附近的环境特征和项目特点，判断本项目选址是否合理？并说明理由。

该项目拟选场址不合理。理由如下：项目处于城市主导风向的上风向，由于养牛场存在较为明显的水环境污染、空气污染，并容易孳生病原生物等，选址时应远离城市及居民集中居住区，并处于主导风向的下风向。

注意选址问题，养殖场选址时应主要考虑以下因素：

（1）拟建场址周边是否有城镇、村庄等集中居民区，场址是否位于居民集中居住区的下风向，并有足够的卫生防护距离。

（2）场址附近是否有风景名胜区、公园等居民旅游、观光、休闲、度假区等敏感保护目标。

（3）养殖场污水排放是否会影响当地具有饮用功能或其他重要功能的水体，包括地表水体和地下水。

（4）是否符合城市发展规划、环境功能区划的要求。

2. 列举本项目对环境空气影响的主要污染因子。

本项目对环境空气影响的主要污染因子包括：硫化氢、氨、粪臭素。（特征因子）

3. 该项目运营期的环境保护措施应包括哪些？

（1）对牛舍粪便、尿液和恶臭污染的治理及其综合利用。

（2）冲洗牛舍废水的集中处理。

（3）设置合理的卫生防护距离，西北风下风向一定距离内建议不设置对恶臭等敏感的建筑物。

（4）做好卫生防疫，预防瘟疫等疫情的发生和传播。

4. 根据已知条件，按相关标准的规定，对该养牛场选址有制约作用的因素有哪几个？

（从题目中找答案）对该养牛场选址有制约作用的因素有B河流和C镇居民集聚点。

5. 简述该项目牛舍粪便处理可行性论证的主要内容。

① 粪便能否及时拉走；② 粪便能否完全清运走而不致造成污染；③ 粪便运送过程是否采用密闭运送方式，杜绝沿途撒落；④ 粪便清运交通是否方便，经济是否可行。

案例十　河道型水库项目（2007年考题）

拟在某河流下游建一河道型水库，建设目标为发电与航运，运行方式为日调节，水坝高度14m，正常蓄水位36m（黄海高程），回水长度38km，水库面积28km^2，库区无大的支流汇入。该河流经低丘和冲积平原，沿岸地面高程30～38m（黄海），工程处于亚热带季风气候区，汛期为6～10月。坝址处河流丰、枯水期水位变幅为29～35m，含沙量小(0.3kg/m³)，区内已无原生植被，无重点保护野生动物分布。拟建工程库区有半洄游性鱼类产卵场分布，水库回水末端有一中型城市，工农业与生活取排水口皆布置于该河流两岸，水库淹没区主要为河漫滩地，不涉及移民。施工区布置在坝址两岸，对外交通主要利用现有公路和航运。施工期为五年半，施工高峰人数为550人，水库管理区生活污水和生活垃圾均能得到妥善处置。

问题

1. 识别运营期主要不利环境影响。

2. 建库是否会影响水坝上游河段的稀释自净能力和工农业排水？说明理由。

3. 简要说明水坝对半洄游性鱼类影响。

4. 指出本工程对两岸农田的不利影响途径与减缓措施。

参考答案

1. 识别运营期主要不利环境影响。

(1) 水库淹没，造成大量的土地、植被损失；

(2) 大坝对洄游性鱼类和航运的阻隔影响；

(3) 坝下减脱水段的生态系统类型与结构发生的变化；

(4) 水库回水对末端城市取排水也会产生不利影响；

(5) 日调节水位涨落对下游用水及水生物的不利影响。

此外，还有水土流失、诱发地质灾害造成的环境影响，发电厂营运期可能发生的水质污染影响。

2. 建库是否会影响水坝上游河段的稀释自净能力和工农业排水？说明理由。

(1) 会有影响的。

(2) 由于库区清理问题而淹没纳入的污染物及上游排水、水土流失等原因，库区水质变差，稀释自净能力降低，水环境容量降低，对工农业排水需进行限制，否则水质会更差，也可能发生富营养化。

3. 简要说明水坝对半洄游性鱼类影响。

(1) 如果大坝没有设置过鱼通道（或设置的通道不合理），大坝就会成为半洄游性鱼类与其“三场”之间的障碍，阻隔了半洄游性鱼类洄游行为。

(2) 大坝建设改变了半洄游性鱼类的水生生境，包括水温、盐度、流速、流量等水文情势以及水质和饵料，影响半洄游性鱼类的繁殖等生理活动。

(3) 减缓措施就是设置合理的过鱼通道。根据洄游性鱼类的洄游特性，选择鱼闸、鱼池、鱼梯等方式保障鱼类的洄游。

4. 指出本工程对两岸农田的不利影响途径与减缓措施。

(1) 如果坝上河道两岸原来有农田，则会被库区蓄水淹没，造成损失，坝下河道两岸农田会由于水库蓄水而导致农灌用水的不足，或低温水下泄而使农作物减产，清水下泄对下游河道两岸的冲蚀会剥蚀掉一部分临近河岸的农田。

(2) 对造成的农田损失进行补偿，对失地农民进行经济补偿，并进行异地开垦。

(3) 保障一定的下泄流量，满足农灌用水，采取分层取水的方式使下泄水的水温不致太低，避免在中午植物蒸腾旺盛时灌水。

案例十一　水资源综合利用开发项目（2009年考题）

南方某山区拟建水资源综合利用开发工程，开发目的包括城镇供水、农业灌溉和发电。工程包括一座库容为$2.4\times10^9m^3$的水库、引水工程和水电站。水库大坝高54m，水库回水长度27km，水电站装机容量80MW，水库需淹没耕地$230hm^2$，移民1870人，安置方式拟采用就地后靠，农业灌溉引水主干渠长30km，灌溉面积$6\times10^4hm^2$，城镇供水范围主要为下游地区的2个县城。库区及上游地区土地利用类型：林地、耕地，分布有自然村落，无城镇、工矿业，河流在水库坝址下游50km河段内有经济鱼类、土著鱼类的索饵场、产卵场。

问题

1. 大坝上游陆域生态环境现状调查应包括哪些方面？

2. 提出水库运行期对下游河段鱼类的主要影响因素。

3. 对上游陆生野生动物有哪些影响？

4. 针对工程移民安置，环评需考虑哪些环境影响？

5. 提出对水库工程需要考虑的环境保护工程措施和环境管理计划。

参考答案

1. 大坝上游陆域生态环境现状调查应包括哪些方面？

（1）调查上游陆域大坝蓄水淹没区及影响范围内涉及的物种、种群和生态系统。

（2）重点调查陆域范围内有无受保护的珍稀濒危物种、关键种、土著种和特有种，天然的经济物种及自然保护区等。如涉及国家级和省级保护生物、珍稀濒危生物和地方特有物种时，应逐个或逐类调查说明其类型、分布、保护级别、保护状况与保护要求等。

（3）植被调查可设置样方，调查植被组成、分层现象、优势种、频率、密度、生物量等指标。

（4）动物调查，应调查动物种类、分布、食源、水源、庇护所、繁殖所及领地范围，生理生殖特性，移动迁徙等活动规律。

（5）调查生态系统的类型、结构、功能和演变过程。

（6）调查相关的非生物因子特征（如气候、土壤、地形地貌、水文及水文地质等）。

2. 提出水库运行期对下游河段鱼类的主要影响因素。

（1）在工程运行期，由于大坝阻隔，对上下游鱼类物种交流有一定阻碍。

（2）本项目大坝下游有鱼类的索饵、产卵场，被大坝截在上游的鱼类进入索饵和产卵场成为困难，而水库不同方式的放水对下游河道的水生生态影响明显。

（3）水文情势的变化导致饵料生物变化无常，水温、流量、流速、水位、含沙量的变化对鱼类产卵也有不利的影响。

（4）河道中鱼类的种群结构将发生变化、急流性或深水性鱼类将对河道水位变浅不适应。

3. 对上游陆生野生动物有哪些影响？

（1）施工期大量的施工人员活动和施工机械噪声干扰，以及库区拆迁、清理等，原来两岸活动的动物受到惊扰而发生逃逸。

（2）蓄水营运期，由于水库面积的扩大将造成野生动物生境的淹没，水面扩大影响陆生动物跨河迁移受到阻隔，动物生境有可能缩小。

4. 针对工程移民安置，环评需考虑哪些环境影响？

（1）移民区遗留的环境影响。遗留的固体废物、建筑残物、生活垃圾，特别是养殖垃圾如不能得到彻底清理，对库区蓄水将造成不利影响；若原来的陡坡开垦的农田不能及时地退耕还林还草，其水土流失也将影响库区水质与水位。

（2）移民安置区的环境影响。对安置区环境容量的影响，增加了安置区的环境与资源压力，移民安置占地及土地开发植被变化对生态的不利影响，农药、化肥面源污染，水土流失等。

（3）移民安置不当可能产生的不利影响。一是有可能造成移民返迁，加剧库区生态破坏；二是陡坡开垦，使水土流失加剧，甚至诱发地质灾害。

（4）人体健康与民族文化多样性的影响。

5. 提出对水库工程需要考虑的环境保护工程措施和环境管理计划。

（1）应主要采取以下环境保护工程措施：

① 库区移民、库底清理措施，保障库区水质。

② 涉及珍稀保护植物的移植、引种栽培、工程防护等措施；涉及保护动物的栖息地保护、建立新的栖息地等措施。

③ 防治水土流失的护坡、拦挡、导排洪水的排水沟、导水槽等工程措施。

④ 保障洄游性鱼类的正常洄游的过鱼设施、人工增殖放流，如有竹木流放，则需要设置流放竹木的设施。解决低温水影响的能够分层取水的措施。

（2）环境管理计划应包括以下内容：

① 成立环境管理机构、制定管理办法、落实人员与经费，实施施工期的环境监理；

② 开展库区水质定期监测、生态调查，特别是针对工程对鱼类“三场”的影响及变化情况应进行调查；

③ 严格分层取水、定期放水、保障生态需水量的日常管理；

④ 制定环境风险应急预案，并定期进行演练；

⑤ 建立健全环境管理档案，如实记录工程建设过程及其环境影响与变化过程，环境调查成果及科学研究成果；

⑥ 在工程竣工后落实竣工验收，并在稳定运行后3～5年内进行环境影响后评价。

案例十二　水利枢纽工程项目（2010年考题）

某拟建水利枢纽工程为坝后式开发，工程以防洪为主，兼顾供水和发电，水库具有年调节性能，坝址断面多年平均流量88.7m^3/s。运行期电站至少有一台机组按额定容量的45%带基荷运行，可确保连续下泄流量不小于5m^3/s。工程永久占地80hm^2，临时占地10hm^2。占地性质为灌草地。水库淹没和工程占地共需搬迁安置人口3800人，拟在库周分5个集中安置点进行安置。库区（周）无工业污染源，入库污染源主要为生活污染源和农业面源；坝址下游10km处有某灌渠取水口。本区地带性植被为亚热带常绿阔叶林，水库蓄水将淹没古树名木8株。库区河段现为急流河段，有3条支流汇入，入库支流总氮、总磷浓度范围分别为0.8～1.3mg/L、0.15～0.25mg/L。库尾河段有某种保护鱼类产卵场2处，该鱼类产黏沉性卵，具有海淡洄游习性。

问题

1. 确定本工程大坝下游河流最小需水量时，需要分析哪些方面的环境用水需求？

2. 评价水环境影响时，需关注的主要问题有哪些？说明理由。

3. 本工程带来的哪些改变会对受保护鱼类产生影响？并提出相应的保护措施。

4. 提出陆生植物保护措施。

参考答案

1. 确定本工程大坝下游河流最小需水量时，需要分析哪些方面的环境用水需求？

(1) 工农业生产及生活需水量，特别是下游 10km 处某灌渠取水口的取水量；

(2) 维持水生生态系统稳定所需水量；

(3) 维持河道水质的最小稀释净化水量；

(4) 维持地下水位动态平衡所需要的补给水量，防止下游区域土地盐碱化；

(5) 维持河口泥沙冲淤平衡和防止咸潮上溯所需水量；

(7) 河道外生态需水量，包括河岸植被需水量、相连湿地补给水量等；

(8) 景观用水。

2. 评价水环境影响时，需关注的主要问题有哪些？说明理由。

(1) 库区水体的富营养化问题。入库支流河水总氮、总磷浓度较高，在综合其他因素的作用下（库周水土流失、面源污染、库区清理不当等），容易产生富营养化。

(2) 水质污染问题。施工期管理不当废水排放可能会造成污染外，营运期还存在一定的面源污染影响，特别是库区清理不当，库区水质将很差，而本工程具有供水功能，需严格保持库区水环境质量。

(3) 库区消落带污染问题。本工程具有防洪功能，库区消落带的形成容易导致水环境的污染。

(4) 低温水问题。由于本工程为年调节电站，库区低温水下泄将影响下游农业灌溉。

(5) 氮气过饱和问题。由于库区长期蓄水，库区污染物及周边污染物的汇入等影响，库区水体容易产生氮气过饱和，影响鱼类生活。

(6) 鱼类产卵场受到污染与破坏的问题。由于受库区回水顶托的影响，库尾两处受保护鱼类产卵场的水文情势及水质将可能发生变化，影响鱼类产卵和孵化。

(7) 移民安置产生的水环境污染问题。如果移民安置及土地开发不当，容易造成水土流失，也会加剧库区及河道的水环境污染。

3. 本工程带来的哪些改变会对受保护鱼类产生影响？并提出相应的保护措施。

(1) 大坝建设阻断了该受保护鱼类的洄游通道。

(2) 库区大量蓄水，受回水的顶托作用，库尾的产卵场环境也受到影响，影响鱼类产卵和孵化。

(3) 库区水文情势变化，特别是水流变缓，不适宜急流性鱼类生活，将导致库区鱼类种群组成的变化，包括受保护鱼类。

(4) 库区较大面积的淹没区，蓄水及周边面源污染物的排入，特别是如果移民安置不当，导致水土流失加剧，使库区水质变差，影响鱼类的生境。

(5) 由于工程建设导致下游出现减水段，影响鱼类的正常生活和洄游。

(6) 针对以上问题，库区蓄水前应进行认真的清理，妥善做好移民安置工作（包括合理选择安置区）；采取合理调度工程发电，确保下泄一定的生态流量工作的长效性；采取人工增殖放流、营造适宜的产卵场（如建立人工鱼礁）措施、建立鱼类保护区；加强调查研究，根据实际情况设置过鱼通道、加强渔政管理和生态监测；防治水土流失和面源污染，切实保护流域生态环境。

4. 提出陆生植物保护措施。

（1）施工期合理布置作业场所，进一步优化各类临时占地，严格控制占地面积，减少对植物的破坏。

（2）对临时征占的 $10hm^2$ 灌草地，在施工结束后及时恢复植被。

（3）对工程永久征占的 $80hm^2$ 灌草地，在施工建设前，剥离土壤层并保护好，用于工程取土场、弃土弃渣场或其他受破坏区域的土地整治与植被恢复。

（4）对库区蓄水将淹没的 8 株古树名木予以移植、移植后挂牌保护或建立保护区。

（5）进一步优化移民安置区，控制陡坡开垦，尽最大可能减少对植被的破坏。

（6）对受工程影响区域采取切实的水土保持措施。

（7）对容易发生地质灾害的区域，尽量避免人为干扰和植被破坏，必要时采取必要的拦挡等措施，防止地质灾害发生破坏植被。

案例十三　调水工程项目（2011 年考题）

青城市为解决市供水水源问题，拟建设调水工程，由市域内大清河跨流域调水到碧河水库，年均调水量为 $1.87\times10^7 m^3$，设计污水流量为 $0.75m^3/s$，碧河水库现有兴利库容为 $3\times10^7 m^3$，主要使用功能拟由防洪、农业灌溉供水、水产养殖调整为防洪、城市供水和农业灌溉供水，本工程由引水枢纽和输水工程两部分组成，引水枢纽位于大清河上游，由引水低坝，进水闸和冲沙闸组成，坝址处多年平均径流量 $9.12\times10^3 m^3$，坝前回水约 3.2km，输水工程全长 42.94km，由引水隧洞和管道组成。其中引水隧洞长 19.51km，洞顶埋深 8～32m。引水隧洞进口接引水枢纽，出口与 DN1300 的预应力混凝土输水管相连，输水管道管顶埋深为 1.8～2.5m，管线总长为 23.43km，按工程设计方案，坝前回水淹没耕地 $9hm^2$，不涉及居民搬迁，工程施工弃渣总量为 $1.7\times10^5 m^3$。工程弃渣方案 1 号弃土场设置在大坝下游，2 号弃土场设置在隧道涵洞附近。

问题

1. 该工程的环境影响范围应包括哪些区域?
2. 给出引水隧洞工程涉及的主要环境问题?
3. 分析说明工程弃渣方案的环境合理性。
4. 指出工程实施对大清河下游的主要影响。
5. 列出工程实施中需要采取的主要生态保护措施。

参考答案

1. 该工程的环境影响范围应包括哪些区域?

应包括以下区域：

（1）调出区——大清河，包括坝后回水段，坝下减脱水段及工程引起水文情势变化的区域。

（2）调入区——碧河水库。

(3) 调水线路沿线——输水工程沿线，即引水隧道及管道沿线。

(4) 各类施工临时场地及弃渣场。

2. 给出引水隧洞工程涉及的主要环境问题?

(1) 隧道施工排水引起地下水变化问题。

(2) 隧洞顶部植被及植物生长受影响问题。

(3) 隧道弃渣处理与利用问题。

(4) 隧道施工可能导致的塌方、滑坡等地质灾害及其环境影响问题。

(5) 隧洞洞口结构、形式与周边景观的协调问题。

(6) 隧洞施工引起的噪声与扬尘污染影响以及生产生活污水排放的污染问题。

3. 分析说明工程弃渣方案的环境合理性

1 号弃土场设置在大坝下游，不符合《水土保持法》的规定，大坝下泄时容易导致水土流失，所以不合理；2 号弃土场设置在隧道涵洞附近，在隧道发生排洪的情况下容易导致水土流失，因此也不合理（没有排洪设施，容易造成水土流失，可能不合理)。

4. 指出工程实施对大清河下游的主要影响。

(1) 造成坝下减脱水，甚至河床裸露，导致坝下区域生态系统类型的改变；如果不能确保下泄一定的生态流量，将影响下游河道及两岸植被的生态用水，甚至下游的工农业用水、生活用水等。

(2) 改变下游河流的水文情势，如果坝下减脱水段有鱼类的“三场”，则将受到破坏。

(3) 库区冲淤下泄泥沙容易导致下游河道局部泥沙淤积而水位抬高。

(4) 库区不冲淤而下泄清水时又容易导致河道两岸受到清水的冲蚀而造成塌方。

(5) 容易导致下游土地的盐碱化。

5. 列出工程实施中需要采取的主要生态保护措施。

(1) 大清河筑坝应考虑设置过鱼设施。

(2) 设置确保下泄生态流量及坝下其他用水需要的设施。

(3) 弃渣场及各类临时占地的土地整治与生态恢复措施。

十、规划环境影响评价

案例一　木里河规划的环境影响评价

西南横断山脉木里河规划，拟在木里河上建水电项目，针对本规划的环境影响评价包括地表水、环境空气、声环境等方面。规划的目的在于协调河流水电开发与生态保护的关系，同时保护干流的生物多样性、流域植被和动物资源，减少对环境敏感区域的影响，同时保护流域内珍稀动植物。

根据该河流的形态、资源分布特点和龙头水库的蓄水位变化情况，水电部门做出了该流域梯级水电开发规划，该规划提出4个拟议方案，分别在河流的不同段开发4组可能的梯级开发方案，规划中主要对不同梯级组的地质条件、水文泥沙情况、交通条件、动能经济指标、水库淹没、工程枢纽布置、工程量以及环境影响等方面进行技术经济比较和论证，最近推荐的开发方案是“一库六级”方案。

问题

1. 该规划的环境影响评价重点是什么？
2. 生态影响预测与评价的主要内容。
3. 规划分析的主要内容有哪些？
4. 列表表示该规划环评的评价指标体系。
5. 开展该规划环境影响评价需要涉及哪些机构或部门？其作用分别是什么？

参考答案

1. 该规划的环境影响评价重点是什么？

本项目属于专项规划的环境影响评价，从项目性质和所在地区的环境概况看，项目的主要影响是对所在地区的生态系统及水库淹没区的土地利用和社会的影响。在对该规划进行环境影响评价时重点是规划分析、生态影响评价和替代方案。规划分析中的本规划与其他相关规划的协调是重点内容；生态影响评价重点是规划对流域陆生和水声生态系统的影响；替代方案分析比较主要是针对不同的规划方案以及规划取消情况下的零方案，对社会、经济和环境的影响的对比分析。

2. 生态影响预测与评价的主要内容。

水电梯级开发产生的生态影响主要包括：土地淹没对陆生动植物分布及多样性的影响，对水生生物多样性的影响。因此生态影响与预测的主要内容包括：

（1）对陆生植物的影响。

① 直接影响：各规划方案的水库淹没情况；各规划方案的植被损失情况；影响区内有无珍稀（列入国家级或地方级保护名录的）动植物。对流域内陆生态系统中动物和植物多样性的影响。

② 间接影响：人为活动增加，水电开发造成的交通、电力输送等活动对植物的破坏。

③ 施工期的临时影响：施工活动造成的植被破坏。

（2）对陆生动物的影响。

① 工程实施后的影响：水库的蓄水和发电将造成水库周边频繁交替的水陆变换，可能会影响爬行类和两栖类动物的生境条件。河道在丰水期对动物产生影响。

② 施工过程对动物的影响：对鸟类、兽类、昆虫和其他动物的影响。

(3) 对流域内陆地生态系统稳定性及完整性的影响。

(4) 对水生生物的影响。

① 施工过程对水生生物的影响：对藻类、底栖动物、鱼类的影响。

② 运行期对水生生物的影响：库区使得生物量增加，种类增加；河道减水对河流中鱼类、底栖生物和藻类等的影响。

(5) 对干流河段水生生物的多样性、完整性和稳定性的影响。

3. 规划分析的主要内容有哪些？

规划分析主要内容包括：

(1) 规划描述：规划的背景及意义、规划方案简介、规划推荐方案和规划的近期工程及开发顺序等。

(2) 规划目标协调性分析：水电开发规划与本地区社会经济发展目标的协调，与整个流域开发目标的协调，与本地区其他相关规划（土地利用规划、水利规划、城镇体系发展规划及旅游资源开发规划等）的协调性。

(3) 规划的环境限制性因素分析。

4. 列表表示该规划环评的评价指标体系（表 10-1-1）。

该规划环评的评价指标体系 **表 10-1-1**

主　题	环　境　目　标	评　价　指　标
生态环境	保护生物多样性 保持生态系统的结构的完整 不加剧水土流失	是否导致物种消失 珍稀物种的数量和多样性 水生生物的数量和多样性 水土流失量 弃渣土石方量
水环境	流域水环境达到功能要求 水源功能得以保护 生态用水得以保证 景观用水得以保证	河流、水库水质达标率 供水水源达标率 生态用水保证率 景观用水保证率
社会环境	有利于地区经济发展 有利于当地居民的生活 与社会发展规划相协调 有利于当地居民的就业	对当地经济的贡献率 移民数量 增加紧就业数量 对当地基础设施的贡献
资源开发利用	水能资源有效利用 土地资源有效利用 景观旅游资源有效利用	水能资源利用率 淹没耕地数量 永久占地数量 受影响旅游点

5. 开展本规划环境影响评价需要涉及的部门及其作用见表 10-1-2：

开展本规划环境影响评价需要涉及的部门及其作用　　表 10-1-2

机构或部门	作　用
当地政府水利水电主管部门	规划审批和委托编制
当地政府环境保护行政主管部门	参与规划环评的审查
上级环保行政主管	主管规划环评的审查
评价机构	规划报告书的编制
规划编制单位	规划的编制、接受或拒绝环境影响报告书中的环保措施
政府其他相关部门	对环境影响报告书提出意见
其他关心的公众或非政府组织	公众参与

案例二　某河流水电项目规划

某河流规划，欲在河流上建水电项目，针对本规划的环境影响评价包括地表水、环境空气、声环境等方面。规划的目的在于协调河流水电开发与生态保护的关系，同时保护干流的生物多样性、流域内植被和动物资源，减少对环境敏感区域的影响，同时保护流域内珍稀动植物。

本规划将以合理开发和保护水资源为目标，在保证规划河段内两岸居民的正常生活用水，满足工业和农业生产用水需要的同时，合理开发和保护土地资源，防止水土流失。本规划还将致力于改善区域环境质量，促进流域和相关区域的社会经济可持续发展，做好沿河居民及景观生态用水的保护。本次规划环境影响评价以水环境、生态环境和社会环境为主，评价指标主要有水文情势、水温、水质、生态完整性、生物多样性、局地气候、社会经济、文物古迹、景观资源、水资源利用、民族宗教等。

问题

1. 简述本规划的水环境保护目标及评价指标。
2. 简述本规划的生态环境保护目标及评价指标。
3. 本规划的社会环境保护目标有哪些？
4. 现状评价的指标可以选取哪些？
5. 生态环境评价应该从哪几个方面进行？
6. 规划评价时为何要考虑流域相关规划的协调性？
7. 社会环境影响评价时需要考虑哪些因素？

参考答案

1. 简述本规划的水环境保护目标及评价指标。

本规划的水环境保护目标为：

（1）河段保证水域功能要求；

（2）生产、生活用水保护以及鱼类生存及繁衍。

具体评价指标可以有：河流水质达标率、供水水源水质、水量保证率、景观用水保证率以及生态用水保证率。

2. 简述本规划的生态环境保护目标及评价指标。

生态环境保护主要有以下几个目标：保护流域生物多样性，保护区域陆生、水生生态环境及栖息地，保护生物的群落结构及种群密度，维护区域的生产力景观生态体系等。

可以选取以下指标：

(1) 是否导致物种消失；

(2) 对珍稀保护物种的影响；

(3) 是否因本规划的实施而发生陆生生态结构及功能性的变化；

(4) 是否因本规划的实施而发生水生生态结构及功能性的变化；

(5) 与生态保护规划的协调程度；

(6) 工程开挖弃渣对水土流失的影响等。

3. 本规划的社会环境保护目标有哪些？

社会环境保护目标包括合理开发和利用水能资源，通过水电资源开发促进地方经济发展，保障人群健康，保护文物、古迹及自然、人文旅游资源，保护基础设施等。

4. 现状评价的指标可以选取哪些？

(1) 水环境

可以选取如下因子：水温、pH 值、SS、COD、氨氮、总氮、总磷、大肠菌群、氟化物、总铅等指标。

(2) 生态环境

可以选取如下因子：陆生动植物种类及其珍稀保护物种分布现状、数量，水生动物种类及其珍稀保护物种数量及分布，水土流失现状，景观体系构成等。

(3) 社会环境

现状评价因子有：土地资源现状、农业生产现状、能源结构及水资源利用等。

5. 生态环境评价应该从哪几个方面进行？

生态评价可以从以下几个方面进行。

(1) 陆生生态

主要从流域生态完整性、流域生物多样性、对局地气候和环境敏感对象的影响等方面开展评价；对规划方案可能影响的珍稀保护陆生动植物进行评价。

(2) 水生生态

对区域内水域生态条件，水生生物成特点，种群数量以及对环境的适应性等进行评价。

(3) 水土流失

对区域内水土流失现状、成因及危害进行评价，并且预测分析工程建设对水土流失的影响。

6. 规划评价时为何要考虑流域相关规划的协调性？

由于本规划为在河流上建立水电设施，工程的建设和营运不可避免地将造成植被的破坏和水土流失，同时水电规划可能会与农业规划、水土保持规划、林业生态规划、矿业规划等其他规划产生矛盾，因此必须考虑所建项目和规划的协调性，这样才能保证区域生态环境等各方面能够协调的发展。

7. 社会环境影响评价时需要考虑哪些因素？

主要应当考虑规划对社会经济、基础设施、当地居民的正常工作和生活、能源结构、宗教信仰、工程施工带来的拆迁安置，对土地使用类型的变化等各方面的影响。

案例三　某城市工业开发区规划项目

某城市根据当地资源及社会经济发展的需要，拟规划一工业开发区，以能源重化工为主，规划用地面积 10km^2，现委托你所在机构进行该工业园区规划的环境影响评价。该城北部以一条河流与另一城市相隔，该河流为两城市的饮用水源。该城西南方向有较大面积的农田，且均为基本农田，农田西南有山脉一处，为国家级森林公园。根据城市发展规划，城市在未来十年内将由现在的 30 万人口发展到 45 万人，城市总体发展方向为沿江向东西两个方向展开。近期拟建设污水处理厂一座，位于城市东南方向 16km 处，用于处理城市污水和部分工业废水，处理后的污水尽可能作为中水回用，少量排入北部河流城市下游段。在城市规划中预留了三处工业开发区，分别为城市东南方向 15km 处（A 区）、东南方向 20km 处（B 区）、南东南方向 17 公里处（C 区），分别发展能源重化工业、轻工纺织业和机械加工业，但未明确哪一区块用于发展能源重化工业。三处工业区规划实施需搬迁 9 个村庄近 10000 人。开发区集中配套建设相应的供水、供电、交通和通讯设施。该区域常年主导风向为西北风，春季常有来自西北方向的大风，年降水量 560mm，蒸发量 4300mm，冬季较为寒冷。

问题

1. 请给出三处工业开发区分别适宜于发展哪类工业，并说明理由。

2. 污水处理厂位置是否合理，并说明理由。

3. 指出能源重化工开发区规划分析的主要内容有哪些？

4. 指出该能源重化工开发区环境影响评价要素及主要指标？

5. 从区域发展层次，该能源重化工开发区环评需考虑哪些宏观因素？

参考答案

1. 请给出三处工业开发区分别适宜于发展哪类工业，并说明理由。

（1）A 区适合发展机械加工业、B 区适合发展轻工纺织业、C 区适合发展能源重化工业。

（2）根据工业用地的布局原则，污染重的工业宜远离城市，并处于主导风向的下风向；污染轻的可布置的城市的近郊区。从污染轻重来看，能源重化工业污染最重，其次是机械加工、轻工纺织业。

2. 污水处理厂位置是否合理，并说明理由。

（1）合理。

（2）处于城市常年主导风向的下风向，与城市距离适中，位于城市工业集中区，处理后的中水便于回用。

3. 指出能源重化工开发区规划分析的主要内容有哪些？

（1）阐明并分析规划编制的背景、规划的目标、规划对象、规划内容、实施方案，及其与相关法律、法规和其他规划的关系；

（2）进行规划的协调性分析，即分析规划与城市总体规划及其他相关规划，如环境保护规划、其他两个工业开发区的规划的协调性；

（3）规划实施限制因素分析；

(4) 对规划提出的有关方案进行初步的筛选；

(5) 对与本规划有关的配套工程进行简要说明与分析。

4. 指出该能源重化工开发区环境影响评价要素及主要指标。

(1) 水环境影响指标，规划开发区主要河流水质指标，包括 pH、水温、COD、BOD、DO、SS、氨氮等常规指标及与开发区规划建设项目有关的特征指标。

(2) 环境空气影响指标，TSP、PM10、SO_2、NO_2、Pb、F、O_3、B[α]P 及与开发区有关的特征污染物指标。

(3) 噪声影响指标，区域环境噪声及主要噪声源噪声。

(4) 固体废物影响指标，固体废物产生的种类、数量、成分，处理处置方式等。

(5) 生态影响指标，土壤类型、生态系统类型、主要野生动植物及生境条件、主要生态问题及原因、生态演变趋势。

(6) 风险，需识别风险源、风险发生的因素、危害等。

5. 从区域发展层次，该能源重化工开发区环评需考虑哪些宏观因素？

(1) 与城市发展规划及其他相关规划的协调性；

(2) 与环境功能的协调性；

(3) 与其他两处工业开发区的协调性；

(4) 区域环境承载力；

(5) 进入该开发区的相关工业企业类型与产业链关系的协调性；

(6) 节能减排、总量控制与清洁生产。

案例四　山区河流进行水电梯级开发规划项目

某地拟对一山区河流进行水电梯级开发，河流长度约 380km，河床坡降较陡，天然落差大，水能资源丰富，流域面积 4 万 km^2，农田相对较少，且分散，区域社会经济发展水平较低，对外交通不发达。河流中经济鱼类较多，山丘植被均为次生林，野生动植物资源较为丰富，流域内有自然保护区 3 处（其中，国家级野生动物自然保护区一处），风景名胜区 5 处，但均为山丘区，从规划报告来看，水库淹没对自然保护区、风景名胜区影响不突出。规划报告提供了三个开发建设方案。规划报造从工程经济技术角度推荐了自上而下建设"一库七级"水电站方案，开发方式既有引水或也有堤坝式，还有混合式。规划方案实施后需迁移人口 5 万人，涉及 2 个县的 9 个乡镇 21 个村。

问题

1. 生态环境现状调查主要内容。

2. 给出生态环境保护目标与评价指标。

3. 生态影响评价的主要内容。

4. 该规划环境影响评价总体上需充分考虑哪些因素？

5. 规划实施后的不利影响主要有哪些方面？

参考答案

1. 生态环境现状调查主要内容。

(1) 自然环境现状调查，包括地形地貌、水系及拟开发河流水文特征调查；

(2) 陆生生物多样性调查，包括物种，特别是珍稀濒危野生动植物种、群落及生态系统类型、结构、功能、现状问题及原因演替趋势调查分析；

（3）水生生物多样性调查，包括重要经济鱼类的“三场”调查，重要饵料生物的调查，洄游性鱼类特性调查；

（4）自然保护区、风景名胜区之等级、功能区划、保护对象及其价值，存在的问题及原因分析，是本规划生态现状调查的重点对象。

2. 给出生态环境保护目标与评价指标。

（1）主要生态保护目标有：保护流域的生物多样性，保护区域陆生、水生生态环境及重要物种的栖息地，重点保护自然保护区和风景名胜区，保护生物的群落结构及种群密度，维护区域生产力，尽可能保持流域景观生态体系。

（2）评价指标以定量与定性指标相结合。可选取重要野生动植物物种是否消失，规划建设项目与重要生境的区位关系及可能受到的影响，规划工程对珍稀保护物种的影响，分析、评价是否会因本规划实施而发生陆生生态系统结构与功能的变化，分析与流域内生态保护规划的协调程度，工程建设土石方工程对水土流失的影响。

3. 生态影响评价的主要内容。

（1）陆生生态：主要从流域生态完整性、流域生物多样性、对局地气候、对环境敏感对象自然保护区、风景名胜区的影响方式、程度与范围等方面进行分析、评价，对规划方案可能影响的珍稀、保护陆生动植物进行评价。

（2）水生生态：分析评价区域内水域生态条件、水生生物组成特点、种群数量以及下游河段中水生生物及鱼类的影响，重点是重要经济鱼类三场及珍稀、洄游性鱼类的调查及影响评价。

（3）水土流失与地质灾害：分析评价区水土流失现状、成因及危害，预测分析规划实施各建设项目对水土流失的影响，评价水库建成导致大规模地质灾害的可能性，以及施工区，特别是渣场布置的环境可行性。

4. 该规划环境影响评价总体上需充分考虑哪些因素？

（1）规划实施可能对相关区域、流域生态系统产生的整体性影响；

（2）规划实施可能对环境和人体健康产生的累积性或叠加影响；

（3）规划实施的经济效益、社会效益与环境效益之间的关系。

5. 规划实施后的不利影响主要有哪些方面？

（1）水资源影响：有水量与水质两个方面，主要是水资源的重新分配及其影响，水质污染影响；

（2）生态影响：陆生生态与水生生态影响，特别是对陆生珍稀野生动植物、自然保护区、风景名胜区的影响；水文情势变化对水生生物，特别是重要经济鱼类的影响；

（3）水土流失与地质灾害：规划实施后由于淹没及冲蚀等造成的水土流失与地质灾害影响；

（4）社会环境影响：主要是移民安置产生的不利影响，对区域能源结构、交通、当地居民的生产与生活、人群健康、宗教信仰、后备土地资源等的影响。

十一、验收监测与调查类

案例一　深圳西部电力有限公司5号、6号机组续建工程

深圳西部电厂位于深圳市南山区南头半岛西南端，距深圳市中心约25km。整个电厂是在原右炮台众山的基础上，采用定向爆破劈山填海而成。全厂（含妈湾电厂一期工程）占地面积$39.43\times10^4 m^2$，填海面积占厂区面积的70%。

续建工程于2001年6月开工建设，共建设了两台300MW国产引进型机组及必要的附属设施。公共配套设施如各类污水处理设施、输煤码头、灰场等已经先期完成。5号机组和6号机组于2002年11月和2003年7月建成投入运行。续建工程总投资为28.7亿元，其中环保投资为4.2亿元，占工程总投资的14.6%。

续建工程的主要设备及环保设施见表11-1-1。

续建工程的主要设备及环保设施　　表11-1-1

项目			单位	设备	数量
主要设备	锅炉	种类	—	燃煤（汽包炉）	2台
		蒸发量	t/h	2×1025	—
	汽机	种类	—	引进优化型（亚临界）	2台
		功率	MW	2×300	—
	发电机	种类	—	引进优化型（水、氢、氢冷却）	2台
		出力	MW	2×300	—
治理设施	烟气除尘	种类	—	二室四电场静电除尘器	4台
		效率	%	≥99.5	—
	烟气脱硫	种类	—	脱硫塔	2座
				曝气池	2个
	烟囱（单筒）	效率	%	≥90	—
		高度	m	210	1座
		出口内径	m	7	—
	灰库	容量	m^3	600	3个

问题

1. 简述本项目竣工环保验收标准的确定原则。
2. 简述本项目竣工环保验收中，废气和废水监测布点原则及点位布设。
3. 验收监测的重点是什么？
4. 工业生产型建设项目，建设单位应保证的验收监测工况条件是什么？
5. 竣工验收监测工作包括哪些主要内容？

参考答案

1. 简述本项目竣工环保验收标准的确定原则。

原则：按照环境影响管理一致性、连续性的特点，验收标准采用环境影响评价时的施行标准。对建设期新出台和修订的法律法规、标准等，仅在验收时参照评价，不作为验收的依据。

验收检测标准主要包括两个方面：一是污染源达标排放标准，包括污染源的主要污染指标浓度监测达标，污染源排放口技术指标达标（如排气筒高度达标、废气排放口规范、检测电位设立规范等），排放总量达标（重点包括总量控制指标达标）；二是验收监测的采样测试方法标准。

验收监测方法标准选取：原册验收监测时，应尽量按国家污染物排放标准和环境质量标准要求，列出标准测试方法。

2. 简述本项目竣工环保验收中，废气和废水监测布点原则及点位布设。

（1）采样布点原则

在废气治理设施的进口和出口均应布设采样点。锅炉烟尘测试，应依据《锅炉烟尘测试方法》（GB 5468—91）设采样点。

（2）点位布设

① 锅炉烟道气监测布点

国家 GB/T 16157—1996 规定，不同形状，不同直径的烟囱其检测布点要求不一致。本性们验收监测，烟道气采样点设置为：

5 号机组：1 号—4 号为锅炉静电除尘器进、出口点位，5 号、6 号为锅炉脱硫塔进、出口点位。

6 号机组：7 号—10 号为锅炉静电除尘器进、出口点位，11 号、12 号为锅炉脱硫塔进、出口点位。

13 号为烟筒 70m 出口点位。

② 废水监测点位布设

监测点布设：1 号电厂海水取水口，2 号、3 号分别为 5 号机及 6 号机曝气池出口，4 号为 5 号机和 6 号机温排水入海前。

③ 噪声检测点为布设

监测点布设：根据现场勘察情况在 6 号机组南侧厂界布设 2 个测点。

3. 验收监测的重点是什么？

验收监测的重点在于工厂建设情况、污染物排放及其污染防治设施的建设与运行情况、对环境特别是环境敏感目标的实际影响以及事故风险应急环境保护预案与措施，尤其是对环境敏感目标实际影响的检测是验收检测的重要内容。

4. 工业生产型建设项目，建设单位应保证的验收监测工况条件是什么？

（1）试生产阶段工况稳定。

（2）生产负荷 75%以上（国家、地方排放标准对生产负荷有规定的按标准执行）。

（3）环境保护设施运行正常。

对在规定的试生产期，生产符合无法在短期内调整达到 75%以上的，应分阶段开展验收检查或监测。分期建设、分期投入生产或者使用的建设项目，建设单位应分期委托环境保护行政主管部门所属的环境监测站对已完工的工厂和设备进行验收监测。

5. 竣工验收监测工作包括哪些主要内容？

（1）现场勘察与调查；

(2) 指定竣工验收监测实施方案；
(3) 对建设项目排污情况、清洁生产工艺和环保设施运转效果进行监测；
(4) 环保设施的处理能力和效率分析；
(5) 环保设施运行中存在的问题分析；
(6) 提出竣工验收监测结论和建议；
(7) 编制竣工验收监测报告。

案例二 上海石油化工股份有限公司增加聚乙烯、聚丙烯新品种技术改造项目、延迟焦化二期二阶段

上海石油化工股份有限公司增加聚乙烯、聚丙烯新品种技术改造项目、延迟焦化二期二阶段项目。本项目主要工程包括：新增聚乙烯装置及其配套工程、聚丙烯装置及其配套工程、乙烯联合装置等。项目已经完成，对其进行验收监测。项目距离市中心 50km，以石油为原料，生产油、化纤、塑料相结合的大型的石油化工化纤产品，年生产能力达到 600 万 t。主要原料是石脑油、加氢尾油、裂解分离产物乙烯、丙烯等，工程总投资达到 30 亿元。

问题

1. 本项目验收监测的依据是什么？
2. 项目验收时，对工程描述的信息应该包括哪些内容？
3. 验收公示中应包括哪些内容？
4. 建设项目环保设施竣工验收监测应具备哪些条件？
5. 噪声污染防治设施是指什么？

参考答案

1. 本项目验收监测的依据是什么？
(1) 国家有效的建设项目环境管理法规、办法和技术规定；
(2) 与建设项目有关的环保技术文件；
(3) 有关建设项目工程环保工作的意见和批复；
(4) 开展建设项目环保设施竣工验收监测的依据；
(5) 工程建设中有关环抱设施设计改动的报批手续和批复文件；
(6) 环保设施运行情况自检报告；
(7) 其他有关需要说明的问题和情况及其有关资料或文件等。
2. 项目验收时，对工程描述的信息应该包括哪些内容？
(1) 工程所处的位置；
(2) 工程占地面积；
(3) 工程总投资和工程环抱设施投资；
(4) 环境影响评价完成单位与时间；
(5) 初步设计完成单位与时间；
(6) 环保设施设计单位和施工单位；
(7) 投入试运行日期；
(8) 其他需要说明的情况。

3. 验收公示中应包括哪些内容？

（1）工厂的基本情况；

（2）项目环保设施及措施落实情况；

（3）验收监测结果；

验收监测结果应该包括：废水检查结果、废气检查结果、噪声检查结果、固体废弃物检查结果、排放总量、环境风险检查、污染自动监控、公众调查等。

（4）文档及环保机构情况；

（5）下一步的要求。

4. 建设项目环保设施竣工验收检测应具备哪些条件？

（1）环保设施按批准的环境影响报告书（表）和设计要求建成；

（2）环保设施的土建、安装质量符合国家和有关部门颁发的专业工程验收规范、规程和检验评定标准；

（3）环保设施与主题工程建成后经符合试车合格，其防治污染能力适应主体工程的需要；

（4）外排污染物经自检符合批准的设计文件和环境影响报告书（表）中提出的要求；

（5）建设过程中受到破坏并且可恢复的环境已经得到修整；

（6）环保设施能正常运转，符合交付使用的要求，并具备正常运行的条件，包括经培训的环保设施岗位操作人员，管理制度建立，原材料、备件及动力落实等；

（7）环保管理和监测机构，包括人员、监测仪器、设备、监测制度、管理制度等符合环境影响评价报告书（表）和有关规定的要求；

（8）在建设项目生产能力达到设计规模75％以上的条件下，环保设施至少应经过连续2个月的试运转，试运转记录齐全。

5. 噪声污染防治设施是指什么？

是指为使设备噪声影响达到环境标准所采用的降噪措施和降噪工程，包括各种隔声、吸声、消声设备及综合治理工程。

案例三　宝马华晨汽车有限公司建设项目

宝马华晨汽车有限公司建设项目，宝马华晨汽车有限公司属于中外合资的新建项目，年产宝马3、5系列轿车3万台。宝马轿车生产主要依托金杯公司中华轿车工厂现有的生产厂房、场地及有关设备，用宝马的生产工艺和从宝马公司进口的车身冲压件、发动机部件及其他部件在中华轿车工厂进行焊接、涂装、组装和调试，生产出合格的宝马轿车。宝马轿车与中华轿车共线生产，宝马轿车投产后，对中华轿车实行等量替代，中华轿车工厂调整为年产中华轿车7万辆，宝马轿车3万辆，合计仍为年产轿车10万辆。

建设项目总投资为35.2亿元人民币，其中环保投资344万元，占总投资的0.98％，加上中华轿车工厂已发生的环保投资938万元，环保投资占该建设项目总投资的0.36％。

问题

1. 本项目验收监测范围。

2. 本项目布点原则与点位布设。

3. 项目验收重点是什么？

参考答案

1. 本项目验收监测范围。

本项目虽是新建项目，但其生产设施主要依托金杯公司中华轿车工厂现有生产厂房、场地和有关设备，与中华轿车共线生产。类似这种新、旧生产设施难以分开，排污责任无法区分的建设项目，验收范围应涵盖所有有关的排污设施。

2. 本项目布点原则与点位布设。

《地表水和污水监测技术规范》规定：第一类污染物采样点位一律设在车间或车间处理设施的排放口或专门处理此类污染物设施的排口；第二类污染物采样点位采样点位一律设在排污单位的外排口；进入集中式污水处理厂和进入城市污水管网的污水采样点位应根据地方环境保护行政主管部门的要求确定。

本项目塑料喷涂车间和涂装车间排放废水中有总铅、总镍、总镉、六价铬等第一类污染物，因此除对生活污水排放口和厂区总排口设置检测点进行监测外，还分别在塑料喷涂车间、涂装车间废水处理系统出口、涂装车间排放口设置监测点，对一类污染物进行监测。大气监测点位针对喷涂车间、塑料涂装车间、总装车间所有排气筒设置；焊接车间含粉尘由于没有集中排放的排气筒，因此设置无组织排放监测点。

3. 项目验收重点是什么?

重点应注意监测喷涂车间、塑料涂装车间排放的有机废气，总装车间排放的汽车尾气，焊接车间排放的粉尘，以及生产废水和生活污水。生产废水要特别注意第一类污染物的处理和排放，固体废物应注意调查漆渣等危险废物的去向。汽车生产企业的生产原料中，漆类和稀释剂均属易燃易爆化学品，一旦发生意外事故，有可能造成严重的环境污染，因此应将有关的风险防范和应急措施列为检查重点。

案例四　某综合医院竣工环保验收项目

某综合性医院选址在城市中心地带，设有床位 300 张，设有放射科（X 光机、CT 机）、传染病区等 23 个诊疗科室，员工 400 人。辅助生活设施有盥洗卫生、办公室、洗衣房等。公用工程中有 1 台 DZL2－1.25－Ⅲ型燃煤锅炉，配 XZD－2 型单筒旋风除尘器，烟囱高 25m；1 台 YFL—AI 型医疗废物焚烧炉，烟囱高 6m。医疗废水二氧化氯处理系统一套，厂区绿化面积 1300m^2。工程总投资预算 5000 万元，环保设施投资 85.4 万元。工程于 2001 年 3 月立项，2003 年 7 月试运行，2003 年 8 月进行监测验收。废水经排洪沟排入淮河干流（Ⅲ类）。

项目污水处理工艺路线见图 11-4-1。

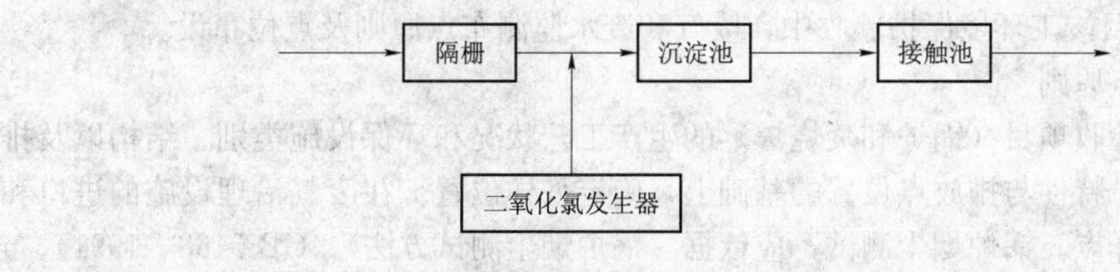

图 11-4-1　项目污水处理工艺流程

问题

1. 简述本项目竣工环保验收标准的确定原则。

2. 分析本项目竣工环境保护验收监测的范围。

3. 简述本项目竣工环境保护验收中，废气和废水监测布点原则及点位布设。

4. 本项目竣工环境保护验收监测中，污染源监测的重点是哪些？本项目竣工验收监测的主要内容。

参考答案

1. 简述本项目竣工环保验收标准的确定原则。

验收标准的确定原则：按照环境影响管理一致性、连续性的特点，验收标准采用环境影响评价时的施工标准。对建设期新出台和修订的法律法规、标准等，仅在验收时参照评价，不作为验收的依据。

本项目的验收监测标准主要包括两个方面：一是污染源达标排放标准，包括污染源的主要污染指标浓度监测达标，污染源排放口技术指标达标（如排气筒高度达标、废水排放口规范、监测点位设立规范等），排放总量达标（重点包括总量控制指标达标）；二是验收监测的采样测试方法标准。

验收监测方法标准选取原则：验收监测时，应尽量按国家污染物排放标准和环境质量标准要求，列出标准测试方法。

2. 分析本项目竣工环境保护验收监测的范围。

医院竣工环境保护验收监测的范围包括：医院医疗废水消毒处理系统的运行效果和废水达标情况、锅炉废气消烟除尘处理效率和烟气达标情况、焚烧炉废气消烟除尘效率和达标情况。

对比环境影响评价报告、专家评审结论和环境主管部门的审批意见，验收本次验收的主要污染源及其环保设施。

（1）废气污染源及环保设施：包括燃煤锅炉配置的 XZD－2 型单筒旋风除尘器排气中烟尘浓度、速率和除尘效率；医疗废物焚烧炉的温度、烟气停留时间、焚烧效率及烟气中污染物排放浓度和速率等。

（2）废水污染源及环保设施：医院污水处理站各主要处理车间的处理效率及处理后污水中各污染物的浓度和排放量等。

（3）噪声源及环保设施：包括锅炉鼓风机和引风机、水泵等的源强、降噪效果和厂界噪声等。

（4）固体废物及环保设施：包括锅炉炉渣、医疗固废、污水处理过程中的污泥、焚烧炉的炉灰和除尘器收尘的处理途径及固废处理设施的处理效果。

（5）放射源：包括影像中心内的 X 光机、CT 机等放射源强和处理效果。

3. 简述本项目竣工环境保护验收中，废气和废水监测布点原则及点位布设。

（1）采样布点原则

在详细了解验收项目（锅炉和焚烧炉）的生产工艺状况和环保设施类别、结构以及排放污染物的种类、特性与排放点位置的基础上，确定采样位置。在废气治理设施的进口和出口均应布设采样点。锅炉烟尘测试，应依据《锅炉烟尘测试方法》（GB 5468—1991）布设采样孔和采样点。

对焚烧炉依据《危险废物焚烧污染控制标准》（GB 18485—2001）及《固定污染源排气中颗粒物测定与气态污染物采样方法》（GB/T 16157—1996）布设采样孔和采样点。

(2) 点位布设

① 锅炉和焚烧炉烟道气监测布点

根据 GB/T 16157—1996 规定，不同形状、不同直径的烟囱其监测布点要求不一致。本次验收监测，烟道气采样点设置为：

1 号点—锅炉除尘器进口：眼到为矩形 300mm×400mm，按断面尺寸分成 2 个等面积小矩形块，测点位于等面积小矩形中心，设 2 个测点。

2 号点—锅炉除尘器出口：烟道为圆形，按等面积圆环，设 2 个测点。

3 号点—焚烧炉除尘器进口：设 1 个测点。

4 号点—焚烧炉排放口（除尘器出口）：设 1 个测点。

② 废水监测点位布设

监测点布设：在医院污水处理站的沉淀池进口设 1 号采样点，接触池的出口设 2 号采样点，共 2 个采样点。

③ 噪声监测点位布设

监测布点：根据该院实际情况，在医院东南西北厂界至少各设 1 个厂界噪声监测点，共设 4 个点。噪声源：锅炉鼓风机和引风机各设 1 个点。

④ 无组织排放监测点位布设

根据当地环保局的要求和本项目环评报告的实际情况，决定是否设定本项目污水处理站恶臭污染物无组织排放监测点。

4. 本项目竣工环境保护验收监测中，污染源监测的重点是哪些？本项目竣工验收监测的主要内容。

医院竣工环境保护验收监测的重点为：医疗废水处理系统的处理效果和粪大肠杆菌的达标率；医疗废物焚烧炉的处理效果和燃烧废气中污染物排放的达标情况。

本项目竣工验收监测工作的主要内容：

(1) 现场勘察与调查。调查污染处理设施医疗废水二氧化氯处理系统、医疗废物焚烧系统、厂区的绿化面积是否按环境影响报告和批复进行建设，是否有环境管理机构、监测人员，有无环境保护管理制度。

(2) 对建设项目排污情况和环保设施运转效果按照监测方案进行监测；监测布点见第 3 题。对监测结果从浓度、速率、排放总量等方面进行全面综合的评价。

(3) 环保设施的处理能力和效果监测分析。污染治理设施是否达到企业的设计要求，是否按环境影响报告和批复进行建设，是否达到污染物排放标准要求。

(4) 分析环保设施运行中存在的问题。本项目中焚烧炉的烟囱高度为 6m，无法达到《危险废物焚烧污染控制标准》(GB 18485—2001) 的要求。

(5) 提出竣工验收监测结论和建议。医院废物得到焚烧处理，医院废水消毒处理，锅炉烟气除尘，环境保护制度已经建立和健全。厂区的绿化面积、传染病区的安全设置距离、环保措施已符合要求。污水处理系统、医疗废物焚烧炉有专人管理。

经验收监测和评价，作出医疗废水、锅炉废气、焚烧炉的焚烧废气是否达标的排放的结论。根据《危险废物焚烧污染控制标准》(GB 18485—2001) 和焚烧炉的焚烧量，建议医疗废物焚烧炉烟囱高度至少升高到 20m。

案例五　电厂环保验收项目

某电厂2×600MW燃煤发电机组建设项目包括锅炉、汽轮机和发电机，配套工程：新建1个5万t级煤码头泊位、2个贮煤场，煤由道地运至电厂码头，通过卸煤机、带式输送机、煤堆场、取煤机送至锅炉。供水系统采用直接海水冷却，取海水158300m³/h，公用工程淡水系统取水610m³/h，淡水取自厂北部的水库。每台机组配套2台双室电厂静电除尘器，并配有脱硫装置，采用低氮燃烧器。设置工业废水集中处理站、含油废水处理系统、煤场污水沉淀系统和生活污水处理系统。固废采用灰渣分除、干灰干排、粗细分排系统，干灰直接综合利用，调湿后的灰和脱水后的渣进行综合利用或送至灰场。

验收监测时1号和2号机组的生产负荷分别为455.55～467.01MW和552.18～565.30MW，额定功率均为600MW。1号和2号机组的除尘、脱硫、脱硫、脱氮验收监测数据如表11-5-1所示。

1号和2号机组的灰尘、脱硫、脱氮验收监测数据　　**表11-5-1**

监测项目		烟气流量/(m³/h)	浓度 mg/m³	产生量或排放量/(kg/h)
烟尘	1号机组除尘器进口	1.58×10^6	3964	?
	1号机组除尘器进口	1.76×10^6	26.4	?
	2号机组除尘器进口	1.87×10^6	5349	?
	2号机组除尘器进口	2.06×10^6	46.1	?
二氧化硫	1号机组脱硫出口	1.76×10^6	646	?
	1号机组脱硫出口	1.50×10^6	21.2	?
	1号机组脱硫进口	2.06×10^6	479	?
	2号机组脱硫出口	2.16×10^6	19.5	?
氮氧化物	1号机组脱氮出口	1.50×10^6	360	?
	2号机组脱氮出口	2.16×10^6	572	?

无组织排放源主要是堆煤场及装卸、输送过程中产生的煤粉。项目采用全封闭式的输煤系统。验收监测时，在煤场设置1个参照点和4个监控点，监测数据如表11-5-2所示。

无组织排放粉尘监测结果（单位：mg/m³）　　**表11-5-2**

监测次数	监测点				
	1号（参照点）	2号（监控点）	3号（监控点）	4号（监控点）	5号（监控点）
1	0.126	0.171	0.189	0.135	0.297
1	0.055	0.064	0.091	0.1064	0.118
3	0.072	0.145	0.081	0.100	0.081
4	0.037	0.046	0.055	0.091	0.091

问题

1. 计算1号和2号机组的生产负荷率，判断其是否满足国家对建设项目环保设施竣工验收监测的要求。根据表1计算烟尘、二氧化硫、氮氧化物的产生量或排放量、除尘和脱硫效率。

2. 按全年365天，计算烟尘和二氧化硫排放总量。

3. 根据《大气污染物综合排放标准》(GB 16297—1996)，新污染源大气污染物排放限值中颗粒物（其他）的最高允许浓度120mg/m^3，无组织监控点位的设置必须遵哪些原则？

4. 对于该项目的有组织排放废气，应如何设计监测断面、监测频次？

参考答案

1. 计算1号和2号机组的生产负荷率，判断其是否满足国家对建设项目环保设施竣工验收监测的要求。根据表11-5-1计算烟尘、二氧化硫、氮氧化物的产生量或排放量、除尘和脱硫效率。

1号机组生产负荷率：455.55/600＝75.9%，467.01/600＝77.8%

2号机组生产负荷率：552.18/600＝92.0%，565.30/600＝94.2%

因此，1号机组的生产负荷率为75.9%～77.8%，2号机组的生产负荷率为92.0%～94.2%，能够满足国家对建设项目环保设施竣工验收监测的要求（额定负荷75%以上），见表11-5-3。

1号和2号机组的除尘、脱硫、脱氮验收监测数据　　　表11-5-3

监测项目	监测断面	烟气流量/(m^3/h)	浓度(mg/m^3)	产生量或排放量/(kg/h)
烟尘	1号机组除尘器进口	1.58×10^6	3964	6263
	1号机组除尘器进口	1.76×10^6	26.4	46.5
	2号机组除尘器进口	1.87×10^6	5349	1.000×10^4
	2号机组除尘器进口	2.06×10^6	46.1	95.0
二氧化硫	1号机组脱硫进口	1.76×10^6	646	1137
	1号机组脱硫进口	1.50×10^6	21.2	31.8
	2号机组脱硫进口	2.06×10^6	479	987
	2号机组脱硫进口	2.16×10^6	19.5	42.1
氮氧化物	1号机组脱氧出口	1.50×10^6	360	540
	2号机组脱氮出口	2.16×10^6	572	1236

1号机组的除尘效率为：1－46.5/6263＝99.3%

2号机组的除尘效率为：1－95.0/10000＝99.1%

1号机组的脱硫效率为：1－31.8/1137＝97.2%

2号机组的脱硫效率为：1－42.1/987＝95.7%

2. 按全年365天，计算烟尘和二氧化硫排放总量。

烟尘排放总量＝(46.5＋95.0)×24×365＝1239540kg/a≈1240t/a

二氧化硫排放总量＝(31.8＋42.1)×24×365＝647364kg/a≈647t/a

3. 根据《大气污染物综合排放标准》(GB 16297—1996)，新污染源大气污染物排放限值中颗粒物（其他）的最高允许排放浓度120mg/m^3，无组织排放监控浓度限值周界外浓度最高点为1.0mg/m^3，判断该项目验收监测是否达标，该项目无组织监控点位的设置必须遵循哪些原则?

根据标准判断，该项目验收监测能够达标。

该项目无组织排放的监控点应设在无组织排放源的下风向 2～50m 的浓度最高点，相对应的参照点设在排放源上风向 2～50m。监控点最多可设 4 个，参照点只设 1 个。

4. 对于该项目的有组织排放废气，应如何设计监测断面、监测频次?

监测断面应布设于废气处理设施各处理单元的进出口烟道，废气排放烟道。该项目为电厂，生产连续稳定，采样和测试的频次一般不少于 3 次，排气出口颗粒物每点采样时间不少于 3min。

案例六　锅炉环保验收

某项目环境影响报告书 2001 年 4 月取得环保行政主管部门批复，2003 年 7 月当地环境检测部门对该项目进行了环保验收监测。该项目位于环境空气质量二类功能区和二氧化硫污染控制区，当地政府对该项目锅炉下达的废气污染物总量控制指标为烟尘 15t/a、SO_2 26t/a。锅炉采用多管旋风除尘装置，锅炉环保验收检测结果见表 11-6-1。

锅炉环保验收监测结果　　**表 11-6-1**

锅炉定额蒸发量 t/h		6
烟囱高度 m		30
烟气量 m^3/h		12500
过量空气系数		2.6
烟尘浓度 mg/m^3	除尘器前	1100
	除尘器后	160
SO_2浓度 mg/m^3	除尘器前	313
	除尘器后	310

注：锅炉年运行小时按 7000h 计。

问题

1. 为对该锅炉进行环保验收，还需要收集那些资料?

2. 以表中数据为准，该锅炉能否通过环保验收? 简要说明原因。

3. 该锅炉若不符合验收条件，提出具体整改措施。

参考答案

1. 为对该锅炉进行环保验收，还需要收集那些资料?

为对该锅炉进行环保验收，还需要收集以下资料:

(1) 现场监测期间该项目的工况，说明验收时的生产负荷;

(2) 收集现场监测期间耗煤量，煤质数据（主要包括水分、灰分、挥发分、硫分、低位热值等);

(3) 现场监测烟气黑度。

2. 以表中数据为准，该锅炉能否通过环保验收? 简要说明原因。

(1) 烟尘排放量$=12500\times160\times7000\times10^{-9}=14$ (t/a)

该锅炉烟尘符合当地政府下达的总量控制指标 15 (t/a)

$$SO_2\text{排放量}=12500\times310\times7000\times10^{-9}=27.1\ (t/a)$$

该锅炉 SO_2 不符合当地政府下达的总量控制指标 26（t/a）

（2）根据《锅炉大气污染物排放标准》（GB 13271—2001），锅炉过量空气系数为 1.8，SO_2 浓度折算后为 448mg/m^3，符合二类功能区Ⅱ时段标准要求（900mg/m^3）；但烟尘浓度折算后为 231mg/m^3，超过二类功能区Ⅱ时段标准要求（200mg/m^3）。

3. 该锅炉若不符合验收条件，提出具体整改措施。

（1）多管旋风除尘装置设计除尘效率一般为 90%，而目前该锅炉除尘效率只有 85.4%，只要加强管理，使除尘效率达到设计要求，就可以达到标准和排放总量要求。

（2）将烟囱高度提高至 35m。如烟囱维持 30m，则烟尘、SO_2 允许排放浓度应按标准值的 50%执行，这就需要采取进一步的除尘措施，总除尘效率要在 94%以上。

（3）符合当地政府下达的 SO_2 总量控制指标（26t/a），必须控制燃煤硫含量。

案例七　孝感—襄樊高速公路工程

孝感一襄樊高速公路工程，主线全长 243.516km。按设计行车速度 120km/h 的双向四车道全封闭、全立交高速公路标准建设，路基 28m，沥青混凝土路面，社互通立交 15 出，服务区和停车区个 4 处。项目总投资 72.6 亿人民币，环保投资为 41257 万元，占工程总投资的 5.68%。

问题

1. 建设项目竣工环境保护验收意义和内容是什么？
2. 验收调查报告结论部分的现场验收的建议分为几类？其具体内容是什么？
3. 公路项目的主要环境影响包括哪几个主要方面？
4. 公路两侧敏感点的噪声主要与那些因素有关？
5. 水环境影响调查通常包括那些主要内容？

参考答案

1. 建设项目竣工环境保护验收意义和内容是什么？

建设项目的竣工环境保护验收是环境保护行政管理部门在项目末期对项目监管的最后一道关口。《建设项目竣工环境保护验收管理办法》第三条规定，建设项目竣工环境保护验收是指建设项目竣工后，环境保护行政主管部门根据本办法规定，依据环境保护验收监测或调查结果，并通过现场检查等手段，考核该建设项目是否达到环境保护要求的活动。

2. 验收调查报告结论部分的现场验收的建议分为几类？其具体内容是什么？

通常情况下，项目验收建议可分以下三类：

（1）建议通过竣工验收。

对于基本落实了工厂设计、环境影响评价及其批复文件和其他一些对工程的环境保护要求、在工程建设期间和试运行期间未造成重大环境影响的项目，可建议通过竣工验收。

（2）建议通过竣工验收，但对遗留问题需限期整改。

对于项目建设运营后尚未完全落实工程设计、环境影响评价及其批复文件和其他一些对工程的环境保护要求，并产生一定环境影响，或项目试运行后虽落实了环境保护要求，仍造成了一定环境影响，但上述影响均能够通过可行的措施消除或减缓，在业主提出可以满足竣工验收要求的整改计划后，可建议通过竣工验收。

（3）不具备验收条件，需限期整改后再组织验收。

对于在建设期间和试运行期间工程设计、环境影响评价及其批复文件和其他一些对工程的主要环境保护要求或大部分要求未能落实的项目，或虽基本落实环境保护要求，但在建设期间和试运行期间造成较大或重大的环境影响的项目，应建议限期整改，待项目满足竣工验收要求并进行必要的核查后，再进行验收。

3. 公路项目的主要环境影响包括哪几个主要方面？

公路项目的主要环境影响包括：施工期生态破坏和运行期噪声。

4. 公路两侧敏感点的噪声主要与那些因素有关？

公路两侧敏感点受到的交通噪声影响程度与车流量、路面材质、路基形式、地貌、道路曲线、路侧植被种类及分布情况、敏感点与公路的位置关系、建筑物的结构和形式等诸多因素有关。

5. 水环境影响调查通常包括那些主要内容？

水环境影响调查通常包括公路所在区域的水域分布及其特征、水域的功能、水域与公路的位置关系、临近或跨越水体的公路排水方式和去向、水域的饮用水源保护区分布、饮用水源取水口分布等内容。还应该根据调查结果，分析发生化学品运输事故是水域被污染的风险程度，并提出防范措施或建议（这部分内容也可以归入风险事故防范章节）。

案例八　金哨水利枢纽工程

金哨水利枢纽工程坝址在恒仁县沙尖子镇上金坑村上游约 1km 处，坝址左岸地属恒仁县，右岸地属宽甸县，电站厂房位于宽甸县下露河乡连江村境内。

枢纽工程有拦河坝、引水系统、电站厂房三部分组成。水库总库容 0.98 亿 m^3，调节库容 600 万 m^3，电站装设两台单机容量 42MW 的轴流转浆式水轮发电机组，总装机容量 84MW，年发电量 2.31 亿 Kw/h。坝址以上控制流域面积 14861km^2、水库正常蓄水位 139.4m，相应库容 4780 万 m^3。校核洪水位 146.08m，相应库容 9800 万 m^3，集防洪、发电、灌溉、水产养殖等多功能于一体，2000 年主体工程开工建设，2001 年 4 月厂房及引水系统工程正式开工建设，2003 年 12 月竣工投产发电。

问题

1. 水利水电工程竣工验收调查中，建设期和营运期分别应关注的问题包括哪几个方面？其调查的主要内容是什么？

2. 移民安置带来的主要环境问题应调查哪些内容？

3. 工程建设对下游农业生产及生活用水的影响有哪些？主要应调查的内容是什么？

4. 水生生态影响调查通常包括哪些主要内容？

参考答案

1. 水利水电工程竣工验收调查中，建设期和营运期分别应关注的问题包括哪几个方面？其调查的主要内容是什么？

（1）建设期：大量土石方工程引起的水土流失；淹没与施工对野生动植物的影响特别是对珍稀动植物的影响；大规模移民带来的环境影响以及施工期水污染物、空气污染物、固体废物和噪声对环境敏感目标的影响。

（2）运行期：闸坝下游减水河段或脱水河段引起的环境影响；水电工程调峰运行时，

下游水情频繁的涨落变化对下游生态和用水的影响；清水下泄对河库、岸滩的冲刷影响。

（3）因拦蓄、引水、调水等改变河流、湖泊天然水体性状、库区及下游水体稀释扩散能力，由此可能产生水质恶化、富营养化及河口咸水入侵等；闸坝阻隔、水文情势变化等对水生生物种群交流和自下而上的影响，特别是对洄游鱼类、急流鱼类、鱼类产卵场、繁育场、索饵场的影响；水温变化（主要是高坝下泄的低温水）对农业灌溉和鱼类的影响以及对局地气候的影响；应注意补偿措施及过渔设施的落实情况。

（4）下泄生态流量保障措施和工程建设对下游生态用水产生实际影响。

（5）工程施工期和运行期对自然保护区、风景名胜区等环境敏感目标的影响。

（6）移民安置问题。

2. 移民安置带来的主要环境问题应调查哪些内容？

应调查移民的数量和安置方式、安置位置，集中安置的应调查集中安置区开发建设过程中及安置后产生的生态、水环境、大气、固废等的影响，并调查移入区的环境承载力。

3. 工程建设对下游农业生产及生活用水的影响有哪些？主要应调查的内容是什么？

大坝建设往往造成坝下脱水，连正常的生态用水都无法保障，对下游的农业生产及生活用水带来严重的影响。因此，水利水电工程必须关注下游脱水和和生态下泄流量的保障措施。

4. 水生生态影响调查通常包括哪些主要内容？

工程建设对水资源利用的影响；闸坝下游减水河段或脱水河段引起的环境影响；水电工程调峰运行时，下游水情频繁的涨落变化对下游生态和生活几工农业（用水包括取水量和取水质）的影响；清水下泄对下游河床、岸滩的冲刷。

案例九　高速公路竣工验收项目

某段高速公路2005年建成通车，建设单位申请竣工环境保护验收。该项目在可行性研究阶段完成环境影响评价的报批手续。在初步设计和实际建设中对线路走向和具体的建设工程内容有少量调整。该段高速公路全长50km，设计时速80km/h，设1104m特大桥一座，中小桥若干座，特大桥桥面设排水孔；双洞单向隧道2座，单洞长3200m，互通立交1处，分离式立交1处，服务区1处，取土场8处，弃渣场20处，共征用土地206hm^2，公路所经地区为山岭重丘区，其中通过水土流失重点监督取得线路长度6km，通过重点治理区的线路长度5km，特大桥从A城市的集中式饮用水源二级保护区边界跨越。由于线路偏移，声环境敏感点由原来的12处变为6处，其中4处与环评审批时的情况一致，8个取土场有2个分布在水土流失重点监督区，有1个在重点治理区，弃渣场均分布在沿线的沟壑，服务区靠近一人口约2000人的村庄，设有1.5t/h燃煤热水锅炉一座，烟囱高度20m，服务区废水经化粪池处理后排放到服务区外冲沟，经过100米汇入流经该村庄的小河上游，公路沿线部分主要环境敏感点情况见表11-9-1：

表11-9-1

名　称	与路肩距离（m）	与路肩高差（m）	临路户数	临　路　情　况
上湾村	168	8	10	侧向公路平房，有围墙
青龙坪村	68	3	6	面向公路，主要为2层小楼，位于隧道出口处

续表

名　　称	与路肩距离（m）	与路肩高差（m）	临路户数	临　路　情　况
英雄中学	90	2	—	面向公路，2层楼房
马兰村	180	−6	1	村庄大，周围绿化好，树木高大，枝叶茂盛
牟家村	102	0	3	面向路
楼前村	68	4	5	平房，面向公路

问题

1. 简要给出本项目生态环境影响调查的重点内容。
2. 指出本项目水环境影响调查需要关注的问题。
3. 根据表中信息，指出不需要采取隔声措施的敏感点。
4. 指出英雄中学噪声监测点步设应注意的问题。
5. 说明本项目运营期存在的环境风险隐患。
6. 从环保角度考虑，对服务区设施提出改进建议。

参考答案

1. 简要给出本项目生态环境影响调查的重点内容。

（1）所征用土地206hm²土地的土地利用性质改变情况；（2）水土流失状况及水土保持设施的防治效果；特别是通过水土流失重点监督区和重点治理区的11km线路；（3）取土场和弃渣场防护措施；（4）桥梁、路基建设对泄洪航运的影响；（5）公路建设对当地农业生产、经济林地、野生动植物生存环境影响及景观影响；（6）隧道建设对地下水自然流态的影响；（7）隧道边坡防护效果的调查；（8）服务区污水治理设施和噪声敏感点隔声设施效果的调查。

2. 指出本项目水环境影响调查需要关注的问题。

（1）本项目水土流失对地表水环境的影响；（2）特大桥施工期和运行期对A城市的集中式饮用水源二级保护区的影响；（3）隧道对地下水自然流态的影响；（4）服务区废水对汇入流经该村庄的小河水质的影响。

3. 根据表中信息，指出不需要采取隔声措施的敏感点。

上湾村、马兰村。

4. 指出英雄中学噪声监测点步设应注意的问题。

在公路垂直方向距路肩20m、40m、60m、80m设点进行噪声衰减测量，并在声屏保护的敏感建筑物户外1m处布设观测点位，应当在面向公路的一层和二层教室外1m处布设监测点。

5. 说明本项目运营期存在的环境风险隐患。

运输易燃易爆危险有毒化学品车辆可能发生的事故风险，特别是运送有毒物经过水源保护区边缘发生事故泄漏污染水源，从而对A城市的集中式饮用水源二级保护区水环境造成污染，影响该市饮用水供应。

6. 从环保角度考虑，对服务区设施提出改进建议。

燃煤热水锅炉的烟囱高度应增高到25m，服务区废水经化粪池处理后用于绿化或者深度处理达标排放。

案例十　城市地铁竣工验收项目

某城市地铁项目，总投资200亿元。该工程严格执行了国家和地方城市地铁建设的基本程序，先后申报国家相关部门的批准，该项目编制了环评报告书，国家环保总局对此予以批复。该环评报告书对施工期和运营期的生态环境、声环境、大气环境、社会环境等都给予了详细评价，并对个环评要素都给出了详细的环境保护措施。该地铁项目目前已完工，正在申请环保验收。

问题

1. 简述该地铁项目竣工环境保护验收时，项目运行应核查的内容。

2. 简述该地铁项目竣工环境保护验收时，项目运行产生的噪声应勘察的内容。

3. 简述该地铁项目竣工环境保护验收时，环境保护设施应勘察的内容。

参考答案

1. 简述该地铁项目竣工环境保护验收时，项目运行应核查的内容。

该地铁项目竣工环境保护验收时，项目运行应核查的内容如下：

(1) 按照环境影响评价报告，初步设计（环保篇）及批复文件核查项目建设内容，建设规模，确定验收监测范围；

(2) 按照环境影响评价报告，初步设计（环保篇）核查项目实际影响因素，污染物产生、排放情况，对周围环境敏感目标的影响情况；

(3) 噪声、振动、电磁污染防治及固体废物处置等环保措施落实情况，以及废气、废水等环境保护设施的建设运行情况；

(4) 核查敏感点分布、人口分布情况，试车线位置和长度。

2. 简述该地铁项目竣工环境保护验收时，项目运行产生的噪声应勘察的内容。

该地铁项目竣工环境保护验收时，项目运行产生的噪声应勘察的内容如下：

车站、停车场、车辆段、变电站、沿线风亭、冷却塔声源的具体位置，所属功能区类别及边界外噪声敏感点的距离，轨道交通线路两侧噪声敏感点的规划建设时间、性质（建筑物的功能、层数、结构等），所属功能区类别，与项目工程外侧线路中心的水平距离、与顶面或轨道梁顶面的高差等。

3. 简述该地铁项目竣工环境保护验收时，环境保护设施应勘察的内容。

地铁项目竣工环境保护验收时，环境保护设施应勘察的内容如下：

(1) 轨道交通线路各类消声、隔声设施，轨道的减振系统；

(2) 废水处理站各项设施如：预处理设施、沉淀池、处置装置等；

(3) 废气处理设施如：排气筒、烟道、除尘器、烟气净化装置等。

案例十一　污水处理厂环保验收项目

根据某地城市总体规划，结合城市已建的排水设施，新建一污水处理厂，处理能力为8万m^3/d，服务面积46.4km^2，污水收集管网41.3km，中途泵站12座。处理污水的来源主要是城市生活污水，采用交替式活性污泥法处理工艺，建有进水泵房、曝气沉砂池、交替式生物池、污泥浓缩池、储泥池等设施，还有配电间、机修车间、仓库等辅助设施。

污水进入处理厂后，先经粗格栅除去垃圾杂物，再经细格栅进入曝气沉砂池、污水在曝气沉砂池的停留时间为 3min，预处理后的污水进入交替式生物池、曝气区停留时间为 6.33h，沉淀区停留时间为 3.75h。污水经处理各项指标达到排放标准后方可排放。表 11-11-1 为污水处理厂进水口与出水口两天测定的结果。

污水处理厂进、出水检测结果（单位：mg/L） **表 11-11-1**

监测项目	污水处理厂进水			污水处理厂进水		
	第 1 天	第 2 天	平均值	第 1 天	第 2 天	平均值
pH	7.00	7.80	7.40	7.02	7.62	7.32
COD_{cr}	419	431	425	52	54	53
BOD_5	260	282	271	20	23	21
NH_3-N	26.8	32.2	29.5	20	18	19
水量（万 m^3/d）	7.82	7.86	7.84	7.20	7.30	7.35

污水处理厂厂界无组织排放废气执行《恶臭污染物排放标准》新、扩、改建的二级标准。

问题

1. 表 1 中 pH 平均值计算有误，请予以更正。

2. 根据表 1 计算各污染物项目的去除率（除这 pH 外），并根据出水量和进出水水质平均值计算各污染物的排放量，以此计算 CODcr 和氨氮排放总量。

3. 对污水处理厂的废气无组织排放监测应安排哪些项目？污水处理厂厂界总体呈东西长、南北宽的矩形，验收监测时风向为东南风，请问参照点应布设在矩形厂界的哪一角？

4. 我国对固体废物管理提出的“三化”原则是什么？

5. 根据题中提供的数据计算监测期间污水处理厂的生产负荷，并说明此负荷是否符合要求。

6. 对于日处理能力在 10 万 m^3 以下的污水处理设施，除采用活性污泥法外，还可以采用什么技术进行二级处理？请列举两种。

参考答案

1. 表 1 中 pH 平均值计算有误，请予以更正。

pH 是氢离子浓度的负倒数，因此其平均值不能用简单的算术平均值来计算。

表 1 中进、出水 pH 的平均值计算是错误的。

$$pH=-\lg[H^+]$$

若 $pH_1=7.00$（进水 1），即 $[H_1^+]=10^{-7.00}$ moL/L

$pH_2=7.80$（进水 2），即 $[H_2^+]=10^{-7.80}$ moL/L

混合后：

$$[H^+]=1/2\{[H_1^+]+[H_2^+]\}=1/2\times10^{-7.00}\times(1+10^{-0.80})$$
$$=1/2\times10^{-7.00}\times1.158=0.579\times10^{-7.00}\text{ moL/L}$$

则进水混合后 pH 均值 $=-\lg[H^+]=-\lg(0.579\times10^{7.00})=0.24+7.00=7.24$

同样，出水混合后 pH 均值应为 7.22。

2. 根据表 11-11-1 计算各污染物项目的去除率（除这 pH 外），并根据出水量和进出水水质平均值计算各污染物的排放量，经此计算 CODcr 和氨氮排放总量。见有 11-11-2。

污水处理厂各污染物去除率　　表 11-11-2

监测项目	污水处理厂进水（mg/L）	污水处理厂出水（mg/L）	去除率（%）	实际排放量（t/d）
COD_{Cr}/（mg/L）	425	53	87.5	3.90
BOD_5（mg/L）	271	21	92.3	1.54
NH_3-N（mg/L）	29.5	19	1.40	1.40
水量（万 m^3）	7.48	7.35	—	—

计算污染物排放总量按出水口排水量计算。

COD_{Cr}总量为 3.90×365＝1424t/a

氨氮总量为 1.40×365＝511t/a

3. 对污水处理厂的废气无组织排放监测应安排哪些项目？污水片理厂厂界总体呈东西长、南北宽的矩形，验收监测时风向为东南风，请问参照点应布设在矩形厂界的哪一角？

对污水处理厂的废气无组织排监测应安排氨、硫化氢和臭气的监测。

必须根据监测时的气象情况，在上风向设定一个参照监测点，故应设在矩形厂界的东南角厂界外 10m 范围内。

4. 我国对固体废物管理提出的“三化”原则是什么？

对因体废物实行减量化、资源化、无害化。

5. 根据题中提供的数据计算监测期间污水处理厂的生产负荷，并说明此负荷是符合要求。

污水处理厂的生产负荷按进水品处理量计算，见表 11-11-3。

计　算　表　　表 11-11-3

监测时间	设计处理量/（万 t/d）	实际进水口处理量/（万 t/d）	生产负荷/%
第 1 天	8	7.82	97.8
第 2 天	8	7.86	98.3

验收监测应在工况稳定、生产负荷达到设计能力 75%以上时进行，该项目在验收监测时的工况和生产负荷是符合要求的。

6. 对于日处理能力在 10 万 m^3以下的污水处理设施，除采用活性污泥法外，还可以采用什么技术进行二级处理？请列举两种。

还可以采用氧化沟法，SBR 法等。

案例十二　冶金行业环保验收

某电解铝厂位于甲市郊区，已经生产十年，现有工程规模为 7 万 t/a 电解铝，主要设备为 60kA 自焙阳极电解槽 160 台，产量 20000t/a；120kA 预焙阳极电解槽 120 台，产量

50000t/a。自焙阳极电解槽含氟烟气采用干法净化回收装置，但由于其设计存在一些问题，电解车间天窗仍有大量无组织烟气排放，氟实际去除率80%。预焙阳极电解槽电解过程中产生的含氟烟气经密闭集气罩收集后送往干法净化系统，采用氧化铝吸附剂处理，吸附后的载氟氧化铝再回收进入电解槽，氟实际去除率95%。

拟建项目为年产电解铝5万t的预焙阳极电解槽，主要设备为200kA预焙阳极电解槽100台，扩建现有渣场以满足需要；建设项目投产时同时淘汰现有60kA自焙阳极电解槽80台，淘汰产能10000t/a，其他自焙阳极电解槽全部停产。新建项目含氟烟气也采用氧化铝吸附干法净化系统，氟设计去除率95%以上。

项目建成后，全厂达到年产10万t电解铝的生产规模。全厂主要废水来自煅烧循环水和生阳极（生阳极指阳极碳块的生产）系统浊循环水系统，经过废水处理站处理后外排地表水系（Ⅴ类水体），少量的焙烧炉修理时产生的废渣送渣场填埋。经过2个月的试生产，生产设施、环保设施运行正常，现委托某监测站进行建设项目竣工验收监测。

进行环境影响评价时，监测了6个点位，其中南面500m处A村庄氟化物60%超标，新建工程采用先进的烟气治理措施，同时淘汰老旧设备。厂外各敏感点预测氟化物浓度都将有不同程度下降并可满足标准，外排氟化物从160t/a减少到108t/a，烟粉尘排放量减少到345t/a，SO_2排放量减少到450t/a，可满足地方环保局原分配的450t SO_2总量指标。公众调查时，A村庄有24个居民反对该项目建设，占调查对象的12%。

问题

1. 该项目竣工验收执行的标准如何确定？

2. 该项目竣工验收的监测重点包括哪些方面？

3. 该项目竣工验收的现场调研重点包括哪些方面？

4. 从验收重点看，该项目存在哪些问题？能否通过验收？

参考答案

1. 该项目竣工验收执行的标准如何确定？

建设项目竣工验收执行标准要以环境影响评价文件和环境影响审批文件中确认的标准进行验收，但需用已修订项目或新颁布的环境保护标准对建设项目的环境影响进行校核。

2. 该项目竣工验收的监测重点包括哪些方面？

（1）大气污染源及环保设施。对电解、原料车间、阳极焙烧、阳极生成及组装、炉修等有组织源中的废气排放量和排放污染物浓度进行监测，分析外排废气是否达到标准要求，废气处理设施处理效率是否满足要求。对电解车间天窗、底部侧窗无组织排放粉尘和氟化物进行监测。根据全年工作时日计算判断SO_2是否满足总量要求。

（2）废水污染源及环保设施。对厂区排放口、废水处理站进出口水质和水量进行监测，分析废水是否达到排放标准要求，废水处理设施处理效率是否满足要求。

（3）厂界噪声监测，分析厂界噪声是否达标。周边敏感点噪声监测。

（4）对渣场土壤、植被、地下水氟化物进行监测。

3. 该项目竣工验收的现场调研重点包括哪些方面？

现场调研需要重点关注一下问题：

（1）初步调查特征污染物氟对土壤、地下水、农作物及牲畜保护敏感点目标的影响情况。

(2) 各原料库、配料仓等储运污染防护措施。

(3) 阳极生产系统多烟囱相对距离的测量及等效单元的合并。

(4) 阳极系统工业炉窑无组织排放监测所需常年气象资料的收集。

(5) 电解槽大修废料种类、数量、处置方式。建有危险废物贮存、填埋场的按 GB 18598、GB 18596 检查。

(6) 危险废物交由有相应资质的机构处理，核查该机构的相应资质及双方签订的处置协议。

(7) 各类污染物排放污染控制标准、吨铝排氟指标、总量控制指标及处理设施设计指标。

(8) 环境管理机构、监测机构人员、设备水平。

(9) 绿化面积、绿化系数。

(10) 污染扰民或纠纷情况初步调查。

4. 从验收重点看，该项目存在哪些问题？能否通过验收？

从验收重点来看，该项目存在如下问题，因此不能通过验收。

(1) 按照《关于进一步加强电解铝行业环境管理的通知》（环发［2004］94 号），现有小型自焙槽应当予以淘汰，该项目扩建后仍然保留 60kA 自焙阳极电解槽 80 台（尽管已停产），并未执行国家产业政策。(产业政策上要求淘汰设备，就应该拆除，而不仅仅是关停，关停企业还有可能再使用)

(2) 按照《清洁生产标准—电解铝业》中清洁生产污染物产生指标，其中全氟产生量一、二、三级分别要求不大于 16kg/t、18kg/t、20kg/t，本项目建成后产生氟化物（以 F 计）108t，按照污染设施去除率 95%计算，其吨产品产生全氟为 (108×1000/0.05)/100000＝21.6kg/t，尚不满足清洁生产三级标准。按照《清洁生产标准—电解铝业》中废物回收利用指标，废气净化效率一、二、三级分别要求大于 99%、98%、97%，该项目为 95%，也不满足三级标准。而且标准中要求冷却水全部循环利用，该项目存在外排。

(清洁生产指标调查)

(3) 根据环境影响报告书，其南面 500m 处敏感点 A 村庄氟化物 60%相对空气环境质量超标，可见企业生产对周围环境造成了一定污染影响，本次扩建尽管对污染重的老旧设备进行了淘汰和停产，但并未全部淘汰拆除，其并未采取有效措施减少污染排放，对环境敏感点的污染影响仍有可能存在。

(敏感点环境质量影响调查)

(4) SO_2 排放量减少到 450t/a，满足地方环保局原分配的 450t 总量指标，可见原来项目是不满足地方总量指标的，部分焙阳极电解槽停产但未淘汰，如果开工排放 SO_2 仍会超过地方分配总量指标。

(总量控制指标落实情况调查)

(5) 有 12%的公众持反对意见，而且全部集中在 A 村庄，是与其环境空气氟超标有直接联系，但企业并未对公众反映如此强烈的环境问题采取明确措施来解决。

(公众意见调查)

熟悉污染型项目竣工环境保护验收监测中的主要任务以及各项工作开展的程序，了解相关行业的清洁生产标准以及产业政策要求。

按照《建设项目竣工环境保护验收管理办法》第十六条要求，建设项目竣工环境保护验收条件为：

（1）建设前期环境保护审查、审批手续完备，技术资料与环境保护档案资料齐全。

（2）环境保护设施及其他措施等已按批准的环境影响报告书（表）或者环境影响登记表和设计文件的要求建成或者落实，环境保护设施经负荷试车检测合格，其防治污染能力适应主体工程的需要。

（3）环境保护设施安装质量符合国家和有关部门颁发的专业工程验收规范、规程和检验评定标准。

（4）具备环境保护设施正常运转的条件，包括：经培训合格的操作人员、健全的岗位操作规程及相应的规章制度，原料、动力供应落实，符合交付使用的其他要求。

（5）污染物排放符合环境影响报告书（表）或者环境影响登记表和设计文件中提出的标准及核定的污染物排放总量控制指标的要求。

（6）各项生态保护措施按环境影响报告书（表）规定的要求落实，建设项目建设过程中受到破坏并可恢复的环境已按规定采取了恢复措施。

（7）环境监测项目、点位、机构设置及人员配备，符合环境影响报告书（表）和有关规定的要求。

（8）环境影响报告书（表）提出需对环境保护敏感点进行环境影响验证、对清洁生产进行指标考核、对施工期环境保护措施落实情况进行工程环境监理的，已按规定要求完成。

（9）环境影响报告书（表）要求建设单位采取措施削减其他设施污染物排放，或要求建设项目所在地地方政府或者有关部门采取“区域削减”措施满足污染物排放总量控制要求的，其相应措施得到落实。

案例十三　焦化厂验收项目（2008 年考题）

某焦化厂新建的 60×10^4 t/a 焦炉煤气气源工程位于 A 县城东北 6km 处的煤化工工业集中区。本工程所在地环境空气以煤烟型污染为主，环境影响报告书中的环境空气监测表明 SO_2、NO_2、TSP 等浓度达标，氟化物浓度超标。该区常年主导风向为南风。

经环评批复的新建工程主要包括焦炉、煤气净化系统和输气管线工程。新建焦炉产生的煤气经两级脱硫装置处理，一级脱硫后的煤气用于焦炉加热和用作粗苯管式加热炉燃料，剩余煤气经二级脱硫后外供县城居民．该厂焦油和氨水贮槽处于焦炉北侧，粗苯贮罐位于厂区西侧，1000m^3煤气贮柜位于厂区西南角。

本工程废气排放后的特征污染物为苯、苯并芘、硫化氢和氨。生产废水和生活污水经新建污水处理场处理，设计出水水质应达到《污水综合排放标准》三级。处理后废水 90％回用，其余废水送煤化工工业集中区处理。该工程实际建设与环评批复一致，环保设施运行正常，经过 3 个月试生产已逐步达到设计生产能力的 75％。

问题

1. 说明该工程竣工环保验收应调查的内容。
2. 若要求进行环境空气质量监测，应监测哪些污染物？
3. 给出污水处理现场验收监测点位置和监测频次。

4. 为验收煤气脱硫装置的有效性，说明应设置的点位和内容。

5. 试生产期间取得的数据是否可作为验收的依据？说明理由。

参考答案

1. 说明该工程竣工环保验收应调查的内容。

（1）环境保护管理检查：各项环保审批手续及档案资料、环保组织机构及管理制度、环保设施建设及运行情况，监测计划、事故风险的环保应急计划。

（2）环保设施允许效果监测：两级脱硫装置，污水处理场的运行及处理效率。

（3）污染物达标排放监测：污水处理厂达标监测、两级脱硫装置达标监测、粗苯管式加热炉达标监测、各类贮罐无组织排放监测。

（4）环保敏感点环境质量监测：A 县城的环境质量现状监测。

（5）清洁生产各项指标检查。

2. 若要求进行环境空气质量监测，应监测哪些污染物？

常规污染物：SO_2、NO_2、TSP、氟化物；

特征污染物：苯、苯并芘、硫化氢和氨。

3. 给出污水处理场验收监测点位置和监测频次。

监测点位：新建污水处理场各处理单元的进出口；

监测频率：以生产周期为采样周期，采样不得少于 2 个周期，每个采样周期采样次数为 3～5 次。

4. 为验收煤气脱硫装置的有效性，说明应设置的监测点位和监测内容。

监测点位：两级脱硫装置处理单元进出口，焦炉、粗苯管式加热炉排放口，两级脱硫后外供气接出口。

监测内容：SO_2、NO_2、TSP、氟化物、苯、苯并芘、硫化氢和氨等；同时监测各点烟气量及烟温参数。

5. 环境监测部门在试生产期间取得的数据是否可作为验收的依据？说明理由。

不可以。

生产能力逐步达到设计能力的 75%，说明工况仍旧不稳定，不能满足验收监测的工况要求；并且未明确试生产期间的监测数据是否由环保主管部门所属的环境监测站出具。

案例十四　联合输油站及油田环保验收项目（2009 年考题）

依托现有联合站新建一片油田，设计年产油 3×10^5t，原油通过新建 70km 管线输送至联合站。联合站原有 3 台 A 型 10t/h 燃气伴热加热炉，2 用 1 备；2 台 4t/h 燃煤供暖炉，1 用 1 备。预留新建 1 个 $5\times10^4m^3$ 原油储罐和 2 台 B 型 10t/h 燃气伴热加热炉。所用天然气不含硫。设施有非甲烷总烃排放。新管线有 5km 沿途两侧分布稀疏灌草，1km 外有稀疏胡杨林。环评中生态评价范围含油田开发区域、联合站及周边、输油管线中心线两侧 300m。环评批复尽量减少植被破坏，注意复绿，联合站不增加 SO_2 排放总量。工程拟申请环保验收，环保设施与环评批复一致，年产油达 2×10^5t。联合站没有增加燃煤量，但煤种有变化。与胡杨林分布区相距 1 公里的管线处在建设阶段被划入省级胡杨林自然保护区。

问题

1. 是否满足竣工验收调查要求？说明理由。

2. 确定生态环境验收调查范围，说明理由。

3. 为判断联合站大气污染物是否达标，应至少设置哪些监测点位？说明理由。

4. SO_2 排放总量能否满足环评批复要求？说明理由。

5. 在进行生态保护措施及其有效性调查时，除落实以上措施外，还应开展什么工作？

参考答案

1. 是否满足竣工验收调查要求？说明理由。

（1）满足验收调查要求；

（2）根据“生态影响类项目竣工环境保护验收技术规范”要求，该类项目在正常运行情况下即可开展验收调查工作。

2. 确定生态环境验收调查范围，说明理由。

（1）本项目验收调查范围包括为环评时的影响评价范围油田开发区域、联合站及周边、输油管线中心线两侧 300m。此外，还需包括管线 1km 外的胡杨林省级自然保护区。

（2）根据“生态影响类项目竣工环境保护验收技术规范”规定，验收调查范围原则上与环评文件的评价范围一致；当工程发生变更或环境影响评价文件未能全面反映出项目建设的实际生态影响和其他影响时，根据工程变更和工程实际影响情况，可对调查范围进行适当调整。

3. 为判断联合站大气污染物是否达标，应至少设置哪些监测点位？说明理由。

（1）A 和 B 型燃气炉至少分别选择一台锅炉出口进设监测点位；4t/h 燃煤锅炉在其环保设施进、出口分别设监测点位。进行无组织排放检测，包括上风向背景点，下风向布设 4 个监测点（须包括最大浓度点）。

（2）A、B 炉使用的是清洁能源，一般不需加装环保设施，只需在出口进行监测即可；燃煤锅炉一般需要配备环保设施，为检查环保设施的运行效率，应在其进、出口分别设点监测；由于联合站存在无组织排放非甲烷总烃现象，需按无组织排放监测要求进行布点监测。

4. SO_2 排放总量能否满足环评批复要求？说明理由。

（1）不能确定 SO_2 排放是否符合总量控制的要求。

（2）因为尽量联合站燃煤量没有增加，但煤种有变化，SO_2 的排放量存在一定的变数。

5. 在进行生态保护措施及其有效性调查时，除落实以上措施外，还应开展什么工作？

（1）调查所依托的联合站原有环保设施及污染排放是否符合环保要求，对存在的环境问题是否进行了有效整改；

（2）本项目验收时周边有新批准的省级胡杨林自然保护区，应开展项目对胡杨林自然保护区生态影响的调查，明确保护区划界与项目的位置关系，调查项目建设对胡杨林保护区结构、功能及重点保护对象——胡杨林及其生境的影响，包括进行必要的土壤、地表径流及地下水等水力联系的影响等更深层次的调查；

（3）还应利用卫星遥感、地理信息系统等技术手段进行生态影响分析；

（4）根据调查结果，明确定保护胡杨林，建设单位应予进一步采取的环境保护工程措施与管理措施，包括针对胡杨林保护区的风险应急预案与防范措施。

案例十五　原油管道验收项目（2011 年考题）

某原油管道工程于 2009 年 4 月完成，准备进行竣工环境保护验收。原油管道工程全长 395km，管线穿越区域为丘陵地区，土地利用类型主要为园地、耕地、林地和其他的土地，植被覆盖率为 30%。管道设计压力 10.0MPa，管径 457mm，采用加热密闭输送工艺，设计最大输油量 5.0×10^6t/a，沿线共设站场 6 座，分别为首末站及 4 个加热泵站。

管道以沟埋放置方式为主，管顶最小埋深 1.0m，施工作业带宽度 16m，批准的临时占地 588.4hm^2（其中耕地 84.7hm^2，林地 21.2hm^2），永久占地 49.2hm^2（其中耕地 7.1hm^2），环评批复中要求：穿越林区的 4km 线段占用林地控制在 6.2hm^2，应加强生态恢复措施；穿越耕地线段的耕作层表土应分层开挖分层回填，工程建设实施工程环境监理。

竣工验收调查单位当年 8 月进行调查，基本情况如下：项目建设过程中实施了工程环境监理，临时占用耕地大部分进行了复垦，其余耕地恢复为灌木林地。对批准永久占用的耕地进行了占补平衡，有关耕地的调查情况见表 11-15-1。管道穿越林区 4km 线段，占用林地 7.1hm^2，采用当地物种灌草结合对施工作业段进行了植被恢复，植被覆盖率 20%，有 5km 管道线路发生了变更，主要占地类型由原来的林地变为园地和其他土地。

表 11-15-1

	永久占用的耕地（hm^2）	临时占用的耕地（hm^2）
批准占用量	7.1	87.7
验收调查占用量	7.8	84.7
实际补偿量	7.1	\
实际复垦量	\	82
恢复为灌木林地量	\	2.7

问题

1. 说明该工程在耕地复垦和补偿中存在的问题。
2. 为分析耕地复垦措施的效果，需要调查哪些数据资料。
3. 指出竣工环境保护验收调查中反映的生态问题。
4. 从土地利用的角度对管道变更线段提出还需补充开展调查的工作内容。

参考答案

1. 说明该工程在耕地复垦和补偿中存在的问题。

（1）永久占用增加的 0.7hm^2 耕地类型不明确，包括是否为基本农田，是否履行审批手续。

（2）复垦和补偿未做到数量相当，质量是否相当也不明确：

① 永久占用耕地补偿不足，并未达到占补平衡。永久占用耕地比环评时批准的用地增加 0.7hm^2，而补偿却没有按实际占地数量进行补偿。

② 临时用地占用耕地数量虽然有所减少，但 2.7hm^2 临时占用的耕地未恢复为耕地而恢复为林地，也未予以异地补偿。

2. 为分析耕地复垦措施的效果，需要调查哪些数据资料。

（1）通过资料收集和实际勘测，调查工程建设前后土壤层厚度及肥力、土壤侵蚀模数，说明复垦效果。

（2）通过查阅施工期环境监理档案等，调查是否按环评批复要求，实施了分层开挖，分层回填措施，包括分层开挖深度，堆存方式，保护土壤层及防治水土流失所采取的水土保持工程数量等。

（3）调查与当地政府或居民签订的有关补偿协议所涉及的面积、金额等补偿及其落实的具体档案记录情况。

（4）通过公众参与等方式，调查耕地复垦后农作物的产量，并与工程建设前相同种类农作物产量相比，分析是否会影响农业生产。

3. 指出竣工环境保护验收调查中反映的生态问题。

（1）由于工程在实际建设过程中出现了一定的变更，如有 5km 管道线路发生了变更，使包括生态影响在内的环境影响与环评时相比有所变化或不同。

（2）环评批复要求穿越林地段占地面积控制在 6.2hm^2，实际却占用了 7.1hm^2。工程占地面积及占地类型存在不确定性，造成对生态的实际影响与环评时相比有所不同，本工程对林地段对森林生态系统的影响增大。

（3）根据本工程占地与生态恢复及补偿情况，生态恢复往往不能按环评或批复要求严格进行恢复，存在一定的变数。

（4）本工程人工生态恢复植被覆盖率只有 20%，与自然植被的 30%的覆盖率相比，人工生态恢复的效果较差。

4. 从土地利用的角度对管道变更线段提出还需补充开展调查的工作内容。

（1）管道变更段原来拟占用的是林地，变更后占用的是园地及其他用地，需调查并分析本段管道工程变更的原因及通过与原线段所占用的土地利用情况相比，说明变更的环境合理性，包括占地的合理性。

（2）调查变更工程实际占用的园地和其他土地的位置、面积及地表种植物的种类或植被类型、覆盖率及其生产力等情况。

（3）调查该段工程临时占地的类型、面积、分布等。

（4）调查工程占地改变土地利用类型所造成的实际生态影响情况，造成的实际生物量损失等。

（5）调查工程所采取的生态恢复类型及恢复效果，包括本段工程临时工程占地恢复所种植的植物种类、植物种植方式或布局、覆盖率，生长情况，水土保持效果等。

附录一 2011年环境影响评价案例分析考试大纲

通过本科目考试，检验具有一定实践经验的环境影响评价专业技术人员运用环境影响评价相关法律法规、技术导则与标准、技术方法正确解决环境影响评价实际问题的能力。

考试内容

一、相关法律法规运用和政策、规划的符合性

（一）分析建设项目环境影响评价中运用的法律法规的适用性；

（二）分析建设项目与相关环境保护政策及产业政策的符合性；

（三）分析建设项目环境保护规划和环境功能区划的符合性。

二、项目分析

（一）分析建设项目生产工艺过程的产污环节、主要污染物、资源和能源消耗等，给出污染源强，非污染生态影响为主的项目还应根据工程特点，分析施工期和营运期生态影响的因素和途径；

（二）从生产工艺、资源和能源消耗指标等方面分析建设项目清洁生产水平；

（三）分析计算改扩建工程污染物排放量变化情况；

（四）不同工程方案（选址、规划、工艺等）的分析比选。

三、环境现状调查与评价

（一）制定评价范围内环境敏感区和环境保护目标；

（二）制订环境现状调查与监测方案；

（三）评价环境质量现状。

四、环境影响识别、预测与评价

（一）识别环境影响因素与筛选评价因子；

（二）判断建设项目影响环境的主要因素及分析产生的主要环境问题；

（三）选用评价标准；

（四）确定评价工作等级、评价范围及各环境要素的环境保护要求；

（五）确定评价重点；

（六）设置评价专题；

（七）选择、运用预测模式与评价方法；

（八）预测和评价环境影响（含非正常工况）。

五、环境风险评价

（一）识别重大危险源并描述可能发生的风险事故；

（二）提出减缓和消除环境影响的措施。

六、环境保护措施分析

（一）分析污染物达标排放情况；

（二）分析污染控制措施及其技术经济可行性；

（三）分析生态影响防护、恢复与补偿措施及其技术经济可行性；
（四）分析污染物排放总量控制情况；
（五）制订环境管理与监测计划。

七、环境可行性分析

（一）分析建设项目的环境可行性；
（二）判别环境影响评价结论的正确性。

八、建设项目竣工环境保护验收监测与调查

（一）检查建设项目执行环评报告书批复及落实环评报告书要求的情况；
（二）确定建设项目竣工环境保护验收监测与调查的范围；
（三）选择建设项目竣工环境保护验收监测与调查的标准；
（四）确定建设项目竣工环境保护验收监测点位；
（五）确定建设项目竣工环境保护验收重点与内容；
（六）判别建设项目竣工环境保护验收监测与调查的结论及整改方案建议的正确性。

九、规划环境影响评价

（一）分析规划的环境协调性；
（二）判断规划实施后环境影响的主要因素及分析产生的主要环境问题；
（三）比选规划的替代方案及分析环境影响减缓措施的合理性。

附录二　不同类别建设主要环境影响

项 目 类 别	一般的活动内容	主要环境影响	评 价 重 点
流域开发	流域总体开发，流域水电开发，流域综合治理	生态影响，水环境影响土地资源影响	生态、水环境、社会环境
海岸带开发，围垦造地，围海造地	海岸带建设经济开发区、旅游区、港口、码头等。一般会涉及围海造地等工程活动	水环境影响，生态影响，综合环境质量影响	水环境、生态影响、大气质量
区域开发，经济技术开发区，高新技术产业开发区，旅游度假区，边境经济合作区，保税区，工业园区及成片土地开发	区域性的开发活动、新城区建设，经济开发区等	综合环境质量影响、生态影响和资源可持续利用影响	环境资源承载力、总量控制、生态适宜性
露天开采	表层剥离、矿产开挖和运输	土地利用，生态（水土流失），空气污染	生态影响（水土流失），大气扬尘、土地利用
石油天然气开采	开采工程包括勘探、钻井、采油、集输、处理、闭井复垦全过程，具有分布时空较广特点	土地污染、水污染、空气污染	土壤、水环境、空气质量和生态
煤炭采选	煤炭开采包括矿山开发，对各种煤炭的开采、洗选、分级等生产活动	土地利用，水污染，空气污染	水环境，土地利用，空气
黑色金属有色金属矿采选	矿山开采，矿石破碎，浮选等	土地利用，水污染，生态影响，空气污染	水环境、土地利用和生态
食品加工	食品材料清洗、拣选；腌制、熏蒸、精炼、烘焙、膨化等食品加工活动；消毒、保鲜等	水污染、空气污染、固废	水环境、固废及危废
纺织	织布、织纱，洗涤，染整，脱胶，精炼等	水污染、噪声、废液	水环境、声环境
服装及鞋业制造（服装制造、鞋业制造）	服装制造包括裁剪、成型、清洗、熨烫等生产活动，鞋业制造包括裁切、压合、成型等生产活动	固废、噪声、水污染	固废、声环境
锯材、木片加工，家具制造	切割、拼装、喷漆等	空气污染、固废、水污染	废气、固废

续表

项 目 类 别	一般的活动内容	主要环境影响	评 价 重 点
纸浆制造，造纸（含废纸造纸）	备料、蒸煮、制浆废液回收（包括碱回收）、洗选漂、造纸工段	水污染、大气污染、噪声	水环境、大气环境
石油加工	原油、天然气加工，石油焦炼制，石油制品	水污染、大气污染、危险废物	水环境、大气环境、环境风险
油库	油品存储、运输等	水污染，大气污染，火灾、爆炸风险	风险评价
化学原料及化学制品制造	配制	水污染、大气污染、危废	水环境、危险废物、风险评价
医药制造（化学药品制造，生物制品，中成药加工）	化学药品原药，化学药品制剂、中药材及中成药、动物药品和生物品等医药制造	水环境影响、大气环境影响、固体废物影响	水、大气、固废
化学纤维制造（人造纤维制造，合成纤维制造）	利用天然高分子化合物或以石油、煤、石灰石、天然气、食盐、空气、水以及某些家副产品等不含天然纤维的物质做原料，经化学合成和机械加工制得纤维	水环境影响、大气影响、固体废物影响	水、固废
橡胶制品（橡胶加工，橡胶制品再生及翻修，轮胎制造）	从混炼到盛开再到硫化交联成制品	大气污染、固体废物环境影响	大气、固废
塑料制品（泡沫塑料、人造革、合成革加工、其他塑料制品）	注塑成型、模具加工	水污染、有机废气	水环境、大气
水泥制造，石墨及炭素制品	原料破碎、煅烧、磨粉、配料、混合、轧辊、焙烧、浸渍、机加等	大气污染、水污染、噪声污染	大气、水、噪声
玻璃制造（玻璃、陶瓷、石棉制品，石棉、云母等耐火材料矿物纤维及其制品）	灌胶、热聚合、磨光	热污染、大气污染	大气
水泥制品、石材加工、水泥粉磨站、水泥搅拌站	粉碎、搅拌	水污染、噪声	水、噪声
黑色金属冶炼及压延加工（炼铁，球团及烧结，炼钢，钢铁联合加工，铁合金冶炼）	压延、冲压等	大气污染、噪声	水、噪声

续表

项 目 类 别	一般的活动内容	主要环境影响	评 价 重 点
金属制品（铸铁金属件制造，电镀及热处理及表面处理）	冲压、点焊、酸洗、注塑等	水污染、噪声污染、大气污染	水、噪声
机械制造	铸造、锻造、冲压、焊接与切割、热处理及切削加工等	大气污染、噪声污染、水污染	噪声
集成电路生产，半导体器件生产	集成电路、双极器件、单极器件、微波器件和光子器件制造	水环境、大气环境、固体废物	水、固体废弃物污染
印刷电路板，电真空器件	内层制作、压合、钻孔、镀铜、外层制作、防焊接印刷、表面处理	水环境、大气环境、固体废物	水、固体废弃物污染
火力发电（燃烧天然气除外），水力发电，抽水蓄能，核力供热，垃圾发电	燃料储运、发电系统等	大气环境、水环境、生态环境	大气、水、生态环境影响，环境风险评价（核、锅炉爆炸等）
输变电工程及电力供应	变电站建设、电缆及电缆设等	生态破坏	生态环境影响
供热、蒸气、热水生产供应	燃料运输、锅炉供热、热力管道的设、布置等	大气环境、水环境、固体废物	生态环境、大气、水污染环境，风险（管道泄漏等）
天然气、煤气生产供应（煤气生产，煤气供应，城市天然气供应）	天然气开采、煤气生产，煤气，天然气供应、供气管网铺设等	生态环境、大气环境、水环境、固体废物	生态环境、大气、水污染环境，风险（管道泄漏等）
自来水生产和供应	取水站建设、水体澄清、消毒工艺、供水管道铺设	声环境、大气环境、社会影响	噪声、水
城市交通设施（城市道路，城市轨道交通，高架路及桥梁）	城市道路、地铁建设，立交桥架设	声环境、大气环境，社会影响	声环境
城镇新区建设、旧区改造	小区建设、附属设施建设、城中村改造、旧城改造	生态影响（水土流失），空气污染、声环境	生态影响、水质变化、景观改造效果
固体废物集中填埋、堆肥或焚烧	垃圾填埋、垃圾焚烧，污泥焚烧、污泥填埋等	水体污染、空气污染、声环境影响	恶臭、水环境（填埋）、大气环境（焚烧）
城镇河道、湖泊整治	河道截污、湖泊清淤等	景观生态影响、水环境影响	生态影响、水质变化、景观改造效果
渔业	淡水养殖、海水养殖	水水环境影响、生态影响	水环境影响、生态影响

续表

项 目 类 别	一般的活动内容	主要环境影响	评 价 重 点
地质勘察	爆破、钻孔	生态影响	生态影响
水库工程	施工开挖、筑	水环境影响、生态影响、社会影响	生态影响，社会影响
灌区及引水工程		生态影响	生态影响
公路	征地拆迁、施工准备、路基、桥、隧道、电化、绿化及防护	生态影响、噪声影响、大气影响	生态影响、噪声影响
铁路	征地拆迁、施工准备、路基、桥涵、隧道、站台、电化、绿化及防护	社会影响、生态影响、噪声影响、振动影响、水环境影响、大气环境影响	生态影响、噪声影响
民航工程	机场、航站楼、导航台站	飞机噪声、固体废物（民航垃圾）、生态影响（机场建设）	噪声影响、固废、生态
海洋石油和天然气开采	钻井、运输	生态影响、环境风险、水环境影响、大气环境影响	生态影响、环境风险、水环境影响
管道运输	场地清理、修筑便道、设管道、覆土、恢复地貌、绿化	生态影响、水环境影响、固废、环境风险	生态影响、环境风险
航道疏浚及水运输助工程	挖泥、运泥、抛泥	水环境影响、生态环境影响、固废	水环境影响、生态影响
水运枢纽	客运、货运	水环境影响、生态影响	水环境影响、生态影响
仓储（有毒、有害及危险吕仓储，一般货物仓储）	土地平整、场地建设，交通、基础设施建设，货物转运、存储、分装	土地利用，生态（水土流失），环境风险，大气污染、水环境	安全、风险、水环境、大气
餐饮	食品加工	餐饮废水、废气、噪声，卫生安全，公众影响	公众参与、废水、废气、噪声
房地产开发	征用土地、拆迁、配套基础设施建设、建筑施工	土地利用，生态（水土流失），声污染、大气污染，水环境，采光、光污染、景观影响（城市内）	公众参与，声环境、生活污水、固体废弃物
学校、博物馆等城市公共设施	场馆建设，人员活动	城市规划	作为敏感受体，大气，噪声、电磁辐射等对其影响
缆车、索道建设	施工组织，站点基础建设	社会影响、水环境	生态、景观影响

续表

项目类别	一般的活动内容	主要环境影响	评价重点
医院	基础建设、医疗救护	社会影响、水环境	作为敏感受体，水环境、医疗废物处理，传染源处理
体育馆	场馆建设，人员活动	社会影响，交通组织	场地建设期大气、声环境影响，运营期公共安全
高尔夫球场	征地、场地建设，植被改变，场地维护	土地利用，生态影响，水环境，景观影响	生态影响，水环境
胶版洗印	胶片显影、定影、冲洗、拷贝等	水环境、金属资源回收	水环境